有效天气预警的必经之路

——跨学科合作和沟通

Towards the "Perfect" Weather Warning

Bridging Disciplinary Gaps through Partnership and Communication

布雷恩·戈尔丁（Brian Golding）主编

张庆红
世界气象组织世界天气研究计划“高影响天气”项目国际协调办公室 译
中国气象科学研究院灾害天气国家重点实验室

WWRP WORLD WEATHER RESEARCH PROGRAMME

HIWeather

Met Office

UNDRR United Nations Office for Disaster Risk Reduction

气象出版社
China Meteorological Press

WORLD METEOROLOGICAL ORGANIZATION

B. Golding (ed.), Towards the "Perfect" Weather Warning,
http://doi.org/10.1007/978-3-030-98989-7

图书在版编目（CIP）数据

有效天气预警的必经之路 ： 跨学科合作和沟通 = Towards the "Perfect" Weather WarningBridging Disciplinary Gaps through Partnership and Communication / (英) 布莱恩·戈尔丁主编 ; 张庆红, 世界气象组织世界天气研究计划"高影响天气"项目国际协调办公室, 中国气象科学研究院灾害天气国家重点实验室译. -- 北京 : 气象出版社, 2023.10
ISBN 978-7-5029-8147-1

Ⅰ. ①有… Ⅱ. ①布… ②张… ③世… ④中… Ⅲ. ①天气预报—预警系统 Ⅳ. ①P45

中国国家版本馆 CIP 数据核字(2023)第 250060 号

有效天气预警的必经之路——跨学科合作和沟通
Youxiao Tianqi Yujing de Bijing zhi Lu——Kua Xueke Hezuo he Goutong

出版发行：气象出版社
地　　址：北京市海淀区中关村南大街 46 号　　**邮政编码**：100081
电　　话：010-68407112（总编室）　010-68408042（发行部）
网　　址：http://www.qxcbs.com　　**E-mail**：qxcbs@cma.gov.cn
责任编辑：王　迪　　**终　　审**：张　斌
责任校对：张硕杰　　**责任技编**：赵相宁
封面设计：艺点设计
印　　刷：北京建宏印刷有限公司
开　　本：787 mm×1092 mm　1/16　　**印　　张**：13.25
字　　数：340 千字
版　　次：2023 年 10 月第 1 版　　**印　　次**：2023 年 10 月第 1 次印刷
定　　价：150.00 元

译者序

在气候持续变暖的大背景下，全球大多数地区的极端天气事件频发，而且其强度的历史纪录也在不断被刷新。极端降水、热浪、干旱、山火等天气已经造成部分国家的经济倒退几十年，公民的生命和财产也面临着巨大威胁。伴随人类社会的迅速发展，这种新的气候现实对全球的灾害天气预警系统提出了前所未有的挑战。联合国在2022年本着“人人生而平等”的理念，提出了“全民早期预警”计划，旨在实现：到2027年底，全球每一位公民，无论在地球任何一个角落，无论是贫穷还是富有，都能享有早期气象预警系统的保护，以应对日益极端的天气和气候变化。

《有效天气预警的必经之路——跨学科合作和沟通》这本书，就像一盏灯，照亮了当今人类实现“全民早期预警”的前进方向。该书综合了自然科学和社会科学，为我们提供了一个全面深入的视角，来探讨如何在社会快速变化和气候变暖的背景下提高灾害天气的预警水平，有效保护地球上每一个公民的生命和财产。

这是一本写给决策者的书，决策者是所有在接收到天气预警信息后需要作出反应的人。可以是防灾减灾政策和计划的制定者，以及设计和运作预警系统的专业人员，也可以是普通民众。我们相信，在阅读了全书之后，每位读者都将获得关于如何提高灾害应对能力的宝贵知识，这将是我们每个人在应对未来挑战中不可或缺的一部分。

本书也是世界气象组织（World Meteorological Organization，WMO）主导的世界天气研究计划（World Weather Research Programme，WWRP）中高影响天气（High Impact Weather，HIWeather）研究计划的总结。该项目为期十年，旨在提高对分钟至两周时间尺度的高影响天气监测、预警和防御能力。HIWeather国际协调办公室由中国气象科学研究院灾害天气国家重点实验室承办。作为该办公室的主任，在HIWeather项目即将结束之际，十分荣幸能够将此书翻译成中文，把项目的最新研究进展呈现给中国的决策者们。

本书第1章首先介绍了天气预警价值链的概念，详细分析了预警过程中决策需求与预报能力之间的关系。通过这一分析，作者不仅揭示了当前价值链的优势，也指出了其不足——尤其是在实际应用中出现的所谓“死亡之谷”。这一难题是指预警信息在传递过程中可能出现的断裂，阻碍了信息的有效流通与应用，从而降低了预警系统的实际效能。

第2章介绍了早期预警系统在防灾减灾工作中的关键作用，及其八个主要的组成部分。强调了以人为本的理念和多种资源整合的重要性，然而，也指出当前预警系统的链条中所需跨越的鸿沟。

第 3 章首先关注预警对于最终用户的效用，探讨其在提升灾害风险意识方面的挑战，分析哪些因素会影响和约束人们对预警的响应，同时，强调了针对用户群体的预警定制以及在预警者和用户之间建立有效伙伴关系的重要性。

第 4 章考察的是从灾害影响预报到预警制作的转化过程，重点关注公共和私营部门的预警制作者如何与灾害影响研究专家紧密合作，整合多元化的信息，深入理解灾害及其影响，从而制定高效准确的预警。

第 5 章聚焦从灾害预报到影响预报这一环节的局限和挑战，探讨如何通过将灾害影响信息纳入预警过程，从而提升整体预警价值。在这一过程中，灾害预报员和灾害影响专家之间开放且务实的沟通，是搭建桥梁的关键所在。

第 6 章讨论如何实现天气预报与相关环境灾害预报之间的一致性，并深入分析这种无缝隙预报所带来的优势和面临的挑战，特别是不同预测模型的局限性与用户需求之间的关系。

第 7 章探讨了天气预报的预测方法和由此产生的观测需求，以及获取这些信息的传感器和观测平台，并通过实例，强调了跨领域合作在连接观测和预报之间的关键作用。

第 8 章完整梳理了预警链的组成和连接，强调各环节的不可或缺性，以及有效沟通对于信息在链条中顺畅流通的必要性。合作是确保每座桥梁有效发挥作用的关键，更是决定整个预警链价值的核心要素。

这本书汇集了 10 个国家 49 位专家的智慧，每个章节都有一位协调人负责把不同专业的知识整合在一起，最后由英国气象局的 Brian Golding 先生，他同时也是 HIWeather 项目的联合主席之一，将不同的章节融合在一个框架之下。由于专家的专业涉及社会科学和自然科学中的多个学科，翻译者学疏才浅，不能保证可以全面把握不同专业的词汇，不足之处敬请谅解。如果读者需要更精准的信息，可以根据我们给出的引文，阅读英文原文。在翻译过程中，对于明显的错误，我们和作者一一沟通过，并在中文版已经改正。

本书也给出了 18 个生动的案例，这些案例大多来自西方国家，其社会制度和文化与中国有根本的区别，但是依然有借鉴作用。本书作者提出的影响预报和概率预报与预警的观点，对于中国而言具有极大的参考价值。特别是概率预报，作为一种尊重科学的明智之举，尽管目前很难被中国民众接纳，但我们相信通过持续的科普，民众会逐渐理解和接受概率预报和预警。另外作者还指出，弱势群体在天气预警政策的实施过程中往往被忽视，这一现象在各个国家都存在。例如：洪涝灾害中，当城市和乡村都存在被淹的风险时，政府的预警方案通常是考虑先保护城市，选择将洪水引流至乡村。此种考虑保证了整体利益最大化，但是是否对弱势群体的身心健康造成影响，很少有关注。这些观点值得中国的相关研究人员深思和探讨，以期在预警政策制定中更加全面、公平地保障所有群体的利益。

尽管人工智能翻译软件众多，鉴于此书极强的专业性，我们花费了大量的人力和时间，逐字逐句斟酌再三，才最终形成此稿。翻译过程中，我们得到了 15 位北京大学物理学院大气与海洋科学系博士生的帮助。他们首先对软件翻译的中文进行了初步整理，然后中国气象科学院的黎立页和张帆，以及北京大学物理学院大气与海洋科学系的乔舸，分章节进行了两轮逐字逐句的人工校正。最后由我本人对全书进行了两轮细致的修改。国家气象中心的李超也对大部分章节的文字给出了专业的修改意见。在此，感谢上述所有人的付出。本书的出版得到国家自然科学基金项目（No. 42030607）、第二次青藏高原科考项目（No. 2019QZKK0105）以及中国气象局青年创新团队项目（CMA2023QN02）的资助。我们期待通过这份努力，可以为中国读者展现最前沿的天气预警进展与挑战，并能够促进中国的天气预警系统的发展。

在浩瀚的宇宙中，地球是渺小的，地球上的人类从非洲起源，生养众多，遍满这地，且共享同一个大气层。在人类历史上我们从来没有像今天这样需要面临同样的自然灾害挑战，从来没有像今天这样需要不同国家、不同学科、不同部门之间的合作。据联合国统计，近些年来极端天气和气候事件所造成的流离失所的人数是战争的三倍。终稿时，正值巴以冲突和俄乌冲突升级之时，战争伊始，欧洲就出现了停止共享气象卫星资料的现象，这似乎与 WMO 提出的“全民早期预警”计划背道而驰。然而地球大气依然以它原有的规律运动着，这也许是人类命运的关键期，也期待这本书的出现可以让更多人从天气预警角度冷静地审视人类命运共同体的概念。

夜已深，风微醺，有谁能阻挡太阳再度升起呢？

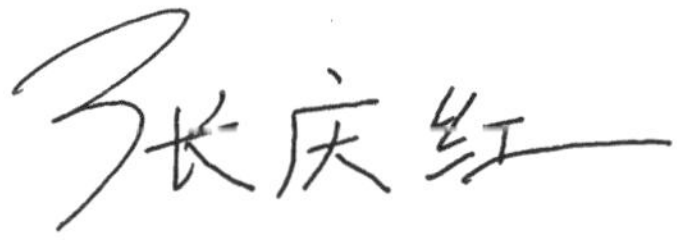

WMO WWRP HIWeather 国际协调办公室 主任
北京大学物理学院大气与海洋科学系 教授
2024 年 4 月 20 日于北京燕园

原书序

加强国际合作，帮助发展中国家减少灾害风险，是全球减灾蓝图——《2015—2030 年仙台减少灾害风险框架》(以下简称《仙台框架》)的一个重要目标。

本着这种精神，我盼望着这本书的出版，它是合作的光辉典范，也是对世界气象组织(WMO)十年前发起的倡议的明证，即创建“高影响天气”项目(HIWeather)，作为世界天气研究计划的一部分。HIWeather 项目本身也是对实现《仙台框架》另一个目标的重要贡献，即大幅提高多种灾害预警系统的可用性和实操性。

联合国减少灾害风险办公室和世界气象组织热忱合作，倡导改善预警系统的应用，特别是在中低收入国家。在气候变暖的背景下，极端天气事件的数量和强度不断增加，这些国家在死亡率和经济损失方面承受着巨大的负担。

这本书的出版证明了过去十年来，HIWeather 项目在说服政策制定者方面所做的贡献，即预警系统不应仅仅是发布即将发生的灾害事件警报的机制。一个有效的多种灾害预警系统应能监测灾害并发布预报和预警，还必须更多地考虑到灾害风险的系统性，并为可能受预报事件影响的地区和人口制定对抗风险的方案。

最近，我们看到根据预警撤离的人数大幅增加，挽救了成千上万人的生命。对现有风险管理系统的信任和良好的沟通是这些成功的关键。任何预警系统的有效性都不在于是否发出预警，而在于预警是否引导了采取适当和及时的行动，以挽救生命和减少对重要基础设施的破坏。

感谢世界气象组织及其成员的努力，让我们知道了如何有效应对灾害风险。我们面临的挑战是如何在最需要但目前服务不足的地方提供这种服务。

虽然大多数签署了《巴黎协定》的联合国会员国都将预警系统列为“重中之重”，但世界气象组织最近的气候服务报告显示，多数不发达国家和小岛屿发展中国家都没有建立多种灾害预警系统。这些国家，尤其是位于非洲的，缺乏将预警转化为早期行动的能力。

毫无疑问，这本书的出版将推动填补早期预警系统能力鸿沟的行动，并鼓励在这一领域加大投入。

这本书汇集了来自全球各地多个学科专家的真知灼见，对于政府中的《仙台框架》协调人、各国灾害管理机构以及其他参与制定和实施国家减少灾害风险战略的人来说，这本书非常实用，本书对预警系统薄弱的国家尤为有益。值得一提的是，这是一本开放性的出版物，我非常感谢世界气象组织和 HIWeather 信托基金对本书的支持。

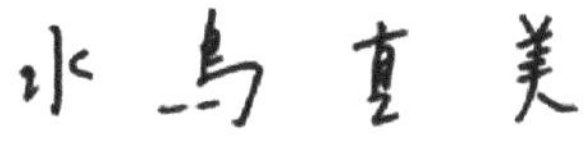

Mami Mizutori

联合国秘书长减少灾害风险特别代表

于瑞士日内瓦

原书前言和致谢

本书讲述了早期预警对减少自然灾害造成的破坏、干扰和压力的贡献。本书的主题是伙伴关系——预警发布者和接收者之间的伙伴关系，以及为发布预警做出贡献的众多专家之间的伙伴关系。我们将此书献给每一位通过发布有效预警而拯救生命的人，并希望它能对我们这些人有所帮助。

本书的写作背景是世界气象组织（WMO）世界天气研究计划为期十年的“高影响天气”（HIWeather）项目。该项目本身就是一个非常成功的合作范例——涉及预警制作的各种学科之间、气象部门和学术界之间以及国家之间的合作。HIWeather 网站 http://hiweather. net 介绍了 HIWeather 的工作，您也可以通过订阅其新闻简报了解其工作情况。

本书的编写过程也是一次合作，近 50 位专家参与了本书的撰写，各章节协调人对他们的贡献进行了整合。我们的目标是在整个预警链中进行连贯的叙述，将各个专业领域完美地结合在一起。作为主编，我提供了总体结构和内容框架，并统一了最终文本以确保一致性，每章所列的个人撰稿人都贡献了智慧。我们是否成功地将这些不同的专业知识整合在一起，最终的评判者是读者。

HIWeather 项目旨在提高预警能力，在全球范围内挽救生命和减少损失，以实现 2015 年仙台协议的目标。我们的书也有同样的目标，因此面向每个国家的应急响应人员、气象部门和政府，尤其是预警系统不完善的国家。为了最大限度地扩大本书的影响，我们很高兴能够以开放获取的方式出版这本书，让世界各地的人们都能不受预算限制地获取这本书。我们非常感谢世界气象组织和 HIWeather 信托基金的捐助者，是他们让这一切成为可能。

我非常感谢英国气象局支持我担任 HIWeather 项目的联合主席，特别是提供时间让我主编本书。作为国家气象局，英国气象局的主要职责是提供天气预警，以保护生命和财产安全。

内容简介

概述：本书的主旨是让天气预警在拯救生命、财产、基础设施和生计方面更加有效，而本书的基本主题是伙伴关系。本书将预警过程描述为一条路径，通过五座桥梁将观测、天气预报、灾害预报、社会经济影响预报、预警信息和保护决策联系起来，这些桥梁跨越了相关组织和专业领域之间的鸿沟。每座桥梁都代表着信息从一个专业领域传递到另一个专业领域，并最终传递到决策者的过程中的沟通、翻译和解释。如果预警过程中的每个阶段所涉及的学科和/或组织之间没有有效的合作关系，信息就会丢失和失真。要使整个系统有效运作，还需要在一个汇集了政府、私营企业、民间组织和志愿部门的政策结构内，与相关人员建立伙伴关系。在探索每座桥梁赖以建立的合作伙伴关系时，我们审视了每个合作伙伴带来的专业知识和技能、他们之间沟通所面临的挑战，以及建立有效合作伙伴关系的结构和工作方法。我们选择按照"第一英里"的模式来安排本书的顺序，即决策者先行，然后我们沿着生产链，通过预警和预报再到观测，强调在整个预警过程中共同设计和共同生产的重要性。

读者：这本书的目标读者是在预警链中发挥作用的专业人员和受训的专业人员，即气象部门、应急管理机构、减少灾害风险机构、基础设施机构的风险管理部门和政府相关部门的人员。有鉴于此，我们的目标是简明扼要地阐述证据和理论，并强调将其付诸实践。

Brian Golding

于英国埃克塞特

目　录

译者序

原书序

原书前言和致谢

第 1 章　绪论………………………………………………………………………（1）

参考文献………………………………………………………………………（7）

第 2 章　早期预警系统及其在减少灾害风险中的作用……………………………（9）

2.1　引言……………………………………………………………………………（10）

2.2　灾害风险和影响………………………………………………………………（10）

2.3　应对灾害风险有哪些可选方案?……………………………………………（16）

2.4　早期预警系统在减少灾害风险中的作用……………………………………（19）

2.5　早期预警系统的缺陷…………………………………………………………（27）

2.6　总结……………………………………………………………………………（30）

参考文献…………………………………………………………………………（31）

第 3 章　连接预警、决策和行动:沟通者和用户伙伴关系…………………………（38）

3.1　引言……………………………………………………………………………（39）

3.2　预警接收者的需求……………………………………………………………（39）

3.3　预警发布者的能力……………………………………………………………（45）

3.4　预警发布者和接收者之间的桥梁……………………………………………（51）

3.5　案例……………………………………………………………………………（58）

3.6　总结……………………………………………………………………………（60）

参考文献…………………………………………………………………………（61）

第 4 章　连接预报和预警:科学家和传播者的伙伴关系……………………………（68）

4.1　引言……………………………………………………………………………（69）

4.2　预警者和预警信息……………………………………………………………（70）

4.3　影响预报的能力………………………………………………………………（76）

4.4　有利于预警信息的结构设计…………………………………………………（78）

4.5　案例……………………………………………………………………………（80）

4.6　总结……………………………………………………………………………（83）

参考文献…………………………………………………………………………（84）

第 5 章 连接灾害和影响:物理与人文科学的合作……(88)
5.1 引言……(89)
5.2 影响预报……(90)
5.3 灾害预报的能力……(101)
5.4 建立影响预报员和灾害预报员之间的联系……(102)
5.5 合作案例……(104)
5.6 总结……(106)
参考文献……(107)
第 6 章 连接天气和灾害:物理科学家在相关学科中的合作伙伴关系……(113)
6.1 引言……(114)
6.2 天气灾害预报……(114)
6.3 天气预报能力……(128)
6.4 天气与天气灾害之间的桥梁……(133)
6.5 合作关系案例……(138)
6.6 总结……(143)
参考文献……(144)
第 7 章 预报天气:观测科学家与预报员的合作……(152)
7.1 引言……(153)
7.2 高影响天气预报……(153)
7.3 用于高影响天气监测和预报的观测……(161)
7.4 桥梁:从观测到预报……(170)
7.5 案例……(175)
7.6 总结……(181)
参考文献……(182)
第 8 章 从头到尾,统筹兼顾……(193)
8.1 引言……(193)
8.2 一体化预警链……(194)
8.3 评估预警链……(195)
8.4 结果的敏感性……(196)
8.5 优化应急结果……(198)
参考文献……(199)

第1章
绪　论

Brian Golding

摘要　本书的写作范畴锁定在变化中世界背景下的灾害风险管理，其目标是介绍灾害预警在降低天气相关灾害影响中所扮演的角色。首先，我们描述了天气预警价值链的概念，分析了预警过程中的决策需求与预报能力之间的关系；找出了在实际应用过程中，影响预警价值链运转的主要难点问题，我们称之为“死亡之谷”；然后，重点介绍了整个天气预警价值链中各协同部门之间的合作关系。最后，通过总结全书的框架，我们强调了建立灾害预警全面监管机制的重要性，该监管机制可以用于监测整个预警价值链的运行状况、处理故障并决定未来发展策略。

关键词　《仙台框架》，灾害风险管理，合作伙伴，治理

在世界各地，灾难事件正以惊人的频率发生，导致人员受伤甚至死亡、建筑物损坏、日常生活被迫中断。造成的破坏和经济损失可能使受灾国家的发展进程倒退几十年。自然灾害迅速增长的原因可以总结为以下几点。一方面，人口增长、迁移和城市化都导致了社会底层人民居住在那些容易受到严重灾害频繁威胁的地区；另一方面，城市化和人口迁移正不断产生新的社区，这些社区更加依赖社会的基础设施，且对本地环境情况知之甚少。与此同时，气候变化正在加剧其中许多灾害威胁的强度和频率。2015年，国际社会签署了为减少灾难风险而制定的《仙台框架》(UNDRR，2015)，其目标是为所有人建立一个更加安全的世界。

在灾难事件发生更频繁、破坏力更大的趋势下，《仙台框架》的签署无疑是调动社会资源进行防灾减灾的关键一步。《仙台框架》内的大部分内容都围绕着减少灾害暴露度的计划和政策展开，旨在降低新生社会集群暴露于灾害事件的可能性，以及提升现有集群应对灾害事件的防范能力。然而，超过现有防范能力的威胁总是会发生，《仙台框架》提倡对灾害进行早期预警，从而减少人员伤亡并帮助人们在灾后快速恢复正常生活。由于灾难造成的损失会严重影响经济发展，因此，提供更加有效的气象灾害应对措施是多个可持续发展目标中的共同议题，这一议题在2015年得到了国际社会的认可。

B. Golding (✉ 通讯作者，后同)
Met Office，Exeter，UK
WMO/WWRP HIWeather project，Geneva，Switzerland
e-mail：brian.golding@metoffice.gov.uk

本书的目标是向防灾减灾政策和计划的制定者，以及设计和运作预警系统的专业人员提供最前沿的科学研究成果，帮助他们在社会快速变化的背景下提高灾害预警水平，达到在天气灾害发生时减少世界各地人民群众生命财产损失的最终目的。本书内容由世界气象组织(WMO)的“高影响天气”(HIWeather)项目组收集并整理，该项目隶属于世界天气研究计划(World Weather Research Programme，WWRP)(Golding et al.，2019)。

尽管由于上述原因，威胁的频率和强度持续增加，但由于科学研究的逐步深入和技术的持续创新，我们避免和减少其影响的能力也在不断提高。在过去的半个世纪中，天气预报在预报准确性方面取得了惊人的进步，现在的5天预报比曾经的1天预报更准确。这些进步归功于计算机和卫星观测技术的进步和新型科学成果的应用。信息收集和传输能力一直是天气预报和预警的核心问题，但过去20年的移动通讯革命使预警信息能够触及更广泛的人群，即便是在发展中国家的偏远地区。因此提高了人们对气象灾害的防范意识。

本书的读者对象是在中央或地方政府、应急管理领域、企业或公共事业管理部门、国际援助机构或社区灾害响应小组工作的，参与灾害预警政策制定或规划、实施或操作预警系统的相关专业人员，以及参加其从业培训的人员。本书也可作为预警链研究的参考用书，特别适合在物理和社会科学领域进行跨学科研究的人员。

本书将所有接到预警后采取行动的人统称为“决策者”。决策者可能是个人，决定撤离或推迟旅行计划来保护自己；可能是经理，为职员、客户以及工厂负责；可能是应急责任人，为社区人员的安全负责；也可能是政府首脑，为国家的安危负责。每个人都负有不同的责任，并行使其被赋予的权利，从而做出相应的决定。

本书的重点是预警的产生和应用。首先区分预报和预警这两个概念：预报产生有关未来天气或环境具体情况的信息，不需要考虑它的后续应用；而预警提供与威胁生命财产相关的信息，以便预警接受者做出应急响应。应急响应取决于时效、可信度、威胁的严重程度、潜在波及范围内的人的防范能力以及其他一些因素。例如，响应一个远期、低可信度的预警，可能启动培训或者防灾减灾的预备工作；而响应一个近期、高可信度的预警，则可能采取成本更高的措施，如关闭工厂。

决策者是预警信息的使用者，但也可能是向他人提供预警信息的生产者和发布者。例如，一个城市的应急责任人将会在收到预警信息之后，启动全市范围的应急行动以保护市民免受灾害威胁；与此同时，他们也可能会向居民发布一个新的预警，建议大家采取一些更为具体的防灾行动。同样的，即将遭受风暴波及的天气预报中心可能需要对应急部门发布的预警做出回应，以便在保护职员生命安全的同时维持天气预报工作的正常运转。

我们把预警的产生过程刻画为一个价值链(value chain)，其目的是提供信息，使个人和安全责任人都能做出最佳的决策。在一个完美的预警链(warning chain)中，最终用户收到的预警包含精简且准确的信息，这些信息由预警链中的众多参与者共同提供，完全满足用户的需求。但在真实的预警链中，信息，也可以说价值，总会在预警链中的每个环节有得有失。在商业领域，“死亡之谷”(valley of death)一词被用来比喻研究未能带来成功的创新。美国国家研究理事会(2001)采用这个概念来表示研究未能转化为业务天气预报的进步。在图1.1中，我们更概括地使用这个词来表示：由于预警链中的信息传播与沟通不充分，导致专业的信息未能产生期望的应急响应。各山峰的高度可以解释为相关天气预警专业知识的成熟度。预警信息成功地从一个专业贡献者传递到下一个贡献者的过程，表现为跨越山谷的桥梁。桥梁高度可以代表信息在这些贡献者之间成功传递的能力，没有桥梁，就没有沟通，特定贡献者的专业知识信息就完全丢失了。当然，对预警过程的这种描述是对现实的极度简化。真正的预警是由复杂的交互网络创建的，这些交互网络在或多或少参与某一核心预警活动的各种各样的人之间不断互动发生。同时，在某些情况下，不同的预警活动可能会整合为一个人负责。有一些专业人士善于成为某一座桥梁。不管怎么说，这一概念很有用，它突出了预警所涉及学科范围的广度，以及这些学科之间有效沟通的必要性。

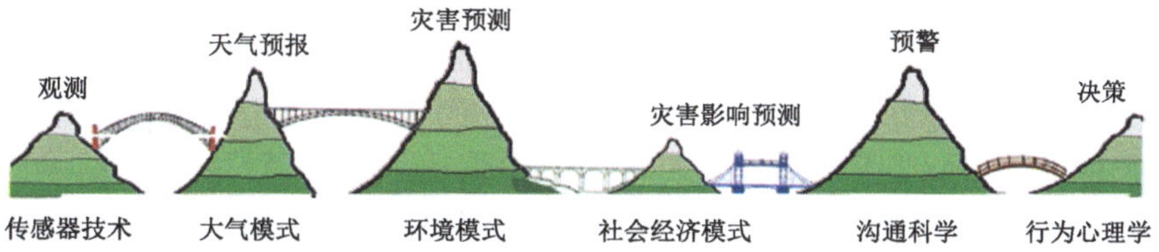

图 1.1 预警价值链中的“死亡之谷”(© Crown Copyright 2020, Met Office)

图 1.1 上没有箭头，意味着概念上的预警价值链可以从任一方向开始！从两个方向理解的确非常重要。在设计预警系统时，出发点必须是为保护生命、财产、基础设施和人民生计而需要做出的决策。这些决策是决定需要哪些信息，以及应该如何传递信息的基础——“第一英里范式”，因为用户处于流程的起始点。这些决策将随着即将发生的灾害、做出决定的人，以及此人所处的环境而变化。在某些情况下，决策需求是个性化的，甚至需要量身定制。在更多时候，需要设计一种通用形式的预警，以满足各种人群的共同需求。做出一个决策所需要的特定信息可以沿价值链追溯，从而确定所需的专业知识和资源。但是，如果我们在这一流程中不考虑上游贡献者的能力，预警系统注定会失败。现有科学和技术尚有局限性，对于现在无法解决的问题，以后可能会有办法做出更有效的决策。因此，预警系统的设计是一个迭代的过程，从决策者开始，沿着价值链向上推进，然后在相互调整的过程中将反馈不断返回给决策者。另一方面，当预警系统运行时，信息流主要是沿着价值链从预警生产者流向用户的——这需要快速、准确和可靠地实现，从而维护信息价值。尽管如此，信息回流至关重要，它提供来自“实地”的最新情况，使得预警生产者能够保持其对态势的感知。由于本书特别针对那些设计或改进预警系统的人，我们采用“第一英里范式”来安排章节的顺序——从决策者开始，沿着价值链向上追溯到信息生产者。

在本书中，传播与沟通、伙伴关系是两个关键词。传播与沟通发生在人与人之间、机构之间，以及数据系统之间。这些方面的任何缺陷都可能降低预警系统的有效性。机构间的沟通对于创造一个成功的伙伴关系尤为重要。在最高层面，政府负责建立促进组织间伙伴关系的立法框架。尽管一个良好的治理框架是必要的，但只靠它还不够。在合作者之间，共享目标、文化和语言，对于建立信任至关重要，这样才能在威胁到来时进行有效应对。

气象灾害预警有着悠久的历史，可以追溯到 19 世纪后期国家气象服务的建立。彼时，电报的问世建立了首个远程通讯网络，使观测和预警的即时通信成为可能。最初的应用是在海上安全方面，当时大多数船只都靠风帆航行，沉船事件时常发生。20 世纪初航空业发展，但早期飞机的极端敏感性使之在航行过程中需要极度谨慎地避开危险天气。因此，为了保障航空安全，许多现代气象服务结构得以建立。进入 20 世纪下半叶，个人交通工具的大规模增长导致人们对恶劣路况的预警需求大幅增加。通过卫星观测和计算机预报技术的应用，天气预报得到了迅速发展。同时，暴露于危险天气地区的人口迅速增加，他们需要更多陆地上的预警信息，尤其是针对风暴和洪水。这些变化暴露了气象服务在满足决策者需求上的局限性。即便一艘帆船的船长会知道强风的影响，一架飞机的飞行员会知道在目的地机场降落的安全能见度，但那些使用通用预警的普通用户不太可能了解预测的灾害会以怎样的方式波及他们自身。最近，专用广播电台、电视服务以及移动电话的普及迅速提高了预警信息的人群覆盖能力。预警针对的事件的范围已扩展到并不确定的天气的方方面面，因此，传播与沟通灾害的预计发生位置和其严重程度的可信度变得越发重要。这些挑战促进了一系列新型预警范式的发展，不仅预警灾害本身，而且提供其影响和风险信息。虽然尚未普及，但这些新型预警将在未来几年内成为规范。本书将描述其核心能力，即利用更精细的地理尺度上的天气概率预报和灾害预测的最新进展的能力。随着预警响应责任的日益多样化，围绕人们如何接收、响应预警的研究已成为预警设计的关键考量，并开展了相应的教育计划来提高民众对预警及其合理响应的熟悉程度。然而，在应用行为心理学来确保用户对预警信息做出积极响应上，气象服务和应急管理人员往往落后于商业企业。但这种情况正在改变，因为越来越多的气象服务机构组建了社会科学团队为预警设计提供建议。越来越多领域的专业人士参与到预警的发布工作中。虽然一些气象服务部门继续聘用各类专业技术人员，但人们越发意识到，在这样较新的学科中，通过在职能互补的机构之间建立伙伴关系，可能是获得专业知识的群聚效应的最好方式。

将预警作为降低风险策略之一的理由是：(a)预警系统的成本远低于大多数其他降低风险方案的成本，(b)预警给社会带来的好处远远超过它所消耗的成本。在考虑收益时，我们通常会关注经济收益，这当然很重要。在一些最发达国家，气象灾害的经济成本巨大且不断增加。这是由于气候变化使灾害事件更为频繁，财富增加导致经济脆弱性上升，人口向灾害频发地区的迁移也导致了暴露于灾害的风险变高。保持相对较少的死亡、受伤人数依旧十分重要，但是会消耗大量的社会成本。间接灾害越来越引起了研究人员的关注，因为其对人们健康、福祉和生产力的影响并不明显，但可能产生大量的额外成本。相比之下，最不发达国家的受灾人群可损失的财富要少得多，灾害的影响主要体现在人员伤亡上。尽管伤亡人数仍然很高，但值得庆幸的是这个数字正在减少。然而，落后地区微小的经济损失掩盖了一个事实，即这些老百姓失去了他们没有保险的房屋，无论其价值是 10 美元还是 1000 万美元，他们都因此变得一贫如洗。这种损失需要用一个适当的“基数”来衡量，例如某个国家的 GDP，只有这样才能了解其重要性。

本书在关于预警的所有著作中独树一帜，因为它重点关注跨越“死亡之谷”的各类专家之间的伙伴关系(图 1.2)。建立伙伴关系的必要性并不仅限于有效的预警系统。考虑伙伴关系在其他情况下起作用的方式，可以为那些试图在预警方面取得进展的人提供有用的指导。有关如何建立成功商业合作的研究有很多(Rosen，2007；Morten，2009；Swientozielskyj，2016)，其应用越来越广泛(de Bruijn and Tucker，2002；Bang and Frith，2017；Stibbe and Prescott，2020；Bucher et al.，2020；WISER，2020)。从这些研究基础之中吸取的经验教训同样适用于生产预警的过程(Golnaraghi，2012)。每种伙伴关系都有正式和非正式的方面。正式方面提供法律基础，确保非正式方面能够顺利进行，而不会因为偶然的无知或误解而脱轨。保密协议、谅解备忘录、合同等都各有职能，使各组织彼此开诚布公。正式程序还必须包括定期审查，以便对伙伴关系的正当性和有效性提出质疑，并在必要时毫不拖延地解除伙伴关系。然而，真正的难处在于伙伴关系的建立，这需要时间、耐心、大量的倾听、强大的领导力和辛勤的工作。成功的伙伴关系，要求每个合作者都了解对方的“文化背景”，并能用对方的“专业语言”沟通。他们必须了解对方的组织观点和目标。最终，如果合作者相互信任，伙伴关系就会奏效，而这只有通过长期的、积极的合作才能实现。伙伴关系很容易被人事变动打断，所以无论进展顺利与否，都必须积极维护。尤其是在灾害初期的压力下，信任危机最有可能浮出水面并带来致命的后果。

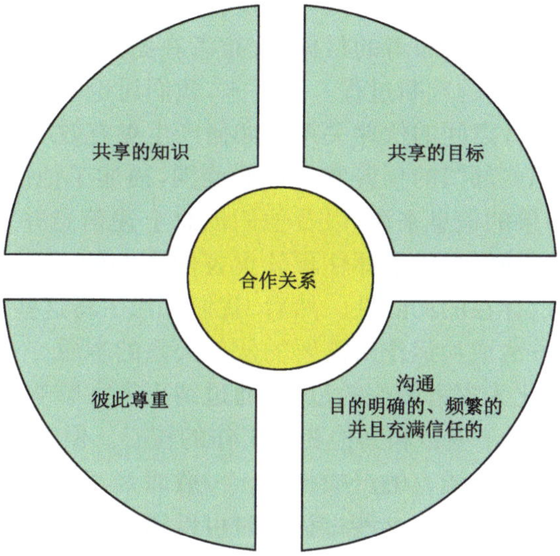

图 1.2　成功伙伴关系的四个方面(来源:Rob Honch，ECCC)

本书的主要章节分别描述了概念价值链中的每一座桥梁(图 1.3)。首先，我们描述了决策者的专业知识和方法，强调了他们对价值链做出贡献所需要的信息。然后，我们走过桥梁，调查该信息的提供者所受到的约束和限制。接下来，我们讨论桥梁本身的性质，确认阻碍沟通的问题所在，并展示如何通过建立强有力的伙伴关系来克服这些问题。每一章都包含一些解决这些问题的伙伴关系的实例，并分析了他们遇到的挑战和取得的成果。最后，我们总结了几个成功的要点，以供读者参考。

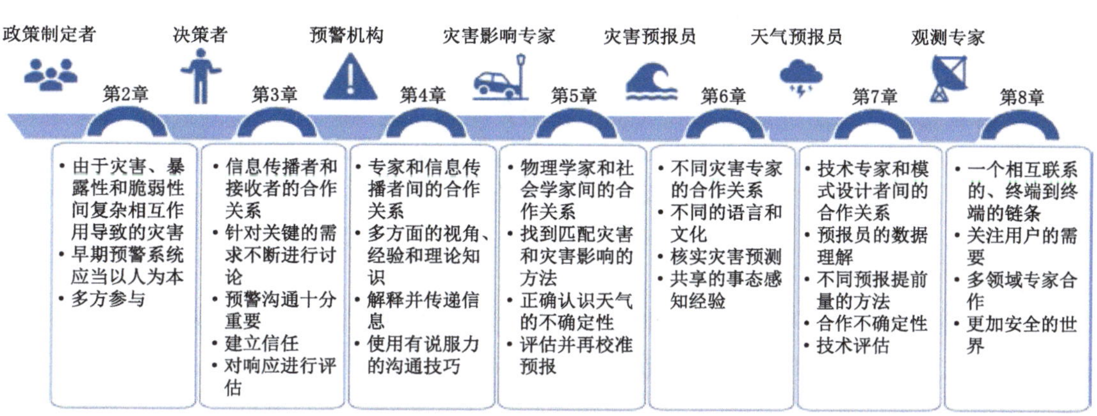

图 1.3　本书内容的示意图

本书的核心章节是按“第一英里范式”组织的。在这些核心章节之前，第 2 章描述了有效的风险管理框架，这个框架的背景，是联合国《2030 年可持续发展议程》所提及的社会风险和应对措施。该章节介绍了框架的主要组成部分、主要参与者的作用，以及评估的必要性。此外，还介绍了一些关键概念的定义，并强调了早期预警在整个风险管理框架内的贡献。

第 3 章探讨如何使每个决策者的风险感知水平与最具成本效益的行动相匹配，同时又符合预警生成者的能力。首先，我们研究了人们对预警做出的响应，以及预警的性质和传递过程的影响。然后，我们研究了预警发布者的目标，发布者在必须采取行动时的约束条件，以及发布者对是否达到预警的可信度的判断过程。接下来，我们讨论两者之间的联系，这涉及预警分发，以及预警发布者和接收者之间的伙伴关系是如何产生更有效应急响应的。

第 4 章探讨了公共、私营部门的预警发布者的范围，描述了他们用于理解灾害性质、其影响和灾害暴露引发潜在后果的信息来源，以及他们汇总上述信息并发出预警的整个过程。我们谈到了多个方面的专家，他们提供了评估预计灾害的影响的工具。我们分析了这些工具和其输出结果所面临的挑战、存在的局限性。然后，我们探讨了将这些工具的输出转化为预警的多种方法，以及促进这些方法成功运作所需要的伙伴关系的本质。

第 5 章关注将灾害转化为灾害影响的过程，通过纳入灾害影响信息来提高预警的有效性，这正是当前 WMO HIWeather 项目和其他相关工作的核心。但与此同时，该核心问题受到了彼此不兼容、多种类型的方法和语言的严峻挑战。一般而言，我们所关注的灾害事件本身能够很好地通过可重复的过程进行描述，这些过程有时可以用数学语言来表达。相比之下，不同灾害的影响则取决于相关社区的社会和经济性质。可重复的灾害影响特征只能体现在统计上，通常不能与任何数学过程相关联。虽然我们通常可以精确地定义灾害(即使它们不总是非常准确)，但对灾害影响的描述可能在很大程度上取决于观察者的看法。因此，对于哪些信息适合用于交换，这座桥两边的专家们可能有着截然不同甚至相互矛盾的看法。在这里，我们首先探讨了科学家需要的灾害影响信息，需要强调的是，相关的信息也是最终用户所感兴趣的。一个关键的难点问题是如何获取有关灾害影响的历史信息，尤其是当原始数据为高度机密的情况下，其次，是将合适的灾害数据与原始灾害影响数据进行匹配。接下来，我们探讨了灾害预报员受到的限制，他们可能可以获得大量的模式预测，但无法轻易地将其与受灾的时间、位置联系起来，并且，他们对灾害情景下模式准确性的了解也存在局限性。在这两方面之间需要架起一座桥梁，这需要双方采取开放、务实的态度，建立长期的合作关系，共同努力，这样才能理解对方的思维方式。

第 6 章着眼于预报系统在确保天气预测和相关环境灾害预测一致性过程中所需要满足的条件。我们首先探讨了灾害预测的不同方法和它们在气象驱动因子预测上的局限性。我们指出了预报员在不同的灾害预测过程中采用了不同的建模结构，分析了这些建模结构与用户需求之间的关系。我们列举了“无缝隙”灾害预报方法的优势，以及在多机构并存的情况下，实现这些方法所面临的挑战。

第 7 章围绕天气监测和预报相关的问题展开。我们描述了大气模式专家如何使用观测来初始化模式。在模式中有效使用观测数据，对观测本身提出了特定的要求。随后，我们介绍了如何应用基础物理学和工程学制作传感器和建立搭载传感器的观测平台。传感器和观测平台设计人员与气象学家之间的密切合作由来已久，他们的合作使得天气预报准确性取得了惊人的进步。即便如此，最新型高分辨率预报模式所需数据仍是传统现场或遥感观测方法无法获取的。与此同时，工业和通信方面的新能力提供了大量质量相对较低的观测数据，这些数据需要新的协作模式才能得到有效利用。

最后，在第 8 章中，我们纵观全局，将预警链视为一个整体系统。这一系统的目的是通过满足决策者在预警应急过程中的需求，达到避免损失的目的。我们强调，在预警链中，每个参与者既是上游参与者所提供信息的用户，也是下游参与者所需信息的提供者。我们还强调了有效信息的定义、沟通和使用这些信息取决于伙伴关系。

一个有效的预警系统可以挽救生命、减少经济损失、建立信任，让人们对自己的安全更有信心。构建这样一个系统是值得我们花费时间和精力的。

参考文献*

Bang, D. and C. D. Frith, 2017. Making better decisions in groups. R. Soc. Open Sci. , 4. https://doi.org/10.1098/rsos.170193

de Bruijn, T. and A. Tukker, Eds. , 2002. Partnership and Leadership: Building Alliances for a Sustainable Future, Springer

Bucher, A. , A. Collins, B. H. Taylor, D. Pan, E. Visman, J. Norris, J. C. Gill, J. Rees, M. Pelling, M. T. Bayona, S. Cassidy and V. Murray, 2020. New Partnerships for Co-delivery of the 2030 Agenda for Sustainable Development. Int. J. Disaster Risk Sci. , 11, 680-685. https://doi.org/10.1007/s13753-020-00293-8

Golding, B. , E. Ebert, M. Mittermaier, A. Scolobig, S. Panchuk, C. Ross and D. Johnston, 2019. A value chain approach to optimising early warning systems. Contributing paper to Global Assessment Report on Disaster Risk Reduction 2019. UNDRR. 30pp. https://www.prevention-web.net/publications/view/65828

Golnaraghi, M. , (Ed.), 2012. Institutional Partnerships in Multi-Hazard Early Warning Systems: A Compilation of Seven National Good Practices and Guiding Principles. Springer. https://doi.org/10.1007/978-3-642-25373-7

Morten, H. , 2009. Collaboration: How Leaders Avoid the Traps, Build Common Ground, and Reap Big Results. Harvard Business Review Press. ISBN 10: 1422115151

NRC, 2001. From Research to Operations in Weather Satellites and Numerical Weather Prediction: Crossing the Valley of Death. National Academy Press, 96pp

Rosen, E. , 2007. The culture of collaboration: maximizing time, talent and tools to create value in the global economy. San Francisco, Red Ape Pub. 304pp

Swientozielskyj, S. , 2016. Business Partnering: A Practical Handbook. Taylor & Francis. ISBN: 9781317440734

Stibbe, D. and D. Prescott, 2020. The SDG partnership guidebook: A practical guide to build-ing high impact multi-stakeholder partnerships for the Sustainable Development Goals. The Partnering Initiative and UNDESA. https://sustainabledevelopment.un.org/content/ documents/2698SDG_Partnership_Guidebook_1.01_web.pdf

UNDRR, 2015. Sendai Framework for Disaster Risk Reduction 2015-2030. Geneva, Switzerland: United Na-

* 参考文献直接引自原书，格式未做调整，后续章节相同。

tions Office for Disaster Risk Reduction，37. https://www. preventionweb. net/ files/43291_sendaiframeworkfordrren. pdf. (Accessed 2/9/2021)

Weather and Climate Information Services for Africa (WISER)，2020. The Power of Partnership，https://www. metoffice. gov. uk/binaries/content/assets/metofficegovuk/pdf/business/interna-tional/wiser/wiser0223_highway_partnership_impact_article_0620. pdf. (Accessed 3/2/20)

第2章
早期预警系统及其在减少灾害风险中的作用

Robert Šakić Trogrlić, Marc van den Homberg, Mirianna Budimir, Colin McQuistan, Alison Sneddon, Brian Golding

摘要 本章在减少灾害风险的框架下，介绍早期预警系统(Early Warning Systems, EWS)。主要内容包括：EWS的主要组成部分、各部分的角色以及系统评估的必要性。灾害风险管理要求我们对灾害及其风险的分布有基本的了解，这包括灾害自身的特征，以及面临风险社区的暴露程度、脆弱性和应急能力。即便过去很多政策都可用于降低和管控灾害风险，但本章着重强调早期预警的意义，提出了一个以八个组成部分构成的EWS，该系统强调以人为本，同时突出了整合全社会资源的重要性。我们指出了该系统运转的基本需求：制定基于事实的决策、高质量的监测、处理错误及虚假信息的能力。此外，我们从预警系统的社会组成部分、应对多种灾害的能力，以及在未来发展过程中可能出现的资金、数据和利益的分配等问题出发，总结了目前EWS的缺口。

关键词 治理，风险管理，以人为本，灾害，暴露度，脆弱性，影响，EWS，风险

R. Šakić Trogrlić (✉)
International Institute for Applied Systems Analysis (IIASA), Laxenburg, Austria
Research done while with Practical Action, Rugby, UK
e-mail: trogrlic@iiasa.ac.at

M. van den Homberg
510 An Initiative of the Netherlands Red Cross, The Hague, The Netherlands

M. Budimir, C. McQuistan, A. Sneddon
Practical Action, Rugby, UK

B. Golding
Met Office, Exeter, UK
WMO/WWRP HIWeather project, Geneva, Switzerland

2.1 引言

几十年来，我们理解与处理灾害风险的能力得到了提升，在通过国际协议以提升人类和国家的抗灾能力方面也取得了进步。但无论是在发达国家还是在发展中国家，几乎每一周我们都能收到自然灾害造成严重破坏的消息。2020 年 5 月，当全世界忙于应对新型冠状病毒肺炎(COVID-19)疫情时，热带气旋“安潘”(Amphan)扫荡印度和孟加拉国，仅在西孟加拉邦就造成了 72 人死亡和超过 130 亿美元的经济损失(Sarkar，2021)。截至目前，此次灾害事件造成的损失和破坏总量尚不得而知。2020 年 7 月，尼泊尔的强降雨引发了洪水和山体滑坡，造成大量人员死亡，破坏了许多人的正常生活。

这样的例子不胜枚举。尽管我们无法完全避免自然灾害对人、经济和环境造成的破坏，但仍可以大大减弱这些负面影响。早期预警系统(EWS)是我们的最佳选择之一，因为它可以促进我们对自然灾害的客观认识和理解，提供预警信息，以便人们及早采取应急行动来避免不必要的损失。尽管我们在加强 EWS 的全球应用方面已经取得了一些进展，但近期的气候服务现状报告(WMO，2020a)显示，在 73 个被调研的国家中，有三分之一的人口没有被 EWS 覆盖，且只有 40%的人口能够享受针对多种灾害提供的早期预警服务。

世界气候正在发生变化，每个国家与天气有关的灾害风险也处在不断变化之中。灾害的强度和频率将随着气候变化而变化。这意味着，一些国家需要 EWS 来应对随气候变化而出现的新型灾害威胁(例如，在以前不需要热浪预警的地方对热浪提供早期预警服务)，相反，一些其他灾害可能在未来变得不再那么重要。与此同时，各个国家的社会经济发展正在改变国民要面临的灾害风险和脆弱性。减小这些变化带来的灾害风险的增幅，并进一步适应新的地区灾害特征，对于社会的可持续发展至关重要。本章的主要内容包括：

- 介绍灾害、暴露度、脆弱性和灾害风险的关键概念。
- 概述减少灾害风险的可行措施。
- 将 EWS 作为减少灾害风险的可用选项。
- 详细阐述 EWS 的八个主要组成部分，提出以人为本的核心理念，强调整合社会资源的重要性。
- 确定当前应急抗灾能力的短板，特别是在 EWS 的社会组成部分和处理多种灾害方面的不足；确定提升应急抗灾能力的障碍，包括资金和利益相关者参与方面的问题。

2.2 灾害风险和影响

自然灾害风险源自多个维度：自然灾害本身、人员或财产的暴露、脆弱性和应对能力。多边组织，如《联合国气候变化框架公约》(United Nations Framework Convention on Climate Change，UNFCCC)/联合国政府间气候变化专门委员会(Intergovernmental Panel on Climate Change，IPCC)、联合国减少灾害风险办公室(United Nations office for Disaster Risk Reduction，UNDRR)和机构间常设委员会(Inter-Agency Standing Committee，IASC)风险、预警和准备咨询小组，联合欧盟委员会，已经对灾害风险及其维度提出了定义。例如，IASC 和欧盟委员会联合研究中心开发了全球开源的 INFORM 风险指数，可用于计算国家或地方层面的灾害风险(Marin-Ferrer et al. ,2017),特别是针对人道主义危机和灾害。案例 2.1 概述了联合国减少灾害风险办公室提出的相关定义,这些定义被降低灾害风险行动(Disaster Risk Reduction,DRR)群体广泛认可。我们注意到,INFORM 风险指数与 UNDRR 提出的定义密切相关,同时也提出了一种方法论,基于不同风险维度、类别、组成部分和指标来计算综合风险指数(图 2.1)。

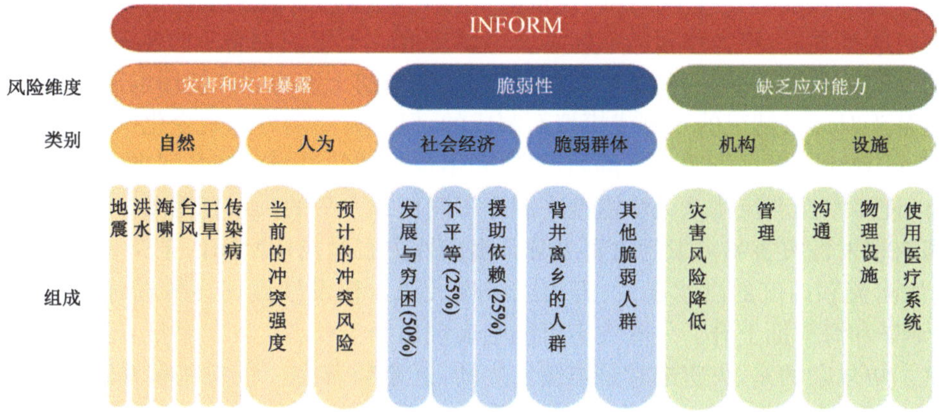

图 2.1　INFORM 的不同风险维度、类别和组成部分。组成部分和基础指标的最终选择因国家而异(基于 Marin-Ferrer et al. ,2017)

2.2.1　灾害

案例 2.1　基于 UNDRR 定义的风险维度定义(UNDRR,2016)

脆弱性(Vulnerability)

由物质、社会、经济和环境因素决定的,使个人、社区、资产或系统对灾害影响的敏感性提升的条件或者过程,称为脆弱性。

应灾能力(Coping capacity)

个人、组织和社会体系利用现有技术和资源来管控不利情况、风险和灾害的能力

暴露(Exposure)

人员、基础设施、住房、生产能力以及其他有形人力资产,位于灾害易发地区或某一特定灾害影响路径上,称为灾害暴露。灾害暴露的衡量标准,可包括某地区人口总数或资产类型。

灾害(Hazard)

可能造成死亡、受伤及其他健康影响、财产损失、社会和经济体的破坏或环境退化的过程、现象或人类活动称为灾害。灾害的来源可能是自然的、人为的或社会与自然两者兼有的。自然灾害主要与自然过程和自然现象相关;人为或人为引起的灾害则主要或完全由人类的活动及选择引起;两者共同作用的灾害与自然因素和人为因素都有关联,例如环境退化和气候变化。灾害的来源和影响可能是单一的、连续的或是组合的。对于任何一种灾害,都可以用位置信息、强度或规模、频率以及概率来描述其特征。对于生物学上的灾害,也可以用传染性和毒性等因素来进行定义。

与脆弱性和暴露相比，灾害维度相对比较容易定义，尤其是对于单一灾害而言。UNDRR（2020b）将灾害分为生物、环境、地质、水文气象、技术和社会灾害几大类。我们主要关注的是水文气象灾害。由于气候异常和气候变化，灾害在本质上是动态的。灾害预报的时效可从气候变化预报、年代际、季节和次季节预报到短期预报。EWS关注季节到短期预报。随着预报时效的缩短，预报精确度和可信度通常会有所提高。可提供有用信息的预报时效在不同灾害之间存在很大差异，例如，对于干旱的预报时效是季节尺度，而地震是几秒钟。

除了时间维度外，灾害预报的空间维度也很重要。不仅规划备灾方案和开展应急响应需要灾害的空间分布频率图，一些长期干预措施，比如规划土地的分区使用也需要这种图。这些图通常是基于对过去情况的观测或模拟而制成的，但还需要随着未来变化（如人类活动变化和气候变化）的预测结果进行调整。例如，可以利用观测到的洪水深度数据来制作历史洪水范围图，也可以使用水文和流体动力学模型来制作不同概率水平的洪水范围图。

灾害有缓发性灾害和突发性灾害之分。突发性灾害是指短时间内迅速或意外出现的灾害事件，例如河流和山区的洪水暴发、野火或极端大风。缓发性灾害会随着时间的推移逐渐发生，例如干旱和海平面上升。一些灾害可能会表现出介于两者之间的特征，例如具有破坏性的冬季天气。更复杂的是，灾害通常是连续发生的，这意味着在一个灾害事件影响结束之前，第二个或更多的灾害事件的影响就开始在空间和时间上叠加。多灾害事件可分为复合事件和级联事件（Ruiter et al.，2020），它们涵盖了不同自然灾害之间的相互作用（Gill and Malamud，2014），以及自然灾害及其对社会、文化、政治、经济、卫生和技术领域的冲击和压力间的相互作用。

尽管人们已经认识到多灾害事件导致的相关风险，且在DRR政策和实践（UNDRR，2015）中越来越提倡管控此类风险的方法，但这些风险并没有一个明确的定义。我们必须应对关键的挑战，弥补不足，以便能够对多灾害事件及其影响的可能性进行可靠的评估。

灾害分不同强度。科学家会使用物理上连续的强度量来衡量灾害。但对灾害预警，使用与灾害影响程度相关且离散的强度等级常常有更大的帮助。例如地震的里氏震级（Richter scale）或龙卷的藤田等级（Fujita scale）。

包括INFORM风险指数在内的若干方法，将灾害、暴露的各个方面合并为一个风险维度，以反映暴露于特定灾害的客观可能性。对于洪水和干旱，这样的方法可以识别受灾的农田（例如在洪泛区或干旱易发区）和受影响的社区。联合国环境规划署（United Nations Environment Programme，UNEP）通过其全球风险数据平台（Global Risk Data Platform）计算实际受洪水影响（UNEP，2021）就是一个很好的例子。灾害暴露度需要结合灾害频率数据集与受灾人口数据集来确定。长期的灾害频率数据可用于计算回归周期，从而估算强度超过一定阈值的灾害事件在给定年份的发生概率。基于个人、学术界和公共组织提供的一系列灾害数据，全球减灾和灾后恢复基金（Global Facility for Disaster Reduction and Recovery，GFDRR）建立了工具集“ThinkHazard!”（译者注：https://thinkhazard.org/en/），提供了多种灾害影响特定区域的可能性（GFDRR，2021）。表2.1总结了灾害数据部分提供者。

表 2.1　灾害数据提供者的部分汇总

主要的灾害数据提供者	数据库
社区	单一灾害：
本地常识	FloodScan
公民科学	FloodList
政府	全球降水数据集(Sun et al.,2018)
国家气象和水文服务中心	达特茅斯洪水观测
联合国	史密森尼学会火山活动计划
世界气象组织(WMO)	全球历史海啸数据集（NOAA）
世界卫生组织(WHO)	气旋：国际最佳路径历史气候数据集(IBTrACS)
联合国环境规划署(UNEP)	地震数据集(USGS)
全球减灾和灾后恢复基金(GFDRR)	WHO 流行病数据库
	多重灾害：
	UNEP Grid
	GFDRR ThinkHazard!
	全球干旱和洪水地理空间观测相关数据(Lindersson et al.,2020)

2.2.2　脆弱性和应灾能力

脆弱性和暴露截然不同但密切相关。暴露是受到灾害风险影响的必要不充分条件，我们可能会暴露于灾害风险之中，但并非一定遭受大的损失(例如，生活在洪泛区的人们通过充分地调整建筑结构和人的行为方式减轻了潜在的损失)。同样，脆弱性也不会直接导致损失，除非脆弱的人或物暴露于灾害风险之下。虽然脆弱性是根据特定灾害定义的，但不论同种灾害，社会经济因素，如贫困、缺乏社交网络和社会支持机制，都会加剧或影响脆弱性的程度。不幸的是，在许多发展中国家，此类社会经济数据达不到足够精细的水平，或者数据在汇总过程中丢失了。此外，这是个动态变化的情景，例如在每年以 6%～8%的速度快速增长的城市化地区，数据可能很快就会过时。

尽管脆弱性数据通常被视为静态，但越来越多的证据表明，我们需要考虑其动态性质。例如，家庭的脆弱性可以在短期内发生变化，比如在灾害的应急响应和恢复阶段，其脆弱性可能是由于在此期间的家庭收入锐减而导致的变化。在其他尺度上，脆弱性也是动态变化的，例如，一个地区的脆弱性可能会因森林砍伐或城市化而改变。

对于某一特定灾害的脆弱性，可以用脆弱性函数(vulnerability functions)也称为灾害损失曲线(hazard damage curves)来描述，它常常用于描述实体的脆弱性。脆弱性函数描述了暴露于灾害风险的人或物对灾害的反应，例如，建筑物对地震期间的震动、热带气旋期间的大风或洪水期间水位的反应。脆弱性函数通常要么是专用的要么是十分普适的，但它们对于评估实际的潜在损失都至关重要。脆弱性函数一旦被设计出来，很可能适用于其他具有相似暴露程度的事件。遗憾的是，类似于从开源软件平台 CAPRA(Comprehensive Approach to Probabilistic Risk Assessment，概率风险评估综合方法)(Cardona et al.,2010)获取的，公开且高质量的脆弱性函数还没有出现。

应灾能力是探讨灾害风险的重要方向。它通常被概念化为个人和社区根据极端事件采取的短期措施(Wamsler and Brink，2014)，但也可以从国家层面进行考虑(例如体现于

INFORM 国家风险指数中)。Wisner 等(2004)提出了一系列的灾害应对策略,包括在事件发生之前、期间和之后采取的不同行动。它们确定了预防措施,最小化灾害影响的策略,储存食物和可用于销售的物资、多样化生产和收入来源、发展社会支持网及灾后应对措施。在某些定义中,应灾能力属于脆弱性的一部分,而在其他定义中,例如前面提到的 INFORM 指数,它被视为一个单独的风险维度。应灾能力不应被视为与脆弱性相矛盾的概念,因为脆弱的群体也可能拥有各种各样的灾害应灾能力(Gaillard et al. ,2019)。

2.2.3 人员和资产的灾害暴露

只有人群和资产暴露于灾害影响之下时,灾害才会造成损失。因此,灾害暴露是决定灾害是否导致损失以及脆弱性得到证实的关键。暴露在各个时间尺度上都是动态变化的。在年时间尺度上,一个发展中的城市会有持续扩大的空间范围以及不断增加的人口和建筑;发展中国家会出现新的基础设施。在较短的时间尺度上,人群会在暑假或节日期间四处流动,而且每天都有孩子上学、工人进出城市、旅客使用公路、铁路和飞机旅行。需要大量数据来充分考虑风险评估中的暴露,并且,这些数据应当具备易于与灾害和脆弱性数据相匹配的格式。

在许多国家,开发暴露数据集是完成风险评估的最大障碍之一。低分辨率的暴露数据可以从现有且开放的全球数据集中获得,但其精细程度不能满足具体项目或 EWS 所需的风险评估。大多数国家都有基本的人口普查数据、资产清单、城市规划和地形图,但这些数据往往已经过时。而且,对于那些需要用这些数据来减少和管理灾害风险的人来说,并非总能获取到它们。很少有国家拥有适用于早期预警的动态更新的灾害暴露数据。然而,一些灾害风险管理人员和气象服务人员会利用个人对人群聚集性的认知,来准备预警信息或对常规预警范围之外的地方发布预警。和脆弱性一样,暴露与社会经济指标密切相关。清单不完整的情况下,这些指标可作为替代指标估算建筑的使用情况,并确定社区赖以生存的资产(通常以农业为基础,如裸露的耕地)的暴露。

银行、保险公司、政府以及各行各业都使用巨灾风险模拟(catastrophe risk modelling)来保护其资产。对保险公司来说,评估灾害损失是确保其赔付能力的关键。政府有义务在灾后重建公共资产和基础设施。两者的工作重点都是获得足够的实体暴露数据。然而,政府也有为民众提供紧急援助(例如食物和住所)并为灾后恢复或重建工作提供资金(例如向贫困家庭提供支持,采取措施支持私营部门复工复产)的隐性义务(Alton and Mahul,2017)。隐性责任较难量化,即使量化了,对于社会中较贫困的阶层而言,其绝对财务价值通常也较低(Alton and Mahul,2017)。正如 Hallegatte 等(2016)所说:"洪水或地震对穷人来说可能是灾难性的,但如果影响到的是几乎一无所有的极低收入人群,则对一个国家的财富或生产总量的影响可以忽略不计"。因此,灾害风险金融和保险对这些隐性责任的覆盖面较小。要确保一个国家所有公民的福祉,最重要的是制定恰当的灾害风险管理控制措施。总体而言,我们目前对脆弱和易受灾社区的重要资产的了解和量化程度较低(案例 2.1)。

2.2.4 灾害影响

如果不对风险加以管理,灾害就会对人类、社会、经济和环境造成巨大影响。自然灾害的影响包括负面、中性和正面后果。例如,洪水会破坏农作物、财产和基础设施,但也会给水库带来蓄水;暴风雨造成财产损失,但之后会促进经济活动增长,并加快重建更健康、更安全的家园；对一个企业造成损失，可能为其他企业提供获益的机会。“损失”和“损害”①通常用于灾难的负面影响。衡量任何减少灾害风险的措施是否有效的最终标准是评估其降低损失和损害的能力。虽然这两个词经常互换使用，但也可以用于区分经济损失和实体损害(Koks, 2016)。另外，一些分析师也用这两个词区分不可逆转的损失，例如与高温有关的灾害造成的死亡，以及可恢复的损害，例如建筑物的损坏(Boyd et al.,2017; Mechler et al., 2019)。影响也可以分为有形影响和无形影响，以及直接影响和间接影响。有形影响(tangible impacts)可以用货币来衡量(例如，对企业的干扰、基础设施被破坏的成本)；而无形影响(intangible impacts)则不容易用货币来衡量(例如，人员伤亡、对个人心理健康的影响)。直接影响与灾害事件直接关联；而间接影响可能是级联事件(cascading events)的结果，且可能是远程的，例如供应链中断。

对于设计降低风险和管理干预的相关措施来说，非常重要的一点是要有一个目录，将历史灾害事件的灾害信息与其损失、损害进行系统地、唯一地匹配。WMO 已启动了一项倡议，旨在对如何编制高影响事件及其相关影响的目录进行标准化(WMO,2018a)。不同的手段、方法和工具被用于收集影响数据。损害和需求评估 (Damage and Needs Assessments, DNAs) 通常在灾后恢复的不同时间段来进行。这些 DNAs(如果由政府机构主导)会被整合到机构数据库中。公众通常可以在该数据库中获得汇总数据。大多数政府都有自己的快速的、初步的损害评估程序。此外，还有一些利用国家和国际参与者的能力和专业知识的 DNA 方法，例如损害、损失和需求评估 (Damage, Loss and Needs Assessment, DALA)，以及灾后需求评估 (Post Disaster Needs Assessment, PDNA)。PDNA 是一个由政府主导并拥有的包容性项目，欧盟、世界银行和联合国根据受灾害影响国家的政府在恢复阶段的决策和请求提供技术支持和便利。而 DALA 是世界银行提供的一种途径，主要用于满足某一个国家的应急需求。表 2.2 给出了有关影响数据提供者、存储库和数据收集方法的非详尽概述。

表 2.2　影响数据提供者、存储库和数据收集方法的不完整概述

影响数据提供者的主要因素	数据提供者的数据库
政府	再保险
环境	Munich RE's NatCat
社会福利	SERVICE Swiss Re SIGMA Explore
卫生	研究中心
社会工作	灾害流行病学研究中心 EM-DAT
能源	Karlsruhe Institute of Technology CATDAT
水资源	UNDRR Preventionweb
民防机构	Sendai Desinventar
国家灾害管理部门	UN OCHA
国际组织(OFDA, NOAA)	Reliefweb
人道主义部门	人道主义数据共享平台(HDX)
联合国人道主义事务协调厅和其他联合国机构	IFRC
非政府组织	紧急救灾基金的募集、计划和最新情况
国际红十字会与红新月联合会	国家级灾害管理机构(例如)
受影响的社区	美国：SHELDUS
本地常识	菲律宾：DSWD Dromic
保险和再保险公司	
慕尼黑再保险、瑞士再保险、LCW, AON	

① 损失和损害也是《巴黎协定》中气候行动的支柱之一，是指无法适应的气候影响。

续表

影响数据提供者的主要因素	数据提供者的数据库
媒体 报纸 社交媒体 电视 广播	

2.3 应对灾害风险有哪些可选方案?

谈及管理灾害及其风险时,通常会提到三种方法:(1)灾害管理(Disaster Management, DM),(2)灾害风险管理(Disaster Risk Management,DRM),以及(3)减少灾害风险(Disaster Risk Reduction,DRR)。DM 是指组织、规划以及应用灾前准备、灾中应对和灾后恢复的相关措施(UNDRR, 2016,第 14 页)。DRM 是通过颁布政策和制定计划来预防新风险、降低现有灾害风险并管理剩余风险(residual risk),达到增强抗灾能力和减少灾害损失的目的(UNDRR, 2016,第 16 页)。DRR 旨在预防新灾害风险、降低现有灾害风险并管理剩余风险,这些都有助于增强灾后恢复力,从而实现可持续发展(UNDRR, 2016,第 16 页)。

这些方法的演变与应用反映了从灾害到脆弱性、从自上而下到自下而上的思维转变(Paul et al. ,2018)。例如,DM 更侧重于灾害应对和灾后恢复(Jones et al. ,2015),而 DRM 和 DRR 则采取了包括预防、缓解以及准备等一系列更全面的措施(Ouriachi-Peralta and Fakhruddin, 2014)。

管理和减少灾害风险的方法通常以灾害周期(disaster cycle)的形式表示,它由四部分组成:

1. 缓解②指降低灾害发生概率和影响的策略与实际行动,例如建设堤坝、土地分区和建筑物改造(Coppola, 2011)。

2. 准备/备灾(preparation/preparedness)指为应对灾害做准备并减轻其影响的策略与措施,例如早期预警信息、应急计划和疏散演习(Buckle, 2012);最近,备灾包括与早期预警、早期响应和预报相关的融资等方面的举措。

3. 响应指减少灾害消极影响和避免其潜在影响的举措,例如人员和财产的疏散(WMO/EHA, 2002)。

4. 恢复指救济、重建和修复等方面的相关举措(Wisner et al. ,2012);通常,恢复的目的是"正常化"并达到灾前水平(Coppola, 2011),目前,也出现了鼓励"重建得更好"的概念(UNDRR, 2015)。

尽管灾害周期的表述形式被认同,尤其是在从业人员中,但它也受到了一些批评。实际上,这些阶段永远不会有如此明显的区别和清晰的分界(Twigg, 2015);相反,它们处于持续的相互作用和连续统一(Coppola, 2011)。这种相互作用在缓慢发生的灾害中比在突发灾害

② 本章使用的缓解(mitigation)不同于气候变化论述中使用的缓解(即用于指减少温室气体排放)。

中更为明显。

我们必须从灾害风险发生的社会背景来看待风险。社会的方方面面都有风险，每个成员都有责任应对某一方面的风险。个人也可能因其在企业、政府或非政府机构中的职位而代表他人承担责任。因此，减少灾害风险涉及广泛的公众与私人参与者。私人参与者是采取行动的个人、家庭或社区，例如，社区通常是最先对灾害做出反应的。公共职能参与者是政府机构，例如国家气象和水文部门（National Meteorological and Hydrological Services，NMHS）、灾害管理机构、以及负责水利开发和基础设施工程建设的政府部门。

灾害风险治理（Disaster Risk Governance，DRG）是指如何在社会、国家和地区层面组织公共职能单位、公务员、媒体、私营单位和民间团体，以减少灾害及气候相关的风险（UNDP，2020）。对于 DRG 来说至关重要的是所有参与者，从个人到企业、再到最高级的政府官员，都了解他们所面临的风险以及他们在管理这些风险方面所承担的责任。在许多国家，国内法律和政策规定了这些责任等级，例如，2010 年《菲律宾减少和管理灾害风险法案。（Republic of the Philippines，2010）。此外，国际救灾法律、规则和原则包含了广泛的全球和区域国际法、规范、双边条约和协定。在联邦制国家，法律将规定省（州）政府应在何种条件下寻求联邦援助。如果自然灾害造成的灾难超出了一个国家的应灾能力，机构间常设委员会可以决定启动人道主义系统范围的应急响应（IASC，2020）。在这种情况下，主权国家可以请求并同意国际支援。全球、国家和地方层面的参与者需要进行组织内部和组织间的协调。

DRG 的一个关键方面是在立法、资金、管理和执法等机构的支持下，就评估和管理风险责任达成共识。责任所在通常从负责全国战略风险的政府部门，到负责本市风险的市议会，到负责基础设施系统风险和衍生的用户风险的基础设施运营商（通常是私营企业），再到需要在其商品供应或服务中断时保护自己及其客户的企业，直至负责采取行动保护自己的个人。在这条责任链中位置越靠前，承担的风险越大，失败后所面临的惩罚也越重。除了这种共识之外，DRG 还要求每个负责任的行动者对其职责范围的风险进行评估、制定风险管理计划，并确保与其利益相关者的计划一致——无论身处责任链的上游、下游、还是同一层面。

通常，实现 DRR 的措施被归类为结构性或非结构性的（UNDRR，2016）。结构性措施是指建造实体基础设施（例如防洪墙）的工程类方法，而非结构性措施是指利用政策、法律和“软方法”（例如培训、教育、提高认识）的策略。结构性措施更适合用于减少灾害，而非结构性措施旨在降低脆弱性和减少灾害暴露（Harries and Penning-Rowsell，2011），并提高应灾能力。

为了降低灾害风险，可以采取大量行动来降低、保留、转移或吸收风险（UNFCCC，2012）。表 2.3 给出了 DRR 和气候变化适应行动（Climate Change Adaptation，CCA）的示例，并展示了 EWS 的适用范围。相应的举措可以用于应对那些影响较轻的罕见灾害事件，虽然它们可能带来不便，但并不是重大投资的理由，因此最好通过早期预警来处理，使人们能够做好准备并避免它们，用保险来支付维修费用。对于频繁发生的灾害事件，最好是能够完全避免，可以通过土地利用规划，例如避免在洪泛区建造房子；也可以利用自然保护功能，例如沿海红树林和盐沼的保护功能；通过保护工程，例如修筑河堤、加强建筑规范；或是通过组合这些措施等行动来避免损失。最难处理的是具有重大影响的罕见灾害。罕见性和破坏规模使建造防护工程的解决方案变得不可行。要在灾害发生时保护生命安全，需要规划大范围的安全撤离、备份基本服务并释放用来紧急恢复的资源。保险是从中度罕见灾害事件中恢复的重要资金来源，但在最为极端的灾害情况下，只有政府拥有救灾所必需的资源，并能在必要时得到国际金融体系的支持。

表 2.3 可用于减少、保留、转移或吸收风险的公职及非公职人员行动概述。改编自 van den Homberg and McQuistan(2019)(DRR:降低灾害风险;CCA:气候变化适应性;L&D:损失和损坏)

应对	各层次行动及其开展时段	个人行动技术水平:举例	公众行动技术水平:举例
增量性行动	DRR:备灾(短期,灾前)	基础:预警停止捕鱼作业	基础:接近预测的受影响区域。提高社区响应能力
	DRR:降低风险 CCA:中期 一年后的洪水(灾前)	基础:抬高地基/地面同时准备多样化的农作物	中级至高级:NMHS 提高水文气象模型能力以增加预测的提前量和空间分辨率。 政府领导灌溉系统和堤坝的建造
	人道主义援助。洪水后迅速开始(灾后)	基础/无级别:社群内的支持	中级:灾后公众和募捐机构援助,例如,向受灾家庭提供减灾物品和现金,向政府提供(道路、堤坝)重建资金
基础性行动	DRR 和 CCA(更大尺度或强度)(长期且跨越多年的,灾前)	中级:获取交互式语音响应服务,从而得到有关气象及农业的专业建议	中级:通过数据方式提高获取信息率,例如,提供用户母语的早期预警服务,提供语音短信形式的早期预警服务,全境的网络覆盖能力,降低移动用户税率
	DRR 和 CCA(对于特定区域和系统的新型行动方案)(中期到长期,灾前)	高级:公民参与水位信息的收集	高级:堤坝运营者利用先进的预报模式调整开闸放水的方案。基于预报的财政政策。水稻研究所研发可以在洪水期间生存的水稻品种
		中级:购买微型保险	中级:为确保交易的灵活性,提供可以通过移动端或私人渠道购买的微型保险
	DRR 和 CCA(地区改造)(长期,灾前)	中级:公民帮助建设生物堤坝或者生态走廊	中级:用小水库替代大水库。 环保的基础设施,例如生物堤坝、生态走廊。 利用洪积平原而非建设堤坝
	L&D 有效的补救与重建(短期,灾后)	无级别:非自愿地迁移或原地不动	中级:对可归因于气候变化的损失和损害。进行经济补偿,主动开展纪念活动(通过如博物馆展览、学校课程等形式)。 灾后咨询

鉴于预算和技术能力有限,尤其是在发展中国家,决策者必须做出权衡和选择。由于涉及承担不同任务和政治议程的多个决策者,因此直接对比永久或临时、长期或短期的风险降低措施是有问题的。例如,处理水资源开发和灌溉的政府机构对永久性和结构性措施(例如建造堤坝)负责,而灾害管理和人道主义机构则对临时的、基于 EWS 的非结构性应急响应负责(Bischiniotis et al.,2020)。每个机构很可能会采用不同的评估条款(Mechler, 2016)。一方面,成本效益分析等经济估值方法通常用于证明大规模基础设施支出的合理性,这往往会导致

资源向资产损失更多的富裕地区倾斜(Hallegatte et al.,2016)。另一方面,基于EWS的早期应急行动的效果通常根据人员损失和生活影响来进行评估(Gros et al.,2019;Rai et al.,2020)。

系统性的风险管理方法至关重要,需要确保政策及其对应行动的长期可持续性,而不是短期"贴膏药"。重要的是从考虑单一危害的孤立方法转变为考虑多种灾害的方法。根据多个数据来源,红十字会气候中心(Red Cross Climate Centre)计算得出,在2020年发生的132起与极端天气有关的独立灾害事件中,有92起与COVID-19大流行同期发生(Walton and van Aalst, 2020);全球有5160万人直接受到洪水、干旱、风暴与COVID-19大流行的双重影响。当前的风险评估和风险管理方法需要改进,以便(更好地)捕捉风险的系统性特征。我们可以考虑采用诸如脆弱性和灾害应对能力评估、应急规划和可视化技术等工具(Gill and Malamud, 2014)。Galasso等(2021)提出了一种基于风险的新城市住区设计方法,其中对潜在危害情景影响的定量预测构成了利益相关者之间政策讨论的基础。这种治理系统性风险的转型所面临的挑战与寻找最优复杂性有关。在资源和数据有限的前提下,该方法的精细度堪忧。

加快从管理单个风险和灾害向管理复合和连续风险和灾害转变的可行方法之一,是借鉴发展援助(development aid)的见解。例如,我们已经知道在洪水或风暴等灾难发生后,发达经济体和发展中经济体的贫困率会上升(Karim and Noy, 2016)。因此,在减少系统性风险的过程中,建立一个强有力的社会计划来提高人们的恢复力,是具有核心意义的。即使在没有明确的灾害相关触发因素出现的情况下(Deryugina,2017)。适应性强且能应对冲击的社会保护体系有可能帮助人们全面管理复合风险,包括预测风险、吸收风险影响和管理未来的风险(Ulrichs et al., 2019)。拉丁美洲、南亚和非洲部分地区不同社会保护计划的实例表明,社会保护可以在减少贫困、提高粮食安全水平和避免采用消极的风险应对策略等方面发挥重要的作用。此外,萨赫勒地区适应性社会保护计划的一些初步经验(Daron et al., 2020)表明,这些规模可变的、具有灵活性的计划有能力在气候和其他类型灾害发生之前保护贫困家庭免受其害,从而实现长期风险管理的效果。了解在人生不同阶段增加脆弱性的各种级联风险,有助于设计全面的社会保护体系,以便更好地应对多重脆弱性和复合风险。

2.4　早期预警系统在减少灾害风险中的作用

在2.3节中,我们已经指出了决策者以及灾害和应急管理人员有大量的选择来减少灾害风险及其对社会、经济和环境的影响。然而,应对灾难的主要方法一直偏重于在灾难发生后的应对和救助。多年来,政策和实践发生了转变,人们逐渐意识到,防灾备灾可以带来诸多好处,有助于增强社区和社会的恢复力。加强备灾的核心手段之一是提供EWS,我们在这里对此进行更详细的探讨。

2.4.1　早期预警系统的形成

EWS在国际DRR政策和实践中的形成过程,可以通过全球减灾协议及其他协定来追踪。1994年,在日本横滨举行的世界减少自然灾害会议期间,联合国成员国协商通过了《建立一个更安全世界的横滨战略和行动计划》(the Yokahoma Strategy and Plan of Action for a Safer World;IDNDR,1994)。作为十项指导原则之一,各国一致认为"对即将发生的灾害进行早期预警，并利用包括广播服务在内的电信手段进行有效传播，是成功防灾和备灾的关键因素”（IDNDR，1994，第 6 页）。横滨战略关注建立和/或加强 EWS 的必要性，并呼吁国际社会协助那些最易受自然灾害损害的国家开发 EWS。

然而，我们在大规模提供集成 EWS 方面上只取得了有限的进展。直到 2004 年，印度洋海啸造成破坏性影响之后，国际社会才对 EWS 给予了更多关注（WMO，2015a）。这一点在《2005—2015 年兵库框架行动》（Hyogo Framework for Action 2005—2015；简称《兵库框架》）中有所体现，该框架是全球减少灾害风险的重要一步，被认为是将关注重点从应对和灾后恢复转向预防和准备的重大转变（Tozier de la Poterie and Baudoin，2015）。作为五项优先行动之一，《兵库框架》提出了识别、评估和监测灾害风险并加强早期预警的必要性。《兵库框架》从整体考量上指出，EWS 是“保护和拯救生命、财产和生计的必要投资，有助于提升发展的可持续性，并且在强化应对机制方面，EWS 比主要依赖灾后救援和恢复建设的方法更具成本效益”（UNDRR，2005，第 5 页）。重要的是，《兵库框架》强调了以人为本的 EWS 的必要性，该系统将关注具有差异化特征的脆弱性，提供基于预警信息的行动指导，并支持决策者采取行动。尽管《兵库框架》在全球范围内提升了 EWS 的知名度，但仍存在实质性的不足。

《兵库框架》的后续文件是《2015—2030 年仙台减少灾害风险框架》（简称《仙台框架》），在撰写本章时，该《框架》已成为指导各国减少灾害风险行动的全球协定。与《兵库框架》不同，《仙台框架》并未将 EWS 视为优先行动，而是将其确定为七个全球目标之一。具体地，目标(g)呼吁各国“到 2030 年，大幅提升多灾种 EWS、灾害风险信息及其评估的可用性和可获取性”（UNDRR，2015，第 12 页）。尽管多灾种 EWS（MHEWS）并不是一个新概念，但《仙台框架》是首个强调早期预警的多灾种方法重要性的全球 DRR 政策蓝图。鉴于《仙台框架》相对较新，针对这些目标的进展报告尚未发布，《仙台框架》在多大程度上加速了发达及发展中国家的 EWS 的实施仍有待观察。

除了 DRR 的全球减灾协议之外，EWS 也是全球气候行动和可持续发展目标（Sustainable Development Goals，SDGs）的重要组成部分，因为 EWS 对于降低脆弱性和增强民众和国家的恢复力至关重要。《巴黎协定》是一份为气候行动提供框架的全球性文件，它在第 7 条（关于适应）和第 8 条（关于避免、最小化和解决与气候变化不利影响相关的损失和损害）都提到了 EWS（UNFCCC，2015）。在全球层面，DRR 和气候行动相互交织的一个例子是在第 21 届缔约方会议（COP21）期间建立的气候风险 EWS（CREWS）倡议。CREWS 是一个金融机制，由全球减灾和灾后恢复基金、世界气象组织和联合国减少灾害风险办公室实施。该机制为最不发达国家和小岛屿发展中国家提供资金，以实施针对天气相关灾害的风险知情早期预警服务。CREWS 在其 2019 年年度报告中指出，他们支持 44 个国家和超过 1000 万人获得更好的早期预警服务（WMO，2020b）。

2.4.2 早期预警系统：定义和组成部分

正如 Kelman 和 Glantz(2014)所述，EWS 随着相关事件发生的背景、规模和灾害自身性质而改变，目前尚没有一个通用的定义。就本章而言，我们采用 UNDRR(2016)提出的最新定义，指出 EWS 是“一个集成了灾害监测、预报预测、灾害风险评估、通信和备灾活动的综合系统及流程，能够使个人、社区、政府、企业和其他组织在灾害事件发生之前降低灾害的风险”。

世界气象组织和联合国减少灾害风险办公室发布了一份针对多灾种的、强调以人为本的

EWS 检查清单，该清单被大范围使用并得到了国际社会的广泛认可。如图 2.2 所示，它对一个 EWS 应该具有的四个核心要素和四个重要组成部分进行了概述（UNISDR，2006；WMO，2018b）。要保证 EWS 有效，必须以整体方法考虑并处理全部的八个组成部分，以确保准确、及时、可靠和易于理解的信息以正确的方式传达给每个人，以便他们采取行动。

图 2.2　早期预警系统的组成部分（参考 Brown et al.，(2019)）

风险知识　我们要通过 EWS 降低特定区域（例如社区、城市和地区）的灾害风险并在灾害发生之前做好准备，因此必须了解该区域的风险性质。风险评估有助于识别灾害的高发区、脆弱群体的地理位置和性质、灾害暴露地区的关键基础设施和资产。例如，苏黎世洪水联盟（Zurich Flood Alliance）使用基于 OpenStreetMap（OSM）的数字制图技术和社区参与的方法，绘制了尼泊尔、秘鲁和墨西哥的洪水风险地图，并将其作为降低风险战略的基础（Practical Action，2018）。自 2009 年以来，美国联邦紧急事务管理局（Federal Emergency Management Agency，FEMA）推出了风险测绘、评估和规划（Risk Mapping，Assessment and Planning，Risk MAP）计划；该计划提供风险评估工具、洪水测绘产品、规划和外联支持，以促进地方各级政府根据风险做出决策（FEMA，2021）。风险信息对于设计灾害监测系统、制定合理的疏散策略（包括疏散路线和安全区域），确保将预警信息传达给最脆弱的人群至关重要（WMO，2010）。

通常情况下，EWS 侧重于了解灾害事件本身（例如洪水或山体滑坡的具体情况），却忽视了脆弱性和灾害暴露性（Alcántara-Ayala and Oliver-Smith，2019）。然而，要想全面了解情况，就必须了解哪些要素处于风险之中（即暴露性）。例如，在山体滑坡期间道路可能受损，从而影响疏散工作；或者洪水发生时学校可能被淹没，从而中断学校的教学日程。这些都是及早采取行动并将自然灾害的影响降至最低所需的信息。另一方面，由于脆弱性是由社会、政治、经济和文化规范所塑造的，因此，有关脆弱性的信息可以揭示社会中哪些个人和群体被边缘化而可能受到更严重的灾害影响(Wisner et al.，2004)。例如，“卡特里娜”飓风(Hurricane Katrina)对穷人、无房者、英语语言能力差者、少数民族和移民造成了极大影响(Zoraster，2010)。同样，Brown 等(2019)发现，在尼泊尔和秘鲁的洪水及山体滑坡多发的社区中，DRR 相关政策、战略和决策没有考虑那些被社区边缘化的性别群体。由于这类群体在社会中被边缘化，导致他们获得早期预警的机会减少。

风险知识需要在受风险影响的人以及负责或处理这些风险的人之间共享，这样可以提高人们对风险本身的理解能力，以及人们对降低这些风险的需求和对相关举措的认同感——这正是 EWS 的好处，也是为什么人人都应该参与其中的原因。利益相关者之间需要开展合作，共享知识、信息和数据。只有这样，才能让所有人都了解风险，并且有机会采取行动去降低这些风险(WMO，2015a)。

监测和预警 对灾害发生这一自然过程的科学认识，加上过去的经验和对当前状况的监测，使得我们可以提前预测灾害发生的可能性(WMO，2010)。预测的准确性和可靠性可能在灾害发生前的不同时段存在很大差异，并受到一系列因素的影响，例如灾害类型和突发性、历史观测数据和当前监测的质量、我们对灾害基本过程的了解程度、以及灾害模拟的复杂度和可重复性(WMO，2015a)。我们对不同灾害的预报能力存在明显差异。虽然我们只能提前几分钟提供确定性的龙卷预报，但通常可以提前几小时对引发龙卷的风暴进行预报；相比之下，对于包含龙卷的风暴或其他风暴的大尺度天气系统，则可以提前几天来预报它们的发展和运动过程；有利于此类风暴出现的总体环境条件，可能提前几个月就可以识别出来。利用以往对灾害及其环境影响的观测，将其与应急响应能力相结合，我们可以制定不同的预警级别，从而在达到特定环境条件阈值的置信水平时发出预警。由于灾害及其影响的性质存在差异、应急响应能力的组织水平不同，不同预警系统之间存在很大差异。这方面的例子包括美国的国家火灾危险等级系统、中国香港的高温健康预警系统、日本的台风预警系统、荷兰的风暴潮预警系统、英国的国家恶劣天气预警系统等等。

为了确保预警能够正确地反映实际情况，利用实际情况对预警进行详细比对是十分重要的。至少对于比较严重的灾害事件，我们需要这样做，但更好的是将这种对比列入常规流程之中。我们必须保留所有的预警记录，记录用于发布预警的实际情况。任何漏报或未能及时发出预警的事件，也应保留相关记录以供事后审查和分析，便于从中吸取教训。同样，空报的预警过程也应被保留，即使这种事件的发生概率非常低，但它们可能会在未来很长一段时间后被用于预警的可靠性评估。

传播和沟通 是指以容易理解的形式向负责采取行动的人和处于风险中的人(包括最为脆弱的群体)传达预警和备灾信息的过程(Brown et al.，2019；UNDP，2018)。在有关 EWS 的文献中，传播和沟通常被放在一起。简而言之，传播是信息到达终端用户的方式，而沟通是指其内容。恰当且定制化的预警信息沟通，对于确保人们以正确的方式获得正确的信息，在灾前采取应急行动至关重要(WMO，2010)。为确保所有需要预警信息的人都能得到预警信息，必须有先确定用户需求，并选择适当范围的传播媒介，以确保预警覆盖所有需要的人，包括最脆弱和被边缘化的人群。

我们需要仔细地斟酌预警信息的传递与沟通。由专业技术人员(例如国家气象海洋预报中心)分析的原始预报信息,就不适合用在非专业人员的沟通中,因为这些信息需要特定的知识和技能来理解和诠释。因此,需要对预警信息重新包装,为不同的用户量身定制。例如,有关2013年菲律宾超强台风“海燕”(Super Typhoon Haiyan)的经验表明,专家和普通人对“风暴潮”的理解存在差异,由于此类专业术语不能很好地被翻译成日常用语并被大众理解,导致灾情影响扩大(Santos,2013)。需要对预警信息沟通的有效性进行评估,以确定用户是否理解包括风险级别在内的这些信息,是否认为这些信息有用、可行且满足自己的需求。

处理预报的不确定性是一项具有挑战性的工作,如何与预警制作者之外的人沟通这一信息,各EWS的做法也存在差异。在自然灾害早期预警的业务背景下,大部分有关不确定性沟通的研究和意见都鼓励提高透明度,强调教育和建立信任的重要性(Morss et al.,2008;WMO,2008)。

我们在预警和备灾信息的沟通和传播方式方面已经有了长足的进步,技术进步(例如电子邮件、短信、无线电广播和移动应用程序)对此的贡献尤为突出。例如,Cumiskey等(2015)发现,在孟加拉国东北部地势低洼、易发生山洪的苏纳姆甘杰地区,农民们更喜欢通过移动服务来接收洪水预警,这为EWS提供了一个新的机会,因为超过85%的百姓可以使用手机。尽管如此,早期预警失败的主要原因仍主要是沟通和传播过程不畅导致的(Basher,2006)。发展中国家的情况尤其如此,许多人没有被预警信息的接收技术所覆盖。

应急响应能力 应急响应能力是指社区对自身风险的了解、对预警采取行动的能力以及对接到预警时如何行动(例如,撤离到哪以及如何撤离)的熟悉程度。如果在灾难发生前就能获得准确、及时、易于理解的预警信息,并以恰当的方式将其传达给相关用户,个人和机构就能够做出应急响应并采取应急行动,这一点十分重要。一个完整的EWS不仅要提供预警信息,还要让信息接受者能够采取相应的应急行动。这里需要说明的是,“应急响应能力”是指在灾害事件发生前对预警信息做出应急响应的能力,以及在灾害事件发生后做好有效应对准备的能力。应急响应能力源于利益相关者拥有的资源、技能和关系网络(Marchezini et al.,2018)。应急响应能力包括明确的权限和决策流程、组织演习和实践情景,以及从国家到社区层面制定的明确的协议和程序(WMO, 2015a)。

用户在灾害发生前根据预警信息采取应急行动的能力,需要在长期规划和备灾活动中建立。需要在了解地方和国家的认知与能力的基础上制定备灾计划。此外,还必须制定预警的响应方案(WMO,2010)。这些计划需要通过培训和教育来实践,以提高预警接受者对它们的熟悉程度(WMO,2002)。人们还需要有足够的资源来做出应急响应,例如可以前往的安全地点、前往该地点的安全路线,以及有助于采取应急行动的任何其他资源。

我们需要尽可能地提前找出阻碍应急行动的障碍,并在规划阶段就采取措施解决它们。人们会根据自己对多种风险(不仅仅是自然灾害风险)的感知程度、自身能力以及其他情况做出决策。例如,Elder等(2007)的研究表明,新奥尔良地区的非裔美国人社区在“卡特里娜”飓风(Hurricane Katrina)期间决定不撤离的原因包括经济拮据、社会犯罪、种族主义和不平等现象。需要不断检验应急响应的有效性,从灾难发生期间遇到的各种挑战中吸取经验教训,并不断进行复盘,来确保应对计划能够适用于最新的情况(WMO,2010)。

有效治理和机构保障 EWS的有效治理方法和健全的制度是确保EWS顺利运行的关键。政府机构需要在国家层面获得授权、责任和长期的资金支持,才能建立并运行可持续的EWS(WMO,2010, 2018b)。为了解决各方面问题、促进各方面发展,我们需要以立法为基础，在国家层面做出长期的承诺和持续的努力。必须制定明确的标准以确保：在需要时及时发出预警（例如，至少在灾害事件发生前 6 h）；预警可以充分描述灾害的情况、位置、时间和影响；预警符合特定的格式（例如通用警报协议）；应用规范的质量控制标准（例如在预警发布前由第二个人再次检查）；记录所有发布的预警；记录预警发布后的结果。应对这些标准进行监督，并向利益相关者报告遵守标准的统计数据。

在缺乏政府支持的时候（例如缺乏资金），非政府组织（NGO）或私营部门也在努力填补这一空白，尤其是在发展中国家。例如，Šakić Trogrlić等（2018）描述了在马拉维南部（Southern Malawi），非政府组织如何通过基于社区的洪水 EWS 来支持政府。同样，在尼泊尔（Nepal），设在加德满都（Kathmandu）的水文和气象部门（Department of Hydrology and Meteorology）被正式授权，负责洪水 EWS 监测和预警工作。然而，尚没有机构可以承担政府职责范围内的预警信息传播、交流和应急响应的责任。尼泊尔的非政府组织急于填补这一空白，建立并运营当地的早期预警服务。过去，这些国家和地方级的系统大多独立运行，他们为当地人提供的预警信息可能存在重复甚至冲突等问题（Meechaiya et al.，2019）。所以，这不是一个可持续的解决方案，它通常只能帮助到一小部分人，并容易在缺少资金支持时终止服务。

UNEP（2015）指出，早期预警信息是一项基本人权，这是由于气候变化和灾害都会导致人权被侵犯。因此，开发和维持 EWS 的任务必须由政府机构承担。EWS 被视为一项公共任务，它们具有公共产品的经济特性，使其难以获得私人资助，因此其正常运作在很大程度上依赖公共资金。特别是在税收制度无法确保公共资金充足的发展中国家，持续供应 EWS 运转所需财务存在挑战（Deltares，2015）。并非 EWS 的每个方面都必须由政府运作，也并非整个 EWS 必须由一个机构运营。参与制作和使用预警系统的利益相关者跨越不同机构，并在不同的空间范围内运作。应当鼓励利益相关者之间的沟通和协调以实现有效治理。

治理的重要性在 EWS 跨境运转时尤为重要，因为灾害不受行政边界的限制。灾害可能同时影响毗邻的多个国家，一个国家的 DRR 方法（例如土地利用改变、基础设施建设）可能会影响邻国灾害发生的时间、严重程度和发生率。因此，联合和协调的方法对跨境 EWS 至关重要，该方法包括完善的治理结构（例如，政策和规划框架，以及制度设计）和流程（例如，公众的参与和行为改变、开展研究，以及政策制定单位和实践单位间的伙伴关系）。此类方法还可以包括制定明确的指导方针和协议、跨境共享历史和实时数据、跨境共享模式输出结果和风险地图、联合监测和运营、明确的职责分工，以及可持续的财务机制。

治理还包括对系统所有要素以及整个系统本身的定期维护、评估和改进。一个成功的 EWS 可以实现其设计目标。随着时间的推移，EWS 将不断发展壮大，以实现新的目标。然而，EWS 的能力和用户的需求在不断变化，因此任何 EWS 都不太可能在运行 5 年后仍能以最优解满足社区的需求。因此，管理 EWS 的一个关键就是在严格评估的基础上进行定期审查。此类审查必须解决的问题是：EWS 是否成功地提供了用户所需的信息，是否仍在使用最适配的技术，是否仍能及时送达处于灾害风险中的用户，以及是否使用最佳的可用信息。

对于 EWS 而言至关重要的是，确保其所有方面都得到了维护、监控和实施，具体包括：由自动化质量控制系统或值得信赖的合作伙伴提供结构性报告；通过实时媒体（包括社交媒体、电话和电子邮件）监控应急响应；进行事后调查，最好有直接访谈。管理人员需要了解 EWS 在道德规范上的表现，确保用户不会因个人特征而处于不利的位置，同时，还要确保用户与 EWS 系统的交互过程不会产生负面影响。这就需要特别注意反馈信息的保密性，例如，这些信息可能会被信贷或保险机构强制销售,甚至被犯罪团伙利用。随着社交媒体的发展,打击虚假信息是又一个特殊的挑战。这需要我们对社交媒体进行持续地监控,并在虚假信息再次出现之前快速纠正。必要时,应采取行动取缔虚假信息的来源。

当地社区的参与 EWS 只有从本质上以人为本,才能确保系统的所有要素都能顾及并优先考虑那些面临自然灾害风险的人群,从而发挥有效作用(WMO,2010)。地方当局、非政府组织和社区需要参与早期预警的各个方面,以便使该系统的设计能匹配社区的需求和能力。这样,应急响应才能保护个人、家庭和社区免受灾害影响。

在当地社区(包括边缘化群体)的积极参与下,一套区域化、"自下而上""最后一英里"或"第一英里"的早期预警方法,可以鼓励人们参与其中并做出贡献,降低脆弱性、利用并加强地方应急能力。基于社区的 EWS 就是让当地社区参与进来的好例子。例如,2008 年以来,英国实践行动组织一直与尼泊尔的社区合作,在当地建立针对洪水的 EWS,该系统的四个组成部分由当地社区参与(Rai ct al. , 2020)。在高收入国家也可以找到社区参与地方级 EWS 的例子。例如,在苏格兰,私人开发商苏格兰洪水论坛(Scottish Flood Forum)和苏格兰环境保护局(Scottish Environmental Protection Agency)联合开展了"RiverTrack"项目(译者注 http://www.rivertrack.org)。这是一个经济实惠的河流水位监测系统,它向当地家庭、企业显示河流的实时水位,从而实现持续监测。

社区参与早期预警也可以涵盖在公众科学(citizen science)的范畴之下。随着参与程度的变化,公众可以从观察者,到基本问题的解释者,再到直接参与 EWS 的问题提出者和数据收集者,直到科学协作者(Paul et al. , 2018)。在世界上的许多地区,当地社区拥有大量区域性的、本土化的早期预警知识(Acharya and Prakash,2019;Šakić Trogrlić et al. , 2019)。目前,如何将此类信息与 EWS 的科学知识相结合正在得到越来越多的关注。

性别、文化差异的重要性 性别不平等、性别规范(gender norms)和社会边缘化加剧了人们在灾害影响下的脆弱性(Brown et al. ,2019;UNISDR,2009)。妇女和边缘化群体,包括性别少数群体(gender minorities),通常被排除在 DRR 政策、战略和决策之外(Brown et al. ,2019;UNISDR,2009)。在性别不平等的背景下,由于社会、文化组织的性别关系,以及性别分工等问题,不同性别的人会以不同的方式获取、处理、解释并回应信息(UNISDR,2009)。例如,Tyler 和 Fairbrother(2018)在研究性别在家庭层面的野火疏散决策中的作用时发现,男性和女性对何时应该撤离有不同的观点:女性更倾向于早点撤离,而男性更倾向于晚点撤离。然而,女性很难表达自己的观点,因为在有关野火问题的讨论中,男性的声音被认为更具权威性。Fordham(2001)从性别视角探讨了 DRR 早期预警。她发现在 1991 年孟加拉飓风期间,女性收到预警的可能性更低,即使她们收到了预警,文化习惯(cultural norms)也禁止她们在公共场合活动。文化多样性和边缘化效应影响着 EWS 的所有要素(Brown et al. ,2019)。被边缘化的人往往是最容易被 EWS 忽视的人。人们可能因年龄、性别、残疾、种族、民族、宗教、移民身份、社会经济地位、居住地、性取向和自我性别认同而被边缘化。这些群体需要被作为特殊的考虑因素、集中的关注、积极的吸纳,采用灵活且具有变革性的方法来确保没有人被漏掉。这种考虑因素的关键应该是预警产品的公平,而不是待遇的平等。文化多样性和边缘化效应影响着 EWS 的所有要素(Brown et al. ,2019)。预警系统需要在文化存在差异的客观情况下,顾及权力观念、灾害起因、预测本质,以及通信渠道的可用性和使用等方面的因素。

多灾种方法 人们面临多种发生概率不同的灾害风险。举例来说,人们可能生活在既容易发生水文气象灾害又容易发生地质灾害的多灾种地点，且不同的灾害也可能相互作用(如地震引发山体滑坡)。因此，如果我们采取以人为本的早期预警方法，就应该开发一个或多个EWS，以应对特定区域内的所有灾害。

在可能的情况下，EWS应将应对特定灾害的系统结合在一起，确保人们能够获得针对其面临风险的全面灾害的早期预警(WMO，2018b)。这种多灾种EWS将提供对潜在灾害及其复杂性、相互关联关系的整体理解，例如，这些灾害是单独发生、同时发生、级联发生还是累积发生的(UNDRR，2020a)。

例如，英国的自然灾害伙伴机构(Natural Hazard Partnership)③(Hemingway and Gunawan，2018)会发布每日灾害评估。它概述了未来5天内可能影响英国的21种自然灾害，包括大气灾害(例如航空过敏源和空气污染、冰雹、雨和闪电)、土地灾害(例如雪崩、地震和山体滑坡)、水灾(例如地表洪水、干旱)和太空灾害(例如太空天气、近地和太空物体)。虽然真正整合多灾种EWS很少见，但多灾种预警方法是可实现的，例如：在现有系统基础上构建新的灾害EWS；协调各个负责机构共享数据、预报或产品；以及/或者开发一致的、协调的或综合的宣传材料。

2.4.3 早期预警系统用于备灾和降低风险

正如Kelman和Glantz(2014)所指出的，有关EWS的一个常见误区，是它们只在灾害发生时才发挥作用。然而，EWS的目的不仅是促使机构、社区或个人对迫在眉睫的灾害做出反应，也旨在理想状态下提供长期有效降低风险的举措，并促进公众在灾前采取行动。为确保EWS能在灾害到来之前，促成长期和短期的降低风险的行动，应将EWS融入社区的日常生活中，而不是仅在灾害迫在眉睫时才使用。

如果从整体上进行设计、实施和运行，并考虑到前文提及的全部八个组成部分，EWS就能为减少灾害风险和培养备灾"文化"提供机会。例如，作为EWS的一部分，灾害风险测绘可以为空间发展提供信息，并作为划定灾害的高风险地区引入减灾的可行措施(例如，限制发展、引入保险计划、建设防灾基础设施)的政策基础，进而降低这些地区的风险。同样，关注个人和社区成员间差异化的脆弱性也为设计行动方案提供了一个机会，这些方案既能从长久上降低他们的脆弱性(例如，设计包容性的决策过程和更加通畅的服务获取渠道)，又能提高他们使用EWS的能力(例如，设计听障人士传达方法或肢体残疾人士疏散方案)。

根据灾害类型和可能的预警提前时间，EWS为开展早期应急行动的机会提供了窗口期。如果不采取适当的应急行动，通过降低风险或加强准备以更好地应对灾害、最大限度地减少灾害影响，预警信息将毫无用处。例如，对于天气引发的灾害，预警提供的信息应从天气的自身情况转向天气可能产生什么影响。WMO为NMHS提供了有关实施"基于影响的预报"的指导方针。即对水文气象事件的潜在影响进行预报，例如，对人和基础设施可能受到的影响进行预报。预报方向也可以是面向特定部门的，例如，农业部门、旅游部门或人道主义援助机构。此类预报和预警会提供详细的人群、物品在特定灾害情况下的暴露性和脆弱性信息。对于灾害影响的预报和预警服务，在考虑灾害和脆弱性的同时，我们还需要明确考虑灾害暴露情况(WMO，2015b)。这需要NMHS进行转型并与其他特定的政府机构、私营部门以及人道主义

---

③ http://www.naturalha2andspartnership.org.uk/。

机构合作，以便能够提供此类基于灾害影响的预报。另外，改变 NMHS 以及其他政府机构的职责也是必要的。如果我们提供了基于灾害影响的预报，随之而来的就是根据这些信息采取应急行动的责任。一些参与人道主义响应的机构，例如，国际红十字联合会、世界粮食计划署、粮食及农业组织，以及联合国人道主义协调厅，正并行地着手制定“基于影响的预报”的资金发放机制。

2008 年，红十字与红新月(Red Crescent)运动引入了基于预测的融资(Forecast-based Financing，FbF)方法，用于早期应急行动和备灾响应。FbF 允许通过早期行动协议(Early Action Protocol，EAP)获得灾难响应应急基金，该基金仅可用于人道主义响应活动。当基于灾害影响的预报——预期天气导致的预期(人道主义)影响达到预定危险水平时，EAP 将被触发(IFRC，2018)。EAP 概述了可以激活 FbF 机制的潜在高风险区域、需要通过早期应急行动解决的高优先级风险、与激活预算所匹配的家庭数量、预测信息来源、激活所需的预计提前时间以及负责实施和协调的机构。自 2018 年 EAP 首次出现以来，已经建立并核准了约 10 个针对大多数突发性灾害和一个针对缓发性灾害的 EAP。早期应急行动是与受灾社区合作确定的，并且需要遵守多项标准(IFRC，2018)，以便能够被执行并具有成本效益。很多时候，早期应急行动之一就是将资金转移到即将受灾的社区。大多数早期行动协议的基础都是灾害的可提前预警，且预警的提前量要足以实施行动。

但是，即使只能提前几个小时确定灾害事件(例如山洪暴发)，只要将 EWS 用于备灾(例如明确的角色职责、疏散路线和避难场所)和降低风险(例如，受过培训的民众有可替代的谋生手段和保险计划)，就可以将灾害影响降至最低。

正如 IFRC(2008)所描述的一个热带气旋例子，在不同的时间范围下，可以采取多种备灾手段和降低风险的行动，每一种都有不同的传播要求。假如预测气候变化的研究表明，强热带气旋发生的可能性会增加(提前数年发出该预警)，那么降低风险的行动可能引入严格的建筑规范并推广防热带气旋住房，而备灾行动可能包括提高对热带气旋风险的认识和培训社区的灾害应急能力。在季节时间尺度上，我们已经可以获得高于平均水平的气旋活动预测，从而有机会重新审视应急计划、补充库存和进行应急演习。我们可以提前数周在特定海域对气旋的可能发展提供早期预警信息，这提高了人们对风暴预警潜力的认识。在热带气旋登陆的前几天，当预测非常准确地标定其登陆位置时，就可以准备疏散，向处于危险中的社区发出预警，同时，也可以防止房屋受到飓风袭击。例如，用菲律宾历史热带气旋事件训练的机器学习模型，被用于提前 3 天预测一个城市是否会有 10%以上的房屋受损。如果超过此阈值，就要采取早期应急行动，加强家庭防灾建设并且提早收割水稻或麻蕉树(Wagenaar et al.，2021)。随后，在灾害事件发生前几个小时，最终预警会下达指令，将大家疏散到风暴避难所。

2.5　早期预警系统的缺陷

在技术(例如监测、预测和传播技术)和科学(对灾害过程的理解)的推动下，通过加大政策支持力度(在全球和国家层面)，对综合的且以人为本的预警系统(即上述几个组成部分)认识的提高，用于应对自然灾害的 EWS 已经取得了长足的进步。然而，EWS 仍然存在诸多不足，需要进一步研究、投资、变革政策和实践。在表 2.4 中，我们根据 EWS 的八个组成部分总结了一些主要的不足。

表 2.4　早期预警系统的常见不足

早期预警系统的组成部分	存在的不足
风险信息	主要关注灾害本身，缺乏对脆弱性和暴露的理解； 在决策过程中，缺少包含了风险信息的整合；数据——特别是在发展中国家； 难以获取风险信息的数据——特别是跨学科或跨组织的开放获取/共享
监测和预警	预报的不确定性和影响预报能力的气候变化； 预报信息的不同技能：准确性、可靠性、分辨率； 时效； 时空分辨率； 历史数据记录质量的差异限制了预报技能； 缺乏预报技能的验证/评估； 缺乏用于监测的基础设施、技术和人员能力，特别是在发展中国家； 监测和预报系统缺乏可持续性； 监测不足； 对突发灾害(如山洪和山体滑坡)的预报能力不足，以及缺乏对某类灾害(如沙尘和沙尘暴、山洪)的预测系统
传播与沟通	专家主导型传播而不是用户主导； 自上而下的传播需要时间，减少了预报提前时间； 缺乏用户和生产者之间的反馈机制； 缺乏获得警告信息的途径，特别是对最脆弱的群体而言； 通讯系统不足，无法向处于危险中的人提供及时、准确和有意义的预警信息； 发展中国家的传播基础设施不够发达； 缺乏基于影响的预警信息； 术语、协议和标准不充分标准化； 媒体和私营部门未能积极参与； 分散的监控职责； 通信内容/消息没有适应特定的用户需求/功能
响应能力	公众对预警的响应力度不足； 缺乏风险意识和对风险的理解——缺乏宣传/教育和演习； 缺乏事后审查，未能充分地吸取经验教训； 不明确的权力和决策过程阻碍了应急响应； 缺乏模拟演习和疏散演习； 缺乏引入长期的降低风险的举措； 缺乏足够的安全空间、对安全空间的担忧、缺乏安全路线； 在试图采取行动时遇到障碍，例如，要照顾他人或准备时间不足； 对资产/所有物的担忧(选择看守和待在原地)； 不响应预警的一些行为原因(例如根据自身经验来评估风险，并选择待在原地)
有效治理和机构保障	缺少多机构合作，机构的作用和责任不明确； 缺乏资金(即灾害融资仍然侧重于应对)； 一些国家的预算和政治支持不足； 地方、国家和区域各级之间的协调不足，法律、体制和协调框架方面存在差距，特别是在发展中国家； 政治上未能采取行动(如时机、缺乏资源、害怕诉讼)； EWS 在国家规划中的整合力度不够； 对减少灾害风险、适应气候变化和可持续发展之间的联系认识不足； EWS 操作者之间的协调不足

续表

早期预警系统的组成部分	存在的不足
多灾种方法	大多数国家报告了针对单一灾害的预警系统(即缺乏多灾害预警系统); 很少有国家的预警系统涵盖了所有危害。不同灾害的系统之间极少被整合(共享数据、风险分析、互动、单一沟通渠道/方法、响应的综合标准操作程序)
本地社区的参与	处于风险之中的人群未能参与 EWS 的设计和操作; 社区参与的实际挑战(例如空间距离、资金、时间框架); 未能采用参与性的方法; 缺乏对地方、传统和本土知识的考虑
性别观点和文化多样性	性别相关问题没有被纳入 EWS 的考虑范畴; 缺乏对文化多样性和语言障碍的考虑; 在风险评估中没有纳入或考虑边缘化人群,导致他们无法主动参与 DRR/DRM/EWS 等准备计划

注:基于 Basher(2006),Grasso(2014),UNDP(2018),WMO(2015b),Zommers 和 Singh(2014)。

EWS 的每一个组成部分都仍存在着实质性的不足。EWS"技术"方面的不足(例如监测设备质量、预报能力和传播渠道)是世界许多地方建立有效 EWS 的障碍,特别是在发展中国家。举例来说,这些地区的观测网络通常是不完善的,特别是在整个非洲大陆,截至 2019 年,只有 26%的台站根据 WMO 的要求上报了观测数据(WMO,2020a)。良好的监测和预报取决于高质量的数据。然而,确保数据质量和保存长期数据记录仍然是一个挑战。此外,灾害数据依旧是大多数 EWS 的重点关注对象,而有关脆弱性和灾害暴露性的数据尚处于次要地位。这导致我们无法提供基于灾害影响的且量身定制的预警信息。

与技术方面的问题相比,"社会"相关的组成部分在 EWS 中仍处于边缘化的状态。尽管前文已经讲了很多社区参与的重要性、对性别和边缘化群体的考虑以及差异化的脆弱性特征,但这些往往只是浮于纸面的勾选项而已,没有得到足够的关注。距离成为社会程序的一部分,EWS 还有很长的路要走,备灾"文化"也鲜少在现实中被有效践行。例如,有关如何响应预警信息的公众意识培训和相关活动没有得到足够的重视;与此同时,现有的救灾系统仍然倾向于灾后救济而非早期应急行动。此外,在世界上的许多地方,信息无法到达自然灾害最为严重的地方。例如,与孟加拉国、印度和尼泊尔的跨境 EWS 相关的研究表明,用于获取 EWS 技术的资源没有得到公平的分配(van den Homberg and McQuistan,2019)。总体而言,全世界将早期预警转化为早期应急行动的能力仍旧不足(WMO,2020a)。

在世界上的许多地方,善治仍然是一项重大挑战。EWS 仍然缺乏资金,在政治上不受支持,政策和体制结构也不完善。例如,EWS 的法律框架仍然存在漏洞。Mehryar 和 Surminski(2020)最近对国家法律在管理洪水风险中的作用进行了综述,重点关注了 33 个国家的 139 项国家法律,发现各国家法律普遍将关注点放在应急响应和恢复战略上,而不太重视主动降低风险和备灾行动,包括 EWS。对预警及其传播承担法律责任,仍然是洪水 EWS 运行过程中的关键问题之一(Parker,2017)。早期预警不同方面的责任,在很大程度上仍然分散在各个部门和机构,导致采用的方法不一致、不可持续。全球协议(即可持续发展目标、《仙台框架》和《巴黎协定》)有太多的报告框架(reporting frameworks),其中有与 EWS 或其某一部分相关的指标。然而,这些指标通常是不接地气的,来源于(过于乐观的)自我评估报告,并且其内容常存在不自洽的情况。因此,缺乏关于早期预警是否被接收、理解和据此采取应急行动的高时空分辨率数据。

综上所述，尽管多灾种框架是 EWS 的目标，但其发展仍然不足，在实践中也很少实现。虽然，全球都在推动多灾种 EWS，仍令人担忧的是，在许多国家，即使针对单一灾害的 EWS 也不够完善甚至根本不存在。

EWS 除了八个组成部分间的差距外，还有其他重要的不足。例如，EWS 的性能评估(Sättele et al.，2016)。正如 WMO(2018a，2018b)所建议的那样，围绕 EWS 的四个核心组成部分(即风险知识、监测和预警、灾害响应能力、传播和沟通)制定的清单，提供了评估 EWS 时所需考虑的一系列实际行动和倡议。EWS 需要不断进行审查和评估，以便吸收经验教训、调整所需的改进，建立有效的 EWS。这涉及各个领域，包括评估预报技巧、数据收集/监测准确性和后勤组织、预报提前量、有效获取和理解预警信息的水平，以及人们根据预警采取应急行动的能力等等。此外，各国在 EWS 技能获取方面存在显著差异。例如，在资源有限的发展中国家，负责 EWS 的政府部门往往受到极大限制，无论是在该部门员工数量，还是在技能范围方面。自然，物理科学技能是 NMHS 等最迫切需要的技能类型，但全面运作的 EWS 需要一系列技能和专业(例如，社会科学、科学沟通、公共关系方面的技能)，没有它们，我们可能仍然会制定出稳健的监测和预警阈值，但无法有效地促成早期应急行动。在 EWS 授权的政府部门内，如果尚未招聘或提供这些“软”技能人才，就会存在以下不足：(1)这些任务被认为超出了机构的能力范围，因此得不到尝试，或者(2)NMHS 工作人员被要求在超出其培训、经验、技能和知识范围之外的专业领域采取行动。

2.6 总结

• 灾害风险源于灾害本身与暴露于灾害影响之下脆弱的人群、资产和社会系统。了解灾害风险及其时空分布，是管控和减少灾害风险的基础。

• 我们介绍了灾害风险的组成部分以及应对这些风险的可能选择，强调了 EWS 作用；提出了由八个组成部分构成的、以人为本的 EWS 框架；强调了一个综合的、使社会各界都能参与其中的控制灾害风险的方法的重要性。

• 如果严格按照上述框架设计、实施以及运行 EWS，就能降低灾难风险，促进灾前准备和早期应急行动并加强人们灾后的恢复能力。为了实现这些益处，预警信息必须要被成功接收、正确理解并依此采取行动。也就是预警必须是有效的、可用的并且确实被使用了的。

• EWS 的成功运转是以长期资金支持和大量人力投入为基础的，这包括当地社区、各级政府部门、私营部门、媒体和地区参与者。

• 对于 EWS 来说，社会层面(例如社区的参与、信息的交流)与技术问题同等重要。

• EWS 需要考虑发生多种灾害的情况。

• 发挥 EWS 的最大价值要求我们系统地改变现状，包括但不限于增加 EWS 的资金并提升其优先度，改进横向和纵向的治理方式，开发并发展新技术，提升处于风险区域的社区的参与度。

参考文献

Acharya A. and A. Prakash, 2019. When the river talks to its people: Local knowledge-based flood forecasting in Gandak River basin, India. Environmental Development, 31, 55-67. DOI: https:// doi. org/10. 1016/J. ENVDEV. 2018. 12. 003

Alcántara-Ayala I. and A. Oliver-Smith, 2019. Early Warning Systems: Lost in Translation or Late by Definition? A FORIN Approach. Int. J. Disaster Risk Science, 10(3), 317-331. DOI: https:// doi. org/10. 1007/s13753-019-00231-3

Alton M. L. and O. Mahul, 2017. Assessing Financial Protection against Disasters: A guidance note on conducting a disaster risk finance diagnostic. Washington, DC: World Bank Group, 60. https://documents1. worldbank. org/curated/en/102981499799989765/pdf/117370-REVISED-PUBLIC-DRFIFinanceProtection-HighRes. pdf (Accessed 2/9/2021)

Basher R. , 2006. Global early warning systems for natural hazards: systematic and people-centred. Phil. Trans. Roy. S. , A: Mathematical, Physical and Engineering Sciences. Royal Society 364(1845), 2167-2182. DOI: https://doi. org/10. 1098/rsta. 2006. 1819

Bischiniotis K. , H. de Moel, M. van den Homberg, A. Couasnon, J. Aerts, N. G. Guimarães, E. Zsoter and B. van den Hurk, 2020. A framework for comparing permanent and forecast-based flood risk-reduction strategies. Sci. Tot. Environ. , 720, 137572. DOI: https://doi. org/10. 1016/j. scitotenv. 2020. 137572

Boyd E. , R. A. James, R. G. Jones, H. R. Young and F. E. L. Otto, 2017. A typology of loss and damage perspectives. Nature Climate Change, 7(10), 723-729. DOI: https://doi. org/10. 1038/ nclimate3389

Brown S. , M. Budimir, A. Sneddon, D. Lau, P. Shakya and S. Upadhyay, 2019. Gender Transformative Early Warning Systems: Experiences from Nepal and Peru. Rugby, Warwickshire, United Kingdom: Practical Action. Available at: https://floodresilience. net/ resources/item/gender-transformative-early-warning-systems-experiences-from-nepal-and-peru/ (Accessed 01/03/21)

Buckle P. , 2012. Preparedness, warning and evacuation. In: Wisner B. , J. C. Gaillard and I. Kelman (eds) The Routledge Handbook of Hazards and Disaster Risk Reduction. Abingdon: Routledge, 481-492. ISBN 9780415523257

Cardona O. D. , M. G. Ordaz, E. Reinoso, L. E. Yamín and A. H. Barbat, 2010. CAPRA-Comprehensive Approach to Probabilistic Risk Assessment: International Initiative for Risk Management Effectiveness. 14th European Conference on Earthquake Engineering. paper presented at the European Conference on Earthquake Engineering. Ohrid, Macedonia, 10. https://www. researchgate. net/profile/Alex-Barbat/publication/259598259_ CAPRA_-_Comprehensive_Approach_to_Probabilistic_Risk_Assessment_International_Initiative_for_Risk_Management_Effectiveness/links/0c96052cd8a91e18b3000000/ CAPRA-Comprehensive-Approach-to-Probabilistic-Risk-Assessment-International-Initiative-for-Risk-Management-Effectiveness. pdf (Accessed 2/9/2021)

Coppola D. P. , 2011. Introduction to international disaster management (2nd edition). Elsevier. ISBN 978-0-12-382174-4. https://doi. org/10. 1016/C2009-0-64027-7

Cumiskey L. , M. Werner, K. Meijer, S. H. M. Fakhruddin and A. Hassan, 2015. Improving the social performance of flash flood early warnings using mobile services. Int. J. Disaster Resilience in the Built Environment 6(1), 57-72. DOI: https://doi. org/10. 1108/IJDRBE-08-2014-0062

Daron J. , M. Allen, M. Bailey, L. Ciampi, R. Cornforth, C. Costella, N. Fournier, R. Graham, K. Hall,

C. Kane, I. Lele, C. Petty, N. Pinder, J. Pirret, J. Stacey and H. Ticehurst, 2020. Integrating seasonal climate forecasts into adaptive social protection in the Sahel. Climate and Development, 1-8. DOI: https://doi. org/10. 1080/17565529. 2020. 1825920

Deltares, 2015. Mobile services for flood early warning in Bangladesh: final report. Delft, The Netherlands: Deltares. https://www. deltares. nl/app/uploads/2015/11/Deltares-Mobile-Services-for-Early-Warning-in-Bangladesh-Final-Report_web. pdf. (Accessed 2/9/2021)

Deryugina T. , 2017. The Fiscal Cost of Hurricanes: Disaster Aid versus Social Insurance. Amer. Economic J. : Economic Policy, 9(3), 168-198. DOI: https://doi. org/10. 1257/pol. 20140296

Elder K. , S. Xirasagar, N. Miller, S. A. Bowen, S. Glover and C. Piper, 2007. African Americans' Decisions Not to Evacuate New Orleans Before Hurricane Katrina: A Qualitative Study. Amer. J. Pub. Health. Amer. Pub. Health Assoc. 97, S124-S129. DOI: https://doi. org/10. 2105/ AJPH. 2006. 100867e

FEMA, 2021. Risk Mapping, Assessment and Planning (Risk MAP) | . Risk Mapping, Assessment and Planning (Risk MAP). https://www. fema. gov/flood-maps/tools-resources/risk-map (Accessed 03/03/21)

Fordham M. , 2001. Challenging boundaries: a gender perspective on early warning in disaster and environmental management. United Nations Division for the Advancement of Women. https://www. unisdr. org/files/8264_EP52001Oct261. pdf (Accessed 2/9/2021)

Gaillard J. C. , J. R. D. Cadag and M. M. F. Rampengan, 2019. People's capacities in facing haz-ards and disasters: an overview. Nat. Hazards, 95(3), 863-876. DOI: https://doi. org/10. 1007/ s11069-018-3519-1

Galasso, C. , J. McCloskey, M. Pelling, M. Hope, C. J. Bean, G. Cremen, R. Guragain, U. Hancilar, J. Menoscal, K. Mwang'a, J. Phillips, D. Rush and H. Sinclair, 2021. Editorial. Risk-based, Pro-poor Urban Design and Planning for Tomorrow's Cities. Int. J. Disaster Risk Reduction, 58, 102158. https://doi. org/10. 1016/j. ijdrr. 2021. 102158

GFDRR, 2021. ThinkHazard. Available at: https://thinkhazard. org/en/ (Accessed 28/02/21).

Gill J. C. and B. D. Malamud, 2014. Reviewing and visualizing the interactions of natural hazards. Rev. Geophys. 52(4), 680-722. DOI: https://doi. org/10. 1002/2013RG000445

Grasso V. F. , 2014. The State of Early Warning Systems. In: Singh A and Zommers Z (eds) Reducing Disaster: Early Warning Systems for Climate Change. Dordrecht: Springer Netherlands, 109-125. https://doi. org/10. 1007/978-94-017-8598-3_6

Gros C. , M. Bailey, S. Schwager, A. Hassan, R. Zingg, M. M. Uddin, M. Shahjahan, H. Islam, S. Lux, C. Jaime and E. Coughlan de Perez, 2019. Household-level effects of providing forecast-based cash in anticipation of extreme weather events: Quasi-experimental evidence from humanitarian interventions in the 2017 floods in Bangladesh. Int. J. Disaster Risk Reduction, 41, 101275. https://doi. org/10. 1016/j. ijdrr. 2019. 101275

Hallegatte S. , A. Vogt-Schilb, M. Bangalore and J. Rozenberg, 2016. Unbreakable: Building the Resilience of the Poor in the Face of Natural Disasters. The World Bank. http://elibrary. world-bank. org/doi/book/10. 1596/978-1-4648-1003-9 (Accessed 06/02/19)

Harries T. and E. Penning-Rowsell, 2011. Victim pressure, institutional inertia and climate change adaptation: The case of flood risk. Global Environmental Change, 21(1), 188-197. https://doi. org/10. 1016/j. gloenvcha. 2010. 09. 002

Hemingway R. and O. Gunawan, 2018. The Natural Hazards Partnership: A public-sector collabo-ration across the UK for natural hazard disaster risk reduction. Int. J. Disaster Risk Reduction, 27, 499-511. https://doi. org/10. 1016/j. ijdrr. 2017. 11. 014

van den Homberg M. and C. McQuistan, 2019. Technology for Climate Justice: A Reporting Framework for Loss and Damage as Part of Key Global Agreements. In: Mechler R. , L. M. Bouwer, T. Schinko, S. Surminski and J. Linnerooth-Bayer (eds) Loss and Damage from Climate Change: Concepts, Methods and Policy Options. Cham: Springer International Publishing, pp513-545. https://doi. org/10. 1007/978-3-319-72026-5_22 (Accessed 05/02/19)

IASC, 2020. What does the IASC humanitarian system-wide level 3 emergency response mean in practice? New York, USA: Inter-Agency Standing Committee. https://interagencystanding-committee. org/system/files/l3_what_iasc_humanitarian_system-wide_response_means_final. pdf (Accessed 2/9/2021)

IDNDR, 1994. Yokahoma strategy and plan for action for a safer world. Yokahoma, Japan: United Nations. https://www. ifrc. org/Docs/idrl/I248EN. pdf (Accessed 2/9/2021)

IFRC, 2008. Early Warning > Early Action. Geneva, Switzerland: IFRC. https://media. ifrc. org/ ifrc/document/early-warning-early-action/ (Accessed 03/03/21)

IFRC, 2018. Forecast-based Financing Practitioners Manual. Geneva, Switzerland: IFRC. https:// manual. forecast-based-financing. org/. (Accessed 2/9/2021)

Jones S. , B. Manyena and S. Walsh, 2015. Chapter 4-Disaster Risk Governance: Evolution and Influences. In: Shroder JF, Collins AE, Jones S, Manyena B and Jayawickrama J (eds) Hazards, Risks and Disasters in Society. Boston: Academic Press, 45-61. http://www. sciencedirect. com/ science/article/pii/B9780123964519000044 (Accessed 03/04/19)

Karim A. and I. Noy, 2016. Poverty and Natural Disasters: A Regression Meta-Analysis. Rev. Economics Institutions, 7(2), 26. DOI:10. 5202/REI. V7I2. 222

Kelman I. and M. H. Glantz, 2014. Early Warning Systems Defined. In: Singh A and Zommers Z (eds) Reducing Disaster: Early Warning Systems For Climate Change. Dordrecht: Springer Netherlands, 89-108. https://doi. org/10. 1007/978-94-017-8598-3_5

Lindersson S. , L. Brandimarte, J. Mård and G. D. Baldassarre, 2020. A review of freely accessible global datasets for the study of floods, droughts and their interactions with human societies. WIREs Water, 7(3): e1424. DOI: https://doi. org/10. 1002/wat2. 1424

Marchezini V. , F. E. A. Horita, P. M. Matsuo, R. Trajber, M. A. Trejo-Rangel and D. Olivato, 2018. A Review of Studies on Participatory Early Warning Systems (P-EWS): Pathways to Support Citizen Science Initiatives. Frontiers in Earth Science. Frontiers 6. https://www. frontiersin. org/ articles/10. 3389/feart. 2018. 00184/full (Accessed 20/11/20)

Marin-Ferrer M. , K. Poljansek and L. Vernaccini, 2017. Index for risk management-INFORM: concept and methodology, version 2017. Joint Research Centre (European Commission). http:// op. europa. eu/en/publication-detail/-/publication/b1ef756c-5fbc-11e7-954d-01aa75ed71a1/ language-en/format-PDF (Accessed 28/02/21)

Mechler R. , 2016. Reviewing estimates of the economic efficiency of disaster risk manage-ment: opportunities and limitations of using risk-based cost-benefit analysis. DOI https://doi. org/10. 1007/s11069-016-2170-y

Mechler R. , E. Calliari, L. M. Bouwer, T. Schinko, S. Surminski, J. Linnerooth-Bayer, J. Aerts, W. Botzen, E. Boyd, N. D. Deckard, J. S. Fuglestvedt, M. González-Eguino, M. Haasnoot, J. Handmer, M. Haque, A. Heslin, S. Hochrainer-Stigler, C. Huggel, S. Huq, R. James, R. G. Jones, S. Juhola, A. Keating, S. Kienberger, S. Kreft, O. Kuik, M. Landauer, F. Laurien, J. Lawrence, A. Lopez, W. Liu, P. Magnuszewski, A. Markandya, B. Mayer, I. McCallum, C. McQuistan, L. Meyer, K. Mintz-Woo, A. Montero-Colbert, J. Mysiak, J. Nalau, I. Noy, R. Oakes, F. E. L. Otto, M. Pervin, E. Roberts, L. Schäfer, P. Scussolini, O. Serdeczny, A. de Sherbinin, F. Simlinger, A. Sitati, S. Sultana, H.

R. Young, K. van der Geest, M. van den Homberg, I. Wallimann-Helmer, K. Warner and Z. Zommers, 2019. Science for Loss and Damage. Findings and Propositions. In: Mechler R. , L. M. Bouwer, T. Schinko, S. Surminski and J. Linnerooth-Bayer (eds) Loss and Damage from Climate Change: Concepts, Methods and Policy Options. Cham: Springer International Publishing, 3-37. https://doi. org/10. 1007/978-3-319-72026-5_1

Meechaiya C. , E. Wilkinson, E. Lovell, S. Brown and M. Budimir, 2019. The governance of Nepal's flood early warning system: opportunities under federalism. London: Overseas Development Institute. https://odi. org/en/publications/the-governance-of-nepals-flood-early-warning-system-opportunities-under-federalism/ (Accessed 2/9/2021)

Mehryar S. and S. Surminski, 2020. The role of national laws in managing flood risk and increas-ing future flood resilience. London, UK: Grantham Research Institute on Climate Change and Environment. https://www. lse. ac. uk/granthaminstitute/publication/the-role-of-national-laws-in-managing-flood-risk-and-increasing-future-flood-resilience/ (Accessed 03/03/21)

Morss R. E. , J. L. Demuth and J. K. Lazo, 2008. Communicating Uncertainty in Weather Forecasts: A Survey of the U. S. Public. Wea. Forecast, 23 (5), 974-991. https://doi. org/10. 1175/2008WAF2007088. 1

Ouriachi-Peralta T. and S. H. M. Fakhruddin, 2014. Integrating local knowledge in disaster risk reduction: a case study for Indonesia. Asian J. Environ. Disaster Management, 6. DOI: https:// doi. org/10. 3850/S1793924014000297

Parker D. J. , 2017. Flood Warning Systems and Their Performance. In Oxford Research Encyclopedia of Natural Hazard Science. https://oxfordre. com/naturalhazardscience/ view/10. 1093/acrefore/9780199389407. 001. 0001/acrefore-9780199389407-e-84 (Accessed 03/03/21)

Paul J. D. , W. Buytaert, S. Allen, J. A. Ballesteros-Cánovas, J. Bhusal, K. Cieslik, J. Clark, S. Dugar, D. M. Hannah, M. Stoffel, A. Dewulf, M. R. Dhital, W. Liu, J. L. Nayaval, B. Neupane, A. Schiller, P. J. Smith and R. Supper, 2018. Citizen science for hydrological risk reduction and resilience building. Wiley Interdisciplinary Reviews: Water, 5(1): e1262. DOI:https://doi. org/10. 1002/wat2. 1262

Practical Action, 2018. Participatory digital mapping: building community resilience in Nepal, Peru, and Mexico. Rugby, Warwickshire, United Kingdom: Practical Action. https://infohub. practicalaction. org/bitstream/handle/11283/620791/Digital+Mapping_web. pdf? sequence=1 (Accessed 03/03/21)

Rai R. K. , M. J. C. van den Homberg, G. P. Ghimire and C. McQuistan, 2020. Cost-benefit analy-sis of flood early warning system in the Karnali River Basin of Nepal. Int. J. Disaster Risk Reduction, 47, 101534. DOI:https://doi. org/10. 1016/j. ijdrr. 2020. 101534

Republic of the Philippines, 2010. Philippine Disaster Risk Reduction and Management Act of 2010. https://www. ifrc. org/PageFiles/100077/Philippines _ 2009 _ Philippine% 20Disaster% 20 Risk% 20Reduction%20and%20Management%20Act%20of%202010. pdf. (Accessed 2/9/2021)

Ruiter M. C. De, A. Couasnon, M. J. C. Van Den Homberg, J. E. Daniell, J. C. Gill and P. J. Ward, 2020. Why We Can No Longer Ignore Consecutive Disasters. Earth's Future, 8(3): e2019EF001425. https://doi. org/10. 1029/2019EF001425

Šakić Trogrlić R. , G. B. Wright, A. J. Adeloye, M. J. Duncan and F. Mwale, 2018. Taking stock of community-based flood risk management in Malawi: different stakeholders, different perspec-tives. Environ. Hazards, 17(2), 107-127. https://doi. org/10. 1016/j. pdisas. 2021. 100171

Šakić Trogrlić R. , G. B. Wright, M. J. Duncan, M. J. C. van den Homberg, A. J. Adeloye, F. D. Mwale and J. Mwafulirwa, 2019. Characterising Local Knowledge across the Flood Risk Management Cycle: A

Case Study of Southern Malawi. Sustainability, 11(6), 1681. DOI:https://doi.org/10.3390/su11061681

Santos L. A., 2013. Storm surge: Lost in translation and interpretation. Devex. https://www.devex.com/news/sponsored/storm-surge-lost-in-translation-and-interpretation-82311 (Accessed 01/03/21)

Sarkar S., 2021. Rapid assessment of cyclone damage using NPP-VIIRS DNB and ancillary data. Nat. Hazards, 106(1), 579-593. DOI:https://doi.org/10.1007/s11069-020-04477-9

Sättele M., M. Bründl and D. Straub, 2016. Quantifying the effectiveness of early warning sys-tems for natural hazards. Nat. Hazards Earth Syst. Sci., 16(1), 149-166. DOI:https://doi.org/10.5194/nhess-16-149-2016

Sun Q., C. Miao, Q. Duan, H. Ashouri, S. Sorooshian and K.-L. Hsu, 2018. A Review of Global Precipitation Data Sets: Data Sources, Estimation, and Intercomparisons. Rev. Geophys., 56(1), 79-107. https://doi.org/10.1002/2017RG000574

Tozier de la Poterie A. and M.-A. Baudoin, 2015. From Yokohama to Sendai: Approaches to Participation in International Disaster Risk Reduction Frameworks. Int. J. Disaster Risk Science, 6(2), 128-139. DOI https://doi.org/10.1007/s13753-015-0053-6

Twigg J., 2015. Disaster Risk Reduction (2nd edition). London, UK: Overseas Development Institute. https://odihpn.org/wp-content/uploads/2011/06/GPR-9-web-string-1.pdf (Accessed 2/9/2021)

Tyler M. and P. Fairbrother, 2018. Gender, households, and decision-making for wildfire safety. Disasters, 42(4), 697-718. DOI:https://doi.org/10.1111/disa.12285

Ulrichs M., R. Slater and C. Costella, 2019. Building resilience to climate risks through social pro-tection: from individualised models to systemic transformation. Disasters, 43(S3), S368-S387. DOI:https://doi.org/10.1111/disa.12339

UNDP, 2018. Five approaches to build functional early warning systems. United Nations Development Programme. https://www.eurasia.undp.org/content/dam/rbec/docs/UNDP%20 Brochure%20Early%20Warning%20Systems.pdf (Accessed 2-9-2021)

UNDP, 2020. Issue Brief: disaster risk governance. https://www.undp.org/content/dam/ undp/library/crisis%20prevention/disaster/Issue_brief_disaster_risk_reduction_gover-nance_11012013.pdf (Accessed 03/05/21)

UNDRR, 2005. Hyogo Framework for Action 2005-2015: Building the resilience of nations and communities to disasters. Geneva, Switzerland: United Nations Office for Disaster Risk Reduction, 25. https://www.unisdr.org/2005/wcdr/intergover/official-doc/L-docs/Hyogo-framework-for-action-english.pdf (Accessed 2/9/2021)

UNDRR, 2015. Sendai Framework for Disaster Risk Reduction 2015-2030. Geneva, Switzerland: United Nations Office for Disaster Risk Reduction, 37. https://www.preventionweb.net/ files/43291_sendaiframeworkfordrren.pdf. (Accessed 2/9/2021)

UNDRR, 2016. Report of the open-ended intergovernmental expert working group on indicators and terminology relating to disaster risk reduction. New York: United Nations. https://www.unisdr.org/we/inform/publications/51748 (Accessed 08/05/19)

UNDRR, 2020a. Early warning system. http://www.undrr.org/terminology/early-warning-system (Accessed 03/03/21)

UNDRR, 2020b. Hazard definition & classification review. https://www.undrr.org/publication/ hazard-definition-and-classification-review (Accessed 08/06/21)

UNEP, 2015. Early warning as a human right: building resilience to climate-related hazards

UNEP. https://wedocs.unep.org/xmlui/handle/20.500.11822/7429 (accessed 03/03/21)

UNEP, 2021. Global Risk Data Platform. https://preview. grid. unep. ch/index. php? preview = data&events=floods&evcat=3&lang=eng (Accessed 28/02/21)

UNFCCC, 2012. A literature review on the topics in the context of thematic area 2 of the work programme on loss and damage: a range of approaches to address loss and damage associated with the adverse effects of climate change. UNFCCC. https://unfccc. int/resource/docs/2012/ sbi/eng/inf14. pdf. (Accessed 2/9/2021)

UNFCCC, 2015. Paris Agreement. Paris, France: United Nations Framework Convention on Climate Change. https://unfccc. int/sites/default/files/english_paris_agreement. pdf (Accessed 2-9-2021)

UNISDR, 2006. Developing early warning systems, a checklist: third international conference on early warning (EWC III), 27-29 March 2006, Bonn, Germany. Geneva, Switzerland: UNISDR. http://www. undrr. org/publication/developing-early-warning-systems-checklist-third-international-conference-early-warning (Accessed 01/03/21)

UNISDR, 2009. Making disaster risk reduction gender-sensitive: Policy and practi-cal guidelines. Geneva, Switzerland: UNISDR. https://www. unisdr. org/files/9922_ MakingDisasterRiskReductionGenderSe. pdf (Accessed 2/9/2021)

Wagenaar D., T. Hermawan, M. J. C. van den Homberg, J. C. J. H. Aerts, H. Kreibich, H. de Moel and L. M. Bouwer, 2021. Improved Transferability of Data-Driven Damage Models Through Sample Selection Bias Correction. Risk Analysis, 41(1), 37-55. DOI: https://doi. org/10. 1111/ risa. 13575

Walton D. and M. van Aalst, 2020. Climate-related extreme weather events and COVID-19. IFRC Climate Centre. https://climatecentre. org/downloads/files/Extreme%20weather%20events%20 and%20COVID%2019%20IFRC2020(1). pdf. (Accessed 2/9/2021)

Wamsler C. and E. Brink, 2014. Moving beyond short-term coping and adaptation. Environ. Urbanization 26 (1), 86-111. DOI:https://doi. org/10. 1177/0956247813516061

Wisner B., J. C. Gaillard and I. Kelman, 2012. The Routledge handbook of hazards and disaster risk reduction. (1st edition). London: Routledge. ISBN 9780415523257

Wisner B., P. Blaikie, T. Cannon and I. Davis, 2004. At risk: natural hazards, people's vulnerabil-ity and disasters (2nd edition). London: Routledge. ISBN 978-0415252164

WMO, 2002. Guidelines on Improving Public Understanding of and Response to Warnings. Geneva: WMO. https://library. wmo. int/doc_num. php? explnum_id=9222 (Accessed 2/9/2021) WMO, 2008. Guidelines on communicating forecast uncertainty. Geneva, Switzerland: World MeteorologicalOrganisation. https://library. wmo. int/doc_num. php? explnum_id=4687 (Accessed 2/9/2021)

WMO, 2010. Guidelines on early warning systems and application of nowcasting and warn-ing operations. Geneva: WMO. https://library. wmo. int/doc_num. php? explnum_id=9456 (Accessed 2/9/2021)

WMO, 2015a. Synthesis of the Status and Trends with the Development of Early Warning Systems. A Contribution to the Global Assessment Report 2015 (GAR15). Geneva, Switzerland: WMO. https://www. preventionweb. net/english/hyogo/gar/2015/en/bgdocs/WMO,%202014a. pdf (Accessed 2/9/2021)

WMO, 2015b. WMO Guidelines on multi-hazard impact-based forecast and warning services. Geneva, Switzerland: World Meteorological Organisation. https://library. wmo. int/doc_num. php? explnum_id=7901. (Accessed 2/9/2021)

WMO, 2018a. Cataloguing high-impact events and associated loss and damage. https://unfccc. int/sites/default/files/resource/Excom%207% 20submission% 20from% 20WMO% 20 (002). pdf (Accessed 2/9/2021)

WMO, 2018b. Multi-hazard Early Warning Systems: A Checklist, Outcome of the first Multi-hazard Early Warning Conference, 22-23 May 2017, Cancun, Mexico. Geneva, Switzerland: World Meteorological

Organization，20. https://etrp. wmo. int/pluginfile. php/21553/mod_page/ content/18/MultihazardCheck-list. pdf (Accessed 2/9/2021)

WMO，2020a. 2020 State of Climate Services. Geneva：WMO. https://library. wmo. int/doc_num. php? explnum_id=10385 (Accessed 2/9/2021)

WMO，2020b. CREWS Report Series Annual Report. Geneva：WMO. https://library. wmo. int/ doc_num. php? explnum_id=10226 (Accessed 2/9/2021)

WMO/EHA，2002. Disasters and emergencies：definitions. Addis Ababa，Ethiopia：WMO/ EHA. http:// apps. who. int/disasters/repo/7656. pdf

Zommers Z. and A. Singh，2014. Introduction. In：Singh A and Zommers Z (eds) Reducing Disaster：Early Warning Systems for Climate Change. Dordrecht：Springer Netherlands，1-19. https://doi. org/10. 1007/ 978-94-017-8598-3_1

Zoraster R. M. ，2010 Vulnerable Populations：Hurricane Katrina as a Case Study. Prehospital and Disaster Medicine，25(1)，74-78. https://doi. org/10. 1017/S1049023X00007718

第3章
连接预警、决策和行动：沟通者和用户伙伴关系

Anna Scolobig, Sally Potter, Thomas Kox, Rainer Kaltenberger, Philippe Weyrich, Julia Chasco, Brian Golding, Douglas Hilderbrand, Nadine Fleischhut, Dharam Uprety, Bikram Rana

A. Scolobig (✉)
University of Geneva, Geneva, Switzerland
International Institute for Applied Systems Analysis, Laxenburg, Austria
WMO/WWRP HIWeather project, Geneva, Switzerland
e-mail: anna.scolobig@unige.ch

S. Potter
GNS Science, Lower Hutt, New Zealand
WMO/WWRP HIWeather project, Geneva, Switzerland

T. Kox
Ludwig Maximilian University of Munich, Munich, Germany
WMO/WWRP HIWeather project, Geneva, Switzerland

R. Kaltenberger
Zentralanstalt für Meteorologie und Geodynamik (ZAMG), Vienna, Austria
WMO/WWRP HIWeather project, Geneva, Switzerland

P. Weyrich
Swiss Federal Institute of Technology (ETH), Zurich, Switzerland

J. Chasco
World Meteorological Organisation, Geneva, Switzerland
WMO/WWRP HIWeather project, Geneva, Switzerland

B. Golding
Met Offce, Exeter, UK
WMO/WWRP HIWeather project, Geneva, Switzerland

D. Hilderbrand
National Weather Service, Silver Spring, MD, USA

N. Fleischhut
Max Planck Institute for Human Development, Berlin, Germany

D. Uprety, B. Rana
Practical Action, Kathmandu, Nepal

摘要　通过接收预警，个人或组织可以获得一定的灾害风险意识。在本章中，我们将探讨这一过程所存在的挑战。只有具有风险意识，人们才能采取应急行动以减少潜在负面影响，同时让预警制作者的努力和应急成本效益考量产生效益。首先，我们展示人们如何对预警做出响应以及预警的性质和传达方式如何影响他们的响应。我们研究了人们提供预警的目的，必须采取行动时所受的限制以及发出预警背后的决策过程。随后，我们讨论了预警的传达方式，强调预警信息需要针对不同的接收群体定制，并指出如何在预警发布者和接收者之间建立更有效应的伙伴关系。我们援引了阿根廷和尼泊尔共同设计的预警系统的实例、德国在传达天气预报不确定性方面的经验以及美国实施的"天气预警国家"倡议。最后，我们总结了在设计或升级预警系统时，预警发布者和决策者应该考虑的注意事项。

关键词　决策者，应急人员，响应，媒体，脆弱性，信心，行为

3.1　引言

本章中，我们将探讨如何让每个收到预警的个人或组织都能对灾害风险有一定程度的认识，使他们能够采取行动减少潜在影响，同时又符合预警制作者的能力和对成本效益的考虑。本章内容表明：

- 成功的预警能以合适的形式为接收者提供有用的信息，并被有效利用。
- 预警是在充满挑战性的复杂环境下发布的，其中的需求也在不断变化。
- 预警成功与否取决于预警者提供的信息是否"切合目的"、接收者的反应以及信息的准确性和传达信息的技术。
- 信息来源、社会和环境诱因、渠道和接收者的特性都会影响行为响应。
- 预警信息是针对不确定的信息而发布的，其置信水平应反映在预警信息中。
- "从预警到决策"的过程不仅是交换信息的过程，也是建立信任关系的过程。
- 成功的信任关系需要对接收者的需求、信念、价值观、行为和决策过程进行评估。
- 预警信息应该针对不同的接收群体量身定制。"通用预警协议"(Common Alerting Protocol, CAP) 可以促进这一目标的实现，同时最大限度地减少使用多种渠道带来的额外开销。
- 批判性的评估是改进的基础，它允许接收者反馈预警的有效性并加强沟通。

3.2　预警接收者的需求

3.2.1　谁会收到预警？

预警之所以产生，是为了让各种接收者在不同情况下使用。专业应急管理人员的工作是了解他们所负责的风险，并做好应对预警和灾害事件的准备。他们可能非常了解相关灾害，熟悉技术语言，但可能不太熟悉预警制作者使用的特定预报方法。还有一大批的应急人员，应急响应只是他们工作的一部分，但他们通常也会接受一些风险和所需应急响应方面的培训。这两类人员通常都对他们所关注的灾害及其影响有所了解，因此会寻求灾害的有关信息。尽管

这些群体主要负责代表他人作出应急响应，其他绝大多数预警接收者则负责自己及家人、朋友和企业的安全(Lazo et al. ,2020)。他们对灾害和风险的理解程度参差不齐，但总体而言，他们对灾害本身不太感兴趣，而对灾害对他们的具体影响以及他们应该做什么更感兴趣。公众越来越有能力制定个性化的应对和备灾计划(例如，现在有多个手机应用程序可以作为决策支持工具)。然而，人们应对灾害的准备程度和指导水平可能存在很大的差异。

我们鼓励多灾种早期预警系统做到“以人为本”(Basher, 2006;UNISDR, 2015)，使“受灾害威胁的个人和社区有能力在足够的时间内以适当的方式采取行动，以减少人身伤害、疾病、生命损失，以及财产、资产和环境破坏的可能性”(WMO,2018,第 3 页)。在以人为本的预警系统中，公众是核心要素也是资源：“‘社区’(……)对预警系统设计的投入及其应对能力最终决定了与自然灾害相关的风险程度”(UNISDR,2013)。例如，有些人可能会起到带头作用或向同伴教授相关知识，提高居民们的备灾水平和响应预警的能力。公众和社区的更多参与还能为预警系统带来更强有力的政策和预算支持，减少与预警系统实施决策等方面有关的阻碍(Kuhlicke et al. , 2011)。预警系统向以人为本的方向转变，主要驱动因素之一是用户不断变化的需求，积极转变才能应对不断扩展的可用信息和日益增长的灾害威胁(World Bank, 2019)。以人为本的预警系统的关键特征包括：更加强调利益相关者的参与和责任分担，以及在技术创新和机构能力建设的支持下加强沟通(包括加强机构间合作)(Scolobig et al. , 2015)。

为了实现“以人为本”的目标，预警系统的实施者必须知道他们的受众是谁，并进行有意义的互动，以便了解他们的信息需求，实现最佳应急响应(Zhang et al. ,2019)。因此，一个关键问题出现了：谁是天气预警的接收者？众多部门都会收到预警，包括各种公众团体(包括游客、企业主/企业经营者、弱势社区、活动组织者和参与者、教育界、园艺和农业界、社区团体、户外运动爱好者和驾驶员)、具有应急响应和缓解作用的机构(包括从地方到国家层面的应急服务、应急管理和运营机构)、卫生部门、电话救急中心、基础设施网络机构(包括水、电、燃气、电信、公路、铁路)、媒体、保险机构、海事部门、航空部门、级联灾害的科研和监测机构、私人气象服务机构、全球间接用户(例如：Google, IBM/气象公司)以及非政府组织。

强天气预警的受众如此广泛，要发布满足每个接收者需求的恶劣天气预警是一项巨大的挑战。另一个挑战则是提供由预警实施者和接收者共同设计的预警。下面将给出阿根廷和尼泊尔基于预警接收者需求评估而共同设计的新型预警产品的案例。

案例 3.1　阿根廷新预警系统的用户需求评估

Julia Chasco

2014 年，阿根廷国家气象局(National Meteorological Service of Argentina, NMS-AR)与学术机构合作，推出了 Alert. Ar 项目。该项目的目标之一是更好地了解用户对强天气事件管理的气象信息需求，其用户主要是应急管理人员和操作人员。由社会学家、人类学家和地理学家组成的多学科社会科学家团队设计了需求评估的概念化方法，通过运用三方不同的评估方法评估用户的需求。大约 2 年内进行的多次研讨会、调查和深入访谈，向 NMS-AR 揭示了：气象预警所包含的信息不符合应急管理人员的需求。

图 3.1 显示了 NMS-AR 与预警决策者进行的一次简单演习的结果。决策者们接收到相同文本格式的天气预警，在彼此间没有互动的前提下，各自在国家地图上绘制他们的预警解读。可以看出，各位决策者对同一预警做出的解释截然不同。

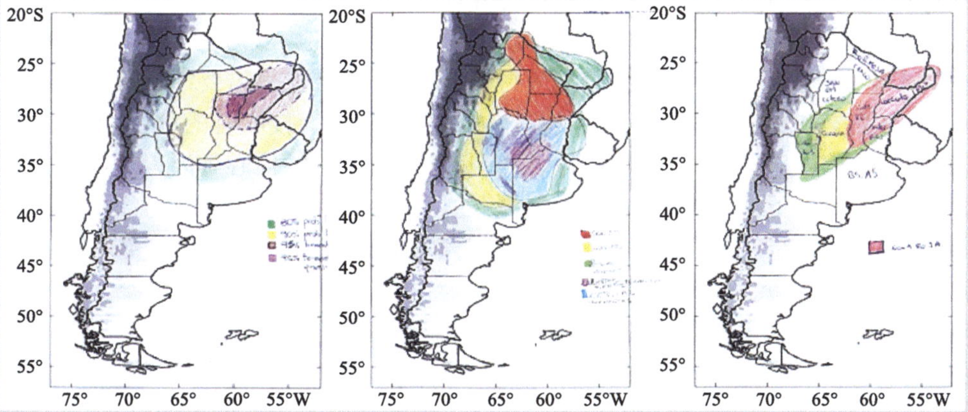

图 3.1　对同一预警的不同解释

这种类型的演习能够使 NMS-AR 认识到预警中的弱点：覆盖区域和现象难以理解，灾害严重程度的空间变化传达效果不佳，以及文本信息语言过于专业化。

此后，NMS-AR 决定将这群社会科学家组成一个常设的气象与社会部，负责与用户互动以明确他们的需求，并利用这些信息来改进预警服务。

2018—2020 年 NMS-AR 致力于实施以用户需求和决策为导向的新型早期预警系统。新型早期预警系统的主要变化如下：

1. 交互式信息以交通红绿灯和地图格式显示。
2. 使用简单统一的命名对现象进行分类。
3. 发布预警阈值。

气象与社会部针对不同用户群体测试了命名、图标和颜色定义以及预警阈值。为了满足应急机构的需求，加强大面积区域监测的服务产品应运而生，例如 NMS-AR 就开发了一种应急机构专用的图形产品，每天早上 6 时和下午 6 时通过电子邮件发送各省的当日预警情况。大多数应急机构都在 WhatsApp 的大型群组内通讯，因此该图形产品被设计为易于在该平台上共享。NMS-AR 开发了为特定行动或事件申请特殊预报的系统以及网站出现问题时的特别访问平台，以使用户能够独立访问预警、临近预报、雷达和卫星图像。

该系统还针对天气预警未涵盖的持续现象提供预警消息，例如由于烟雾、沙尘、飞灰以及高温或低温导致的能见度降低。这类信息是基于死亡率数据与卫生部门共同设计而成的，是对早先建立的热浪预警系统的补充。

自社会科学家工作部门成立以来，NMS-AR 所实施的任何系统更新都面临着要对决策者耗时数月进行培训。气象与社会部得出结论，尽管很耗时，但为了更好地理解预警，应该在多个执行级别上开发和测试预警的联合发布流程。

3.2.2　决策的性质

灾害随时随地可能发生，相应的保护行动需求可以出现在任何时间和地点，而不仅仅是当应急管理人员在办公桌前工作或公众在家时才需要。当收到预警时，对于在家、在办公室、在户外、进行体育运动或参加节日等公共集会的人，所需要采取的行动会有所不同。向高风险者提供他们当下情景所需的预警信息，就要让野外徒步或航海的人也能收到预警，午夜时人们要被叫醒，或者正在进行的商务会议要被打断。无论何时、何地、以何种方式，一旦收到预警信息，他们就需要确认是否需要做出应急响应行动，这种判断可能也需要结合其他信息。预警以多种方式为态势感知和决策提供信息，其具体方式取决于预警接收者的角色和责任、对地理位置和灾害的熟悉程度、决策的成本和收益、情绪和对预警信息的信心等因素。即使是在对预警信息信心低下的情况下，采取低成本、“不后悔”的保护性行动可能仍然是值得的，这些行动要么可以减少采取后续行动的必要，要么可以为对预警信息信心增强时采取更具破坏性和代价更高昂的行动做好准备。

应急响应机构依据预警信息规划应急响应措施和资源分配，并且可能会与公众以及其他组织(例如基础设施公司)开展进一步的沟通(Kox et al.，2015)。他们的任务和职责受到国家立法的影响很大，并因国家而异。响应者在决策过程中面临着固有的压力，包括可接受风险的阈值、时间压力以及不断变化的条件(Doyle and Johnston，2011)。权衡决策的成本和收益，同时考虑与预警相关的不确定性程度，这对预警接收者来说是一项艰巨的挑战。对于应急响应机构来说，根据预警采取行动的决策可能事关重大，例如风险暴露人群的生命安全。但是，对预警做出应急响应(例如下令撤离)的成本也很高。应急响应机构必须确定可接受的风险阈值，其中包含可能性和潜在后果。公众将天气预警作为其行为反应的信息来源之一。Lindell 和 Perry(2012)描述了决策过程所遵循的一系列理想化阶段：

- 风险识别(评估对威胁程度的认知水平)。
- 风险评估(个人受影响的预期水平)。
- 保护措施查询(检索有关如何降低灾害影响的信息)。
- 保护措施评估(确定哪种选择最合适)。
- 保护措施实施(确定采取保护措施的时间)。

通常情况下，决策时会寻找更多信息来加深对这些因素的理解(Wood et al.，2017)。一般来说，与灾害、实况以及其他响应者特征(参见第 3.2.4 节)相关的一些因素，决定了响应者是否具有评估上述所有决策步骤的能力。

应急响应机构可以将进行风险评估作为其决策的一部分。风险评估可以是定量的(如损失金额或死亡人数)，也可以是定性的(如低、中、高)，并且可以使用各种工具。评估结果可分为“可接受风险”“可容忍风险”和“不可容忍风险”三类。“可接受风险”是指风险很小，不需要采取任何缓解措施；“可容忍风险”是指确定承受风险的益处大于潜在成本，可能需要采取一些缓解措施；“不可容忍风险”是指风险很大，需要采取缓解措施(Standards New Zealand，2009)。

3.2.3 用户使用的信息源有哪些?

确定预警接收者所使用的信息源，对于了解每个信息源的相对价值及其对提供信息的贡献程度非常重要(Lazo et al.，2009)。信息源也因用户需求而异，可包括官方来源、私人气象服务、环境线索(例如看到风暴云)、社会线索和/或本土文化线索。信息通常可以通过多种渠道传播，包括传统媒体和社交媒体(如小报)、社会关系(如来自朋友、家人、邻居、同事和教育机构)和/或应急响应机构(包括应急服务机构、地方政府、基础设施公司和应急管理机构)。以上每种传播渠道以及信息通过二手来源传播的各种方式，都面临各自的挑战。

天气信息的官方来源通常是国家气象和水文部门(National Meteorological and Hydrological Services,NMHS)。根据国家法律法规,许多 NMHS 是 WMO 官方预警机构登记册(https://alertingauthority.wmo.int/)所列的预警机构。一些预警信息接收者(例如航空公司)会选择付费的订阅服务以接收更详细或更具体的数据来满足其需求。

官方信息可以通过其他渠道(例如电视台/媒体或应急管理人员)传播,而且往往会有所更改以提供额外信息。事实上,大多数人都是通过媒体和私营部门而非直接从官方信息来源获取天气预报的(Lazo et al.,2009;Hayes et al.,2014)。因此,大多数人在做出应对决定时(例如从飓风区撤离(Dow and Cutter,1998))会使用多种信息来源以满足个人需求。大多数私营机构的天气预报直接或间接地基于官方天气服务(Lazo et al.,2009),包括使用公共部门的全球观测和模式以及大气科学研究成果(Thorpe and Rogers,2018)。私营机构通常很愿意将"权威声音"(例如发出的预警)纳入其产品和服务(例如 Google Crisis Response/Public Alerts-https://crisisresponse.google/products/public-alerts/)(Kaltenberger et al.,2020),可以确保服务的连贯性,并且添加更多的信息或功能,使其产品更具用户导向。由于对用户需求的关注,可以预期私营机构对基于影响的预报和预警的兴趣将会上升(WMO,2015;Thorpe and Rogers,2018)。

环境和社会线索是影响预警接收者及其行动的关键信息来源(Lindell and Perry,2012)。以美国密苏里州乔普林(Joplin, Missouri)龙卷预警期间为例,在决定应对措施时,通常考虑聚集风暴、漏斗云、雷声或大雨等环境线索(Kuligowski et al.,2014)。然而,环境线索可能因光线昏暗(通常是夜间)而难以被发觉,也可能被其他噪声掩盖(例如,山洪暴发会被暴雨掩盖)。有些线索是隐晦或模糊的,而另一些则明显得多。对环境线索的感知能力也会因一天中的时间和接收者优先考虑的其他活动而改变(Ruin et al.,2014)。社会线索来源于观察他人行为(例如打包装车准备撤离)以及从家人、朋友和邻居等社区关系中接收信息。社会线索可以通过一系列渠道获取,包括社交媒体、电话、短信以及面对面交流。援救行动在提供交通和庇护所的同时,也提供了社会线索(Lindell and Perry,2012)。

除上述来源外,应急响应机构有时也会拥有自己的信息来源,其中可能包括训练有素的风暴观测员、收集影响或灾害数据的工作人员、众包来源报告、公共场所摄像头(例如交通摄像头)以及自有的监控设备。

最后,个人经验和文化知识,以及许多人所说的本土知识,也可被用作信息源,或用于解释线索以及进行应急准备和响应。在世界许多地区,这些知识被用来解释环境线索(例如野生动物的行为),以帮助预测未来的天气和季节性事件(Pareek and Trivedi,2011)。传统知识也是制定减灾计划、开展备灾和响应活动的信息源,例如在山坡上修筑梯田以防水土流失和侵蚀,以及建造足够坚固房屋以抵御强风。当人们迁移时,尤其是迁入城市环境中时,这些知识通常就失去了与当地环境的相关性,但社区可以通过努力建立新的共同经验来取代过时的知识,例如标记洪水的历史水位高度或海啸淹没最高点、设置灾害周年纪念日、确保学校给学生讲授他们居住地和上学地点可能遭遇的灾害及其应对措施。

3.2.4　行为对制定决策的影响

为什么有些人没有按照天气预警所指示的方式做出反应?这是因为人们对预警所作出的行为响应会受到很多因素的影响。一些理论模型描述了这些影响,例如保护行动决策模型

(the Protective Action Decision Model, PADM)(Lindell and Perry,2012)。NOAA 社会科学委员会(2016)的风险沟通与行动最佳实践指南中描述了其他理论和模型。

Lindell 和 Perry(2012)描述了影响预警接收者"决策前过程"的因素(图 3.2),其中包括预警接收者的特征,例如年龄、性别、主要语言、心智模式(对一般事物的理解与误解)、经济资源、社会资源和身体能力。正如第 3.2.3 节所述,对预警的行为响应也可能受到本土知识和文化规范、环境和社会线索以及信息源的影响(Shaw,2009)。预警信息的特点(尤其是内容和格式,Wood et al.,2015;Potter,2018)及其获取渠道和偏好(参见第 3.3.3 节)则会产生更进一步的影响,其中有关获取渠道的特征包括预警信息的详细程度、信息的精确程度、信息的发送频率、设备要求及其对预警接收者活动的干扰程度。

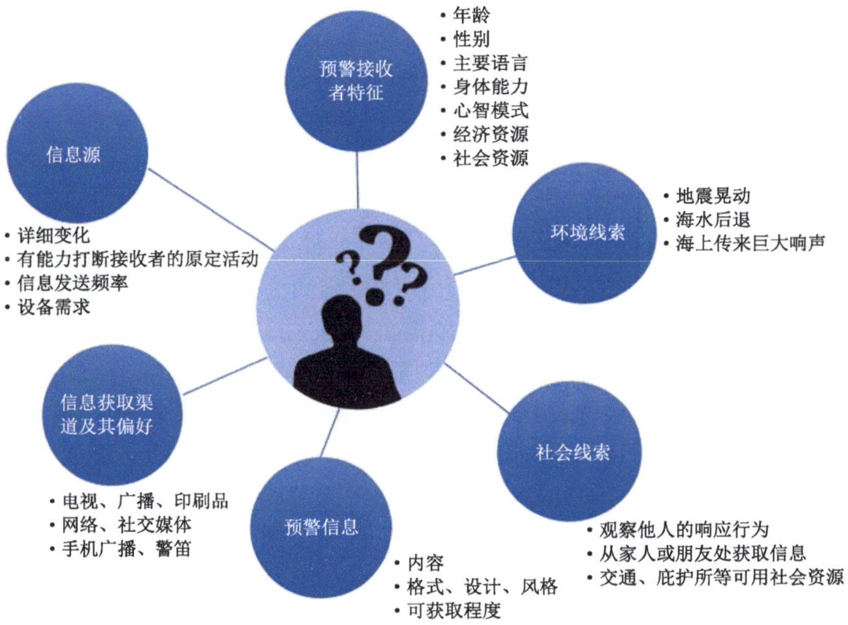

图 3.2　以保护行动为目标的"决策前过程"的影响因素

摘自 Potter(2018),根据 the Protective Action Decision Model(Lindell and Perry,2012)

决策前过程为决策的产生提供了信息,这一过程取决于预警接收者对提示或预警的接收程度、关注程度(包括警报的干扰性)以及对信息的理解程度(包括天气知识(Fleischhut et al.,2020))和对预报不确定性的理解程度(Joslyn and Savelli,2010, Morss et al.,2010)。

这说明尽可能使用简单的语言、避免专业性表述以及使用多种语言发布,都会影响应对效果。这里提到的影响可以发生得非常迅速,无需太多有意识的思考。认知科学的理论表明,在高压情况下,人们可能会使用更快的决策路径做出决策,这种途径更多是由情绪驱动的;而在压力较小的情况下,人们更有可能基于信息做出决策(Weyrich et al.,2020b)。在这种情况下,信息不一定越多越好。此外,人们使用哪种决策途径可能取决于具体情况。与此同时,由于将人们暴露在实际危险的环境中会面临伦理问题,认知理论一直难以在该领域进行实验。

高度完善的备灾工作可以降低人们的受惊程度并且有助于人们对预警做出明智的应对,这可以通过教育、演习以及早期预警来实现。一旦在预报中确定了未来可能发生的危险事件,就可以利用一系列通信方式进行通知,建立起需要采取应急行动的普遍预期。

一旦完成了决策前过程,预警接收者的核心感知就会成为一个评估信息的过滤网(Kox and Thieken,2017)。预警接收者的风险感知是指人们在被要求描述和评估危险情况时做出的判断。这会受到许多因素的影响,例如预警接收者的先前经验、对灾害的熟悉程度、对后果严重性的预期或感知、对收益的感知以及对风险源的控制程度等(有关风险感知文献的综述参见 Slovic 等(2004,2007))。文化和社会因素也强烈影响着人们如何面对和感知风险(有关风险文化理论的综述参见 Thompson 等(1990)。然而,关于更强的风险感知是否与更高水平的备灾或应对行为相关,研究结果不一(Mileti and Sorensen,1990;Potter et al.,2018;Wachinger et al.,2013)。

预警接收者对信息来源(例如发出预警的机构)的看法也会影响他们的反应,尤其要考虑信息来源的可信度、专业程度和保护责任(Arlikatti et al.,2007)等。一方面,对信息发布机构的信任(例如对 NMHS 发布天气预警的信任)以及信息源的可靠性能够提升预警接收者采取保护行动的可能性(Potter et al.,2018; Ripberger et al.,2015)。另一方面,具有自信心,相信自己有能力从信息和行动两方面保护自己免受恶劣天气影响也是预警接收者采取保护行动的重要驱动力(Kox and Thieken,2017)。

预警接收者对保护行动的看法会影响他们做出响应决策(Demuth et al.,2016; Johnston et al.,2005)。被视为能有效降低风险的行动就更有可能被付诸行动,被视为经济实惠、切实可行、省时省力以及不需协作的行动同样如此。然而,大部分现有研究都需要在预警背景而非常见的备灾背景下、在"真实事件"背景而非假设背景下进行更多测试。

在经历了决策前过程和核心感知的触发之后,人们就会做出应对决策(Lindell and Perry,2012)。一旦识别出风险,人们就会寻找有关风险的信息,包括考虑对个人的影响以及影响还有多久就可能发生。提高自身安全性的方法包括利用记忆、过去的个人经验、从媒体上看到或读到的信息、在教育活动中被教授的技能(Demuth et al.,2016; Sutton and Woods, 2016)。预警接收者可以寻求更多的信息、观察社会线索以及使用来自预警的指导信息,将备选应急行动与继续进行正常活动进行比较。如果确定需要采取多项行动,则需要评估采取这些行动的顺序。只有在拥有充足时间和充沛知识的情况下,才能确定应对计划。计划的细节从模糊到详细,可能包括撤离路线、目的地和出行方式等要素。这些决策过程可能会在寻求进一步信息时造成行动延迟,这被称为"研磨"(Wood et al.,2017)。这就凸显了在预警消息中包含"该做什么"的指导信息和更详细信息超链接的重要性。一旦制定了行动计划,现实状况还可能会阻碍其实施,例如道路封锁、寻找儿童和宠物、缺乏交通工具,这些都会促使人们评估、决定和实施备选行动。

3.3 预警发布者的能力

3.3.1 谁发布预警?

虽然许多国家对公共预警的发布者有法律限制,但实际上专业应急响应者和公众都可以从各种来源获得预警。政府机构主导信息源,而警察、消防员和其他救援人员通常有命令民众离开紧急危险区域的最终权力。然而,对于基础设施运营商而言,虽然政府机构会提供建议,但通常是由组织内部的应急管理人员向运营部门下达应急响应指令。更加普遍的情况是，各种公共、私人和非政府组织都会以多种形式、通过各种媒体向公众发出预警。其中一些组织可能只是简单地重复其他发布者发出的预警消息，但更常见的则是加以一定程度的解读和重组。事实上，即使对预警是如何产生的知之甚少，一个令人信服的主持人也可以对受众的响应水平产生巨大影响，他们自身就可能成为受众信任的基础。

观测数据和模式预报通常由国家的气象和水文部门提供。这些信息随后被他们自己和私营机构的气象学家用来制作预报和预警产品(Pettifer，2015；Thorpe，2016)。这些不同的政府和私营机构并不总是提供一致的预警信息，包括使用不同的颜色编码和预警阈值、对模式输出结果进行不同的解释，或传达不同的综合信息，这就造成公众所接收到的预警信息在感知上甚至实况上存在不一致(Weyrich，2019)。国家气象部门和应急管理人员怀疑这些相互矛盾的提示的确存在，并对公众行为产生了负面影响，但仍需更多研究。现有的经验证据清晰地表明，相互矛盾的视觉和文字信息会对公众行为产生负面影响(Lindell and Brooks，2013；Williams and Eosco，2021)。

随着参与预警决策过程的机构数量不断增加，形成一致的预警信息成为了更加严峻的挑战。这就需要进行机构间协调，以确保多个机构在基于影响的预报和预警系统中传递出一致的信息(Potter et al.，2021)。在局地范围内，跨境高影响天气情况的预警会更可能因来自不同国家气象和水文部门的多渠道信息而产生相互冲突的预警信息。这不仅是因为预警系统设计不同，还有在相邻国家的气象和水文部门之间缺乏交换信息的标准操作规程（standard operating procedures，SOPs)的缘故(Kaltenberger et al.，2020)。一些地区计划，例如欧洲的Meteoalarm (https://meteoalarm.eu) 和 WMO GMAS-Asia (https://gmas.asia)，旨在促进地区合作和信息交流，从而提高跨境预警信息的一致性。这种一致性对于全球用户和全球应急响应者(如联合国和国际非政府组织)都至关重要。

3.3.2 预警类型

预警可以从很多方面进行分类，包括产生方式、信息结构和发送方式。就响应速度而言，自动预警是最优选择，例如基于烟雾传感器的火灾警报，或在上游河流水位超过临界阈值时发出的洪水警报。此类预警系统依赖于接收者熟悉预警的含义并知晓响应方案。过去，通常会使用定制模板和高度凝练的语言来生成预警，以尽量减少传输字数。这类预警仍在航海和航空安全等方面使用，通常使用与特定受众所关注的灾害影响有关的固定危险阈值。自由形式的预警则可以有更多选择，可以包括针对特定事件或面向多个受众群体的信息，但也增加了表达不清晰或造成误解的风险。

为了让每个人对正在预报的、当前可见的、最近发生的或早已发生的灾害的严重性有一个共同的理解，通常会给这些灾害贴上标签。这种共同的理解可以有很多用途，其中之一就是帮助提高公众对即将发生事件的认识，从而促使他们采取备灾行动。有些标签是数值连续的(例如地震震级)，有些则分为不同类别(例如 Saffir-Simpson 飓风风力等级)，有些只有几个级别(例如气象“展望、观察、预警”)，还有些是二进制的(例如火警)。为某种灾害设计预警或分类系统时，需要做出的众多决定之一就是确定系统所基于的判别依据(即系统的“基础”；Potter et al.，2014)，这决定了预警的触发条件。判别依据的选择范围涵盖从灾害本身到应对指导，即人们应该做什么。每个系统都有自己的优势和挑战。

判别依据选择的一个极端是仅基于灾害。这意味着根据灾害的严重性、覆盖范围、持续时间或规模来触发警报,而不管人们是否会遭受危险。例如预期风速、降雨强度和地震震级(里氏震级、矩震级和当地震级等),其度量根据是仅依其强度而设定的固定阈值。火山警报级别系统就主要以火山活动幅度或严重程度作为预警基础(例如,New Zealand's, Potter et al., 2014; 以及 the US system, Gardner and Guffanti,2006)。此类系统的优势在于科学家可以根据他们的知识和数据快速发布信息,几乎不需要与掌握有关影响、脆弱性、暴露度和缓解措施相关信息的机构进行协商。主要挑战则是,基于现象的预警系统可能无法让公众做出最适当或最及时的反应。反而,将影响信息和应对指导纳入预警可以提高系统的有效性(WMO,2015)。

判别依据选择的另一个极端是根据灾害暴露人员的生命和财产损害严重程度,确定每个预警或预警分级的严重性阈值。此类系统假定有人或财物一直暴露于灾害危险之中,即阈值不随空间或时间而变化。此类系统的示例包括改进藤田等级(Fujita scale)、萨菲尔-辛普森(Saffir-Simpson)飓风等级以及改进的 Mercalli 强度(地震震动强度)等级。一旦阈值随空间或时间变化(例如基于气候的阈值),该系统就会朝着基于影响的预警系统发展,就能将动态情况考虑在内,包括前期地面条件(例如先前的降雨导致集水区潮湿从而加速洪水的产生)、可变人口(例如高峰时间)以及机场关闭等具体影响(WMO, 2015)。此类系统需要在掌握有关气象、社会和影响信息的机构之间进行合作,有可能会导致预警发布的延迟(Potter et al., 2021)。一般认为基于影响的预报和预警可以提高公众对灾害情况的了解水平并增强风险感知,但在促进应急响应行为方面的有效性却不尽相同(Potter et al., 2018; Weyrich et al., 2018)。无论是为了维护生命安全和人民福祉,还是为了减少人身伤害、财产损害以及经济或环境破坏,确定预警所依据的影响或预警的后果都变得尤为重要。风险建模有助于灾害缓解与灾害管理(Crawford et al., 2018),可能会得到越来越多的业务应用。

个性化预警消息包含局地变化和影响信息,因而有助于促进有效的应急响应,通常是由具有发布相应职权的合作伙伴机构发布的(WMO,2015)。这些"以影响为导向"的预警需要对灾害影响数据的收集和存储进行大量改进(Kaltenberger et al.,2020)。最后,一些灾害分级预警系统是基于需要行动的高风险人口数决定的,较高级别可能包含大范围疏散,较低级别可能会提升人们的警觉性,例如新西兰的 COVID-19 流行警报级别系统、日本的火山警报级别系统、要求疏散的火警或海啸警报以及飞机上的安全带标志。这些系统倾向于促进合作并要求预警接收者了解与级别或警报相对应的行动。对这些系统的进一步研究,有助于预警决策者根据基础观测数据进行预警决策。

3.3.3 沟通渠道

只有让接收者及时接收到预警信息,才能发挥预警的价值。印刷品、机械、电子以及面对面交流等不同类型的传播渠道具有非常不同的特点,比如在传播速度或精确度方面就有很大差异(Lindell and Perry,2012)。应根据接收者的需求来使用多种传播渠道,包括地方或国家电视(包括有线电视)、广播(包括特定的天气广播频道)、报纸、朋友、家人、同事、邻居以及智能手机或普通手机。网页和移动应用程序(包括小区广播预警和社交媒体)已越来越多地成为天气信息的重要来源(Hayes et al., 2014)。大喇叭可以使人们立即意识到威胁,但其作用范围有限,也无法提供进一步的信息。手机应用程序可以提供包含更多信息内容的即时消息,但预警接收者需要先拥有一部功能正常的手机,并查询手机以接收信息。报纸的速度很慢,但可以提供详细信息和背景情况，是早期预警的理想选择。电视极其吸引观众，但播出时间有限，观众可能会错过重要信息。在紧急情况下，值得信赖的邻居或官方工作人员是令人信服的信息来源，但这非常耗费资源和时间。

不同传播渠道支持不同的预警形式。例如，一些传播渠道仅支持文本（手机短信）、音频（广播）或视频（普通电视），而其他渠道则可支持多种形式（网站、智能手机应用程序、天气电视频道）。如果不同形式的预警能够保持一致性，并且能够快速、轻松地获取，那么采用混合形式就可以强化信息传递。例如，英国气象局的天气应用程序提供颜色编码的预警，在地图上标明灾害类型。每个预警都可以扩展到更高分辨率的地图上，确定受影响的乡镇和城市，并辅以灾害及其来源、可能的影响和预警状态（包括最近更新时间和更新原因）的简要说明。此外，还提供应急响应指导以及更多信息的链接，包括更详细的背景和所涉及的行政机关清单。它还以电视天气预报视频的形式提供了辅助材料，由主持人在口头和视觉上传达相同的信息。使用视觉形式传达信息时需要注意以下方面：许多人在阅读地图时会遇到困难；应使用色盲患者可以区分的颜色；色标和图标未得到普遍认可（但可参见 Guemil (2021) 中建立国际公认应急图标集的倡议）。需要考虑使用几种以及哪几种语言，同时也要考虑到视障者和语言能力严重受限的人群。

不同传播渠道或转载官方预警信息，或可能添加和提供自己的或其他独立来源的预警信息，其程度各不相同。但必须承认，只有在理想情况下，它们才会完全一致，现实中仍然存在不一致的情况。因此，各类机构必须充分认识和接受这种不一致的情况。如果信息源是可信的，传播渠道就应提供信息源归属和品牌标识，因为这将加速用户的识别速度，并有助于将真实信息与其他潜在的冲突性或误导性信息区分开来。事实上，随着信息环境变得越来越多元化，信息提供者一定会有一个重要的责任是监控多重信息来源，并尽可能在虚假信息传开之前就发布纠正性声明予以抵制。

基于智能手机的新技术不仅是传播信息的渠道，还可以用于测试不同沟通策略的有效性，例如通过向接收者传播不同类型的信息（例如基于影响和非影响的信息）进行测试，以及通过调查等方式验证哪些类型的信息会导致适应行为(adaptive behaviours)(Weyrich et al.，2020a)。此类新技术可以通过社交媒体打开双向沟通的窗口，以及通过众包等方式来收集数据。

指示灾害发生的视觉和听觉信号是促使人们应急响应的重要因素（Lindell and Perry，2012），但当这些信号出现时可能为时已晚。例如暴风雨期间是否出现雷声和闪电可能会成为指示危机是否将至的证据，从而影响到人们的应急响应。当灾害威胁尚未足够接近时，闭路电视、网络摄像头和社交媒体视频就可以远程提供等效的提示。诸如此类的双向沟通渠道运用可能会成为预警服务中的重要组成部分。社交媒体提供的当地信息不仅可以用来加强风暴尚未到达之处的预警，还可以帮助预报员及时了解不断变化的情况，以便微调预报信息，用以更新预警。

当前，有许多挑战阻碍着将社交媒体和众包数据融入预警实践。例如，很多机构会担心社交媒体产生有害且不准确的信息，用户生成内容的可信度和有效性也难以评估（Weyrich et al.，2020a，2020b；Goolsby，2009；Kaplan and Haenlein，2010）。此外，海量信息可能会让人应接不暇，而伦理道德问题也可能会进一步阻碍机构充分挖掘其潜力。此类问题包括：即使是匿名数据集也可能侵犯隐私、使用的数据可能未经许可、信息可能被商业实体滥用于监视用户（Maxmen，2019）。其他问题则来自社交媒体访问的不平等性。例如，2016—2017 年澳大利亚有近 130 万户家庭没有接入互联网,失业者、移民和老年人等弱势群体的数字媒体利用率则更低(Howarth,2018)。因此,特权阶层和边缘人群间的差距可能会越来越大。必须承认,私营气象部门可能会对这些社会困境和挑战有不同的看法,因为他们的兴趣在于预警传播的商业价值。

通过利用这些新的信息渠道,预警机构有机会更好地了解公众对预警问题的不同观点,准确掌握实时灾情,并与公众互动,促进众包以及多领域合作,并且扩大信息的覆盖范围,提高机构的透明度、关注度和声誉。未来,人工智能可能会越来越多地用于监视这些信息渠道,并筛选出预警需要的关键信息。

在有限的预算条件下设计预警系统时,过多的媒体形式和格式要求似乎令人望而生畏。国际标准通用警报协议 (CAP) 为最小化多信息渠道的开销提供了工具,其价值也日益提升 (FEMA, 2020)。只要基于 XML 的 CAP 格式 (OASIS-Open,2010) 生成预警,就可以使用标准软件将其转换,便于通过广泛且日益多样化的渠道进行发布和传播,当然也包括一定程度的自动定制以适应特定用户群体的需求。作为国际支持的标准,可提供培训、支持和实施指导,以促进其在未来和现有预警系统中的使用(WMO, 2013)。

以下几点是启用 CAP 警报的突出优势:

- 通过智能手机和物联网等新媒体以及广播和电视等现有大众媒体实现了有效传播。
- 可以为有特殊需要或语言障碍的人群提供服务。
- 可以精确化预警区域,减少在风险区域之外接收到预警的情况。
- 将警报发出过程简化为仅需发送单个消息。
- 促进了跨国界应急管理人员之间的灾情实况共享,以便创建"共同操作图景"。
- 能够链接到即时响应警报和自动控制。

3.3.4　对预警发布者的影响

无论是作为个人还是组织成员,预警发布者都会受到许多因素的影响,从可用信息的质量和数量,到他们自身在提供科学建议(辅助立法)方面所起作用和应尽责任,再到管理公众因过度预警和预警疲劳而产生的认知风险,再到个人和群体的心理偏见。预警发布者应该熟悉所面向用户的特性,包括向他们传达预警的正确方式。这样做在一般情况下是很有帮助的,但也很容易导致预警有失偏颇,并最终导致应急响应效果受到削弱。许多流程(例如制作勾选表、设定阈值以及模板)已经建立起来了,有助于帮助减少偏差和其他因素影响,并在不同的时间、不同的预警者和机构之间保持一致(图 3.3)。

法律、制度和政治背景也会影响预警发布者及其行为和态度(见第 2 章)。例如,在一些国家,与风险、预报和预警信息的传播、使用和解释相关的法律冲突可能会增加(Altamura et al.,2011),而灾害风险管理方面的法律冲突增加则会更加普遍(Lauta,2014)。这可能导致预警者采取防御性的自我保护行为,从而免受指责。例如,在意大利拉奎拉镇(the town of L'Aquila)发生一次具有重大影响的地震后,科学家和官员因为发布的地震风险信息偏弱受到审判和起诉,从那之后,意大利的虚假预警数量增加(Altamura et al.,2011),进而对与天气相关的决策产生影响。另一方面,美国国家气象局发布的一项政策决定将预警区域从以区县为单位调整为以每场风暴为单位,以期减少对龙卷的误报,结果却导致预警区范围急剧缩小(Sutter and Erickson,2010)。制度框架也可能削弱预警过程,例如未能定义利益相关者的不同角色和责任(Thorpe,2016),这可能会阻碍预警链中参与者之间的协调与合作。机构的优先事

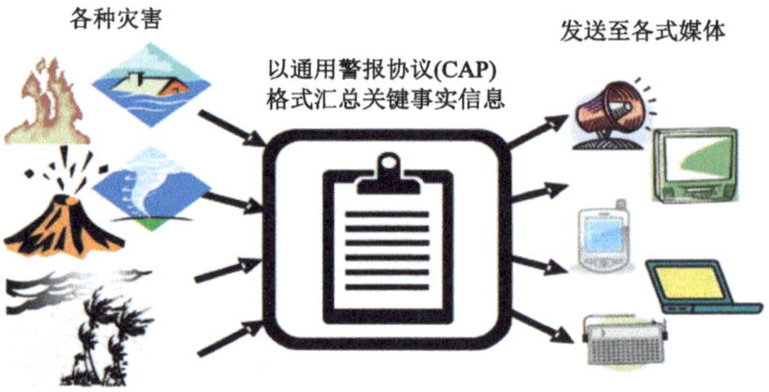

图 3.3　使用通用警报协议，通过多个渠道从单一信息源向大量具有不同需求的预警接收者传达信息（来源：Eliot Christian，基于 ITU(2019)）

项也可能决定预警的主要目的是在于减少灾害对个人的影响还是对整个社会的影响(Potter et al.,2021)。

由于存在技术和财力方面的限制，预警发布者几乎肯定是在时间紧迫的情况下工作的，且访问信息的速度受到计算机性能的限制。他们通常只能访问预报中所使用的一部分观测数据以及有限的预报产品，当预报来自全球预报中心时尤其如此。他们可能要尝试通过电话向关键的个人响应者提供直接信息，与此同时准备向公众发出预警信息，以及准备现场直播的脚本。他们还应该监控灾害的当前状态以及媒体(包括社交媒体)上正在传播的信息。在这些压力之下，预警发布者的态度和行为将受到匮乏的资源、不完善的沟通以及与媒体和私营部门接触不良的影响(Handmer and Dovers,2007;UNISDR,2013;NOAA,2016)。

预警的及时性对用户尤其重要，因为应对行动需要时间，并且必须在灾害到来之前完成。当预报信息由多个机构(例如气象服务机构、防洪机构和应急响应机构)共同制定时，在预警发布者收到信息之前就有了相当长的时间延迟。由于需要整理来自多个机构的预报信息，如果要提供基于灾害影响的预测和预警，这种延迟可能更加严重(Potter et al.,2021)。

应急行为也可能受到组织竞争的影响，无论是为了利润、资金、声望还是权力(例如与其他部门、企业或国家的竞争)；受到组织或个人目标设定不适当的影响(例如只关注预警数量或准确性而忽略用户价值)；受到过度保护主义(包括要求一切都在机构内部产生的倾向)或过度外包(以至机构内部职责贬损)的影响。外部媒体上的错误信息是一个尤其具有挑战性的问题，纠正虚假信息的干预往往适得其反。

一般来说，预警发布者和专家对风险的看法往往不同，与外行的看法也不同(Bostrom,1997)。专家会倾向于使用正式的风险定义并强调灾害的严重性和可能性，而社会公众可能会将对灾害威胁和受灾恐惧的熟悉程度等其他因素都考虑在内(Fischhoff et al.,1978)。灾害风险的社会背景和制度背景(比如人的动机和价值观)是很重要的。与其他人不同，专家还会将口头概率(例如“可能”)转换为数字概率(例如 70%)，强调 WMO 所鼓励使用的概率转换译表(Doyle et al.,2011)的重要性(WMO,2008)。专家和非专家，甚至专家组内部对概率的解释也不相同(Kox et al.,2015)。风险评估的决策者不可避免地需要做出一系列判断，以改善灾害风险情况或波及范围的描述。

许多心理偏差会影响个人或群体层面的判断。在科学家/预警发布者做决策的情境下，此类心理偏差可能包括服从群体的愿望(Asch,1952)、少数群体的影响(Crano and Chen,1998)、群体思维现象(Janis,1982)、对权威的服从(Milgram,1974)以及哗众取宠的现象(Dashiell,1930)。对于需要决断的问题,提问的方式也可能会影响结果,这种情况需要注意避免(Potter,2014)。影响预警决策的另一个因素在于预警发布者希望避免潜在的误报。虽然预警发布者通常非常担心误报的"狼来了"效应,但有多项研究表明,通过在事前、事中、事后谨慎地进行信息传递,可以将这种影响降到最低。例如 Kox 等(2018)研究表明,应急管理人员对预警疲劳和高误报率感到不安,但仍会按照惯例对预警做出响应。总而言之,政策制定者更关心的是漏报而不是误报。我们也有各种支持决策的替代方案,例如结构化方法(例如贝叶斯方法)或更自然主义的方法(Doyle and Johnston,2011)。

3.4 预警发布者和接收者之间的桥梁

3.4.1 建立关系

预警发布者必须了解接收者对信息的需求。要做到这一点,就必须在接收者、发布者以及参与该过程的其他利益相关者之间建立关系。这种关系可以采取多种形式,具体取决于国家的法律和文化、预警组织的治理结构以及预警接收者的性质——无论是个人、组织还是整个社区。建立关系需要时间,还需要积极的管理才能蓬勃发展,同时也依赖于各方的灵活性和相互妥协,并且通常需要努力找到对各方都有利的解决方案。无论预警发布者是在公共部门还是私营部门,无论预警接收者是公众、全球企业还是非政府救济组织,都同样有必要建立这种关系。然而,关系的性质在各种情况下会有所不同。由于人员的变动和技术能力的发展(包括定期培训和锻炼),维持这种关系需要持续规律的双向互动。

用户参与能够支撑此类关系,其程度可以从单向通知(例如通过广播公告灾害或重大事件)到"授权"终端用户做出决策(例如国际公众参与协会所述;https:// cdn. ymaws. com/www. iap2. org/resource/resmgr/pillars/Spectrum_8. 5x11_Print. pdf)不等。有大量文献指出,有效的预警沟通是通过各方之间的双向信息交流来实现的,让利益相关者参与沟通、规划和讨论可以提升他们的投入意愿,并最终促进采取有效的行动(综述参见 Macintyre 等(2019))。事实上,这种关系以及整个预警沟通过程都是循环和双向的,它很大程度上取决于环境、社会、技术背景以及利益相关者之间的合作程度。双向信息交换还包括信息的共同设计和共同生产,其中预警接收者的角色就会从纯粹的用户转变为合作伙伴(Kox et al. ,2018)。

然而,尽管许多学者都强调预警沟通应该是双向的信息交流,但许多国家在落实层面上仍存在不足。目前的文献和既定做法表明,大多数预警沟通仍然是从决策者到未参与决策的公众的单向传达,尚未形成对话式的沟通。毫无疑问,要实现真正的双向沟通还存在着重重障碍(参见第 3. 3. 3 节)。例如,由于接收预警的部门和团体数量众多(如第 3. 2. 1 节所述),预警发布机构很难与所有部门建立关系并进行多方位的接触。在利益相关者参与到协同设计的过程中,很难让一些弱势群体参与进来,例如有小孩的妇女、居家老人或慢性病患者。即使他们在场,也很难获得同等的参与感,尤其是当他们缺乏良好的语言技能时。需要将小组会议与个人访谈的形式相结合,但要让社区接受这种分散的信息来源,就需要在提出和解释证据时高度的透明。这尤其需要投入时间和资源来摸索成功的途径。另外,并非所有种类的预警沟通都适合采用共同制作的方式。虽然合作形式已被证明在规划和评估方面是成功的(例如在预警系统选项的协同设计和预警沟通有效性的评估中)，但在快速的双向沟通中则仍面临着更多挑战。目前，共同制作的方式仅用于数量快速增长的一小部分预警接收者，例如风暴观测者和有组织的业余气象观测者团体(Elmore et al.，2014)。将训练有素的风暴观察员或“信任观察员”的概念与数据质量管理相结合，被欧洲气象学会评为最佳实践(Krennert et al.，2018)。如果有资金可用于为特定企业或部门提供定制服务，那么建立关系的机会要远比一般公共服务大得多。然而，人们往往忽略了这一点，将可用资源集中在技术能力上，而忽视了对问题及其解决方案的相互理解。随着基于网络的预警服务的发展，为更广泛的接收者提供定制服务已经变得可行。美国多年来一直按地理位置定制预警服务，首先是在 NOAA 天气广播上，最近则在手机上(无线紧急警报)，将消息定位到各个城市或乡镇(NOAA，2021)。设置关注地点的功能也已成熟，例如红十字会的预警应用程序就有此功能(British Red Cross，2021)。然而，谷歌和 Facebook 等平台中在线广告日益精细的应用表明，定向投放具有巨大应用潜力。这种定向不仅在于选择接收者感兴趣的信息，还在于根据接收者选择或展示的偏好来呈现信息。这项技术的运用存在伦理问题，但随着它在谷歌等在线平台的运用模式被广泛接受，毫无疑问，这项技术将越来越多地应用于定制和传播预警。

有效的长期合作伙伴关系能够创造良好的工作环境，为预警的成功运用创造诸多条件，包括灾害事件间隙的教育和培训、对历史事件的经验共享和阐释说明、对预报能力的共同理解以及对预警系统可靠性的信任。所有这些都会影响预警的产生和接收方式(Parker et al.，2009)。

以下两个例子通过加强预警发布者和用户之间的战略伙伴关系，为我们提供了良好的示范。

案例 3.2　全球天气企业

Sally Potter

全球天气企业(Global Weather Enterprise，GWE)“旨在为促进全球的公共、私营和学术部门共同参与营造良好环境，致力于实现为拯救生命、保护基础设施以及提高经济产出提供准确可靠的天气信息及服务的共同目标”(World Bank，2019)，可以参考 Thorpe 和 Rogers(2018)所述。GWE 专注于通过从科学研究及观测到模式、预报、产品和服务的完整链条来提升价值，是一项旨在承认和解决以上三个部门(特别是公共部门和私营部门)合作障碍的倡议，其中合作障碍包括公共部门的资金压力、私营部门的能力增长以及国际融资结构。GWE 鼓励建立天气预报和服务的公平市场，并对由纳税人资助的开放访问数据的商业化关联进行明确的管理。

事实上，企业可以从气象知识中获得经济价值——美国国家气象局 2017 年的一份报告中估计这种价值为 130 亿美元(NOAA/NWS，2017)。由公共资助所支持的天气服务可以利用私营部门的价值，加强这方面的认识可能有助于缓解国家气象和水文部门的资金压力(Thorpe and Rogers，2018)。此外，有人建议公共部门可以更多地利用私营部门的数据，但同时要将数据的开放访问和长期可靠性纳入考虑(Hayes et al.，2014)。作为试点项目的一部分，这种尝试探索了与私营部门的潜在业务关系(World Bank，2019)。随着私营部门从提供基础设施服务转向数据服务，GWE 还呼吁要明确权责问题，尤其是围绕数据所有权的问题(Thorpe and Rogers，2018)。同时，私营部门在改进预警沟通中所起的重要作用为合作的开展提供了实践机会。对于公众而言，与传统的单向灾害信息沟通相比，在线回复社交媒体帖子和报道以及通过众包移动应用程序上传信息更具参与感。

案例3.3 NOAA国家气象局战略目标:建设一个完备天气预警国家

Douglas Hilderbrand

2011年,美国各地发生的一系列极端天气事件,包括龙卷、洪水、飓风以及导致1000多人死亡的野火,推动了提升美国"天气服务"的深刻改革。美国国家海洋和大气管理局(NOAA)及其附属机构国家气象局(National Weather Service,NWS)启动了一项长期战略目标,旨在提高预报准确性,加强面向公众的信息交流与传达。建立"完备天气预警国家"(Weather-Ready Nation,WRN)的战略目标激励NOAA的业务和研究部门,不仅对预报和预警进行了改进,还借助更好的社会响应来提高其价值(Hilderbrand,2014)。在NOAA内部,WRN促进了立足于社会效应角度而非仅限于预报准确性的角度的价值衡量。这种思维方式的改变集中于四个重点领域:

- 提供基于影响的决策支持服务(Impact-Based Decision Support Services,IDSS)。
- 提升备灾情况以及保护性"行动号召"声明的传达效率。
- 在产品和服务中整合物理和社会科学。
- 以更优的方式及时传递相关信息。

WRN的一些成功案例包括:

- 创建风暴潮淹没地图,更好地传达风暴潮的预期地点和预计数量。
- 在Facebook和Twitter等社交媒体上开展双向互动(例如发布安全信息和预报信息,以及接收风暴追随者的风暴报告)。
- 通过最近的移动电信塔发送手机紧急警报。
- NWS人员在应急管理运营中心值班,以便在更广泛的决策环境中提供预报建议。

除上述的内部变化之外,WRN还承诺在社区层面进行合作(图3.4)。仅凭政府的力量是无法实现建成"完备天气预警国家"的目标的,还需要在联邦、州和地方各级,以及跨行业、非营利组织和其他社区组织之间建立外部合作关系。为了表明合作诚意并让其他相关方对

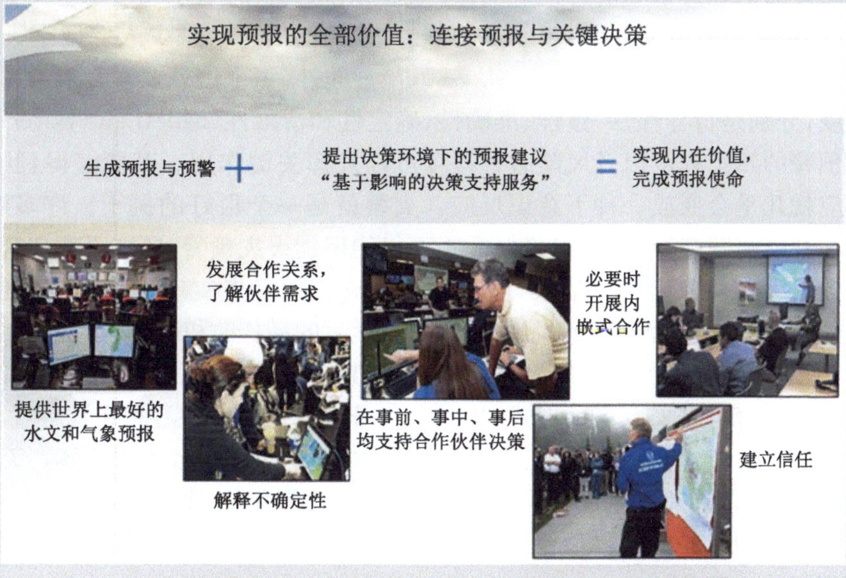

图3.4 NWS"完备天气预警国家"倡议的组成部分©NOAA 2021

WRN 拥有“部分所有权”，NOAA 于 2014 年启动了 WRN 大使计划。截至 2020 年 8 月，NOAA 已认定 11000 多个组织为 WRN 大使，共同致力于让社区在极端天气、水和气候事件中做好准备、充分响应、有效恢复。与应对灾害的社群需求相似，WRN 大使也十分多样化，其规模从全球公司到小型非营利组织不等。有了这些 WRN 大使起到“事半功倍”的作用，天气安全和拯救生命的预报和预警信息就可以惠及美国各地社区更多的人。这些 WRN 大使组织所掌握技能的范围十分广泛，可以与 NOAA 甚至其他 WRN 大使进行创新性合作。

展望未来，WRN 将继续采取新的措施来应对挑战，例如量化和传达预报不确定性、将概率预报纳入决策过程以及探索激励公众采取适当应急行动的新方法。这样，在极端天气来临时，社区将能够做好应急准备。

3.4.2 什么是有效的预警？

预警信息的内容和格式因用户的不同需求而有所差异，用户希望接收信息的渠道以及更新的时间和频率也各不相同。如 3.1.1 节中所述，要有大量的用户参与才能提前了解这些需求，从而确保用户能以有效且可行的方式接收信息(Becker et al.，2019；Kox et al.，2018)。预警信息直接影响人们的应急响应，因此信息内容和样式就成为了影响人们决定是否采取自我保护行为的重要因素。为了有效引导人们采取自我保护行动，预警信息应包含灾害(性质和程度)、地理位置(受灾害影响的区域)、时间(发生时间或影响时间)、指导(行动建议)和信息来源等要素(Mileti and Sorensen，1990)。以往的研究还表明，要使预警有效，预警应描述威胁的确切性质(包括潜在影响)，提供可供确认的信息源，并且与个人有切身关系(Weyrich et al.，2018；Lindell and Perry，2012；Mileti，1999)。技术的发展越来越多地允许拓展信息链接，从而促进更加迅捷的信息搜索和应急响应决策。这些信息要素的顺序和信息长度本身都会影响应急响应，社会科学研究表明，相对于较短的信息，较长的信息会减少人们搜索进一步信息的倾向，从而缩短响应前的延迟(Wood et al.，2017)。此外，每个信息要素都应考虑预警信息的五个文体维度，分别是特异性、一致性、准确性、确定性和清晰性(Mileti and Sorensen，1990)。

对灾害预警的熟悉程度以及风险教育程度可以发挥关键作用。若能够得到频繁的练习，一个应急反应就几乎会变成一种下意识反应。火警就是一个很好的例子。许多国家/地区的组织强制要求开展消防疏散演练，以确保员工不仅能识别火灾预警，还能不假思索地知道该怎么做。大多数灾害预警都比这更复杂，但通过熟悉灾害预警来实现初步反应仍然非常重要。除此之外，还需要通过接受教育来学习相关知识。学习的最佳时机是在校期间，但是关于灾害及其影响、预警和预警能力的教育应当是持续的，尤其应侧重于那些对自己生活或工作地区不熟悉的人。灾害教育可以采取多种形式，从讲座和研讨会到书面练习和在线游戏，再到演练和全面演习(ITU，2019)。这些活动相互补充，可以针对于不同的利益相关群体。无论是季节性的还是长期的天气预报，都应抓住机会，在风险增加之前强化知识。一个关键点在于，要针对不同年龄组设计不同学科的灾害预警相关学习单元，并将其纳入主流教育体系，以确保风险教育成为常规课程的一部分。

预警本质上是具有不确定性的。然而，降低不确定性并不等同于管理和传达科学不确定性的影响(Brashers,2001)。值得注意的是,减少和传达不确定性需要完全不同类型的知识和专业技能,涵盖了从自然科学到社会科学的范畴。研究表明,人们理解天气预报中存在固有的不确定性,以及不同的科学因素对这种不确定性的影响(Joslyn and Savelli, 2010)。一些研究人员认为传播科学不确定性(例如概率预报)会带来更好的结果(Fischhoff and Davis,2014),因为这样做能够增进理解(Stirling,2010)。LeClerc 和 Joslyn(2012)发现,提供带有不确定性信息的天气预报(对于后果严重但发生概率低的事件),可以提高用户把握住采取预防措施的机会的可能性。然而,关于如何传播科学不确定性(定量还是定性,图表/地图还是文本,等等)尚无清晰的结论,这取决于用户、语境和信息类型。

技术进步正不断降低天气预报和预警的科学不确定性水平。在过去的几十年中,随着预警准确性的提升、地理精度的提高和发布时间的提前,预警信息得到了改进。然而,这些信息并不总是清晰、具体或一致。预警信息的获取可能有难易之分,不同来源的信息可能存在不一致甚至相互矛盾,预警信息还可能会增加或减少对不确定性的感知(Brashers,2001)。例如,许多人不了解通常的基于现象的预警,难以将"暴雨"预警(例如指示 100 mm 降雨)转化为有效的影响。传达具体的影响,例如暴雨导致公路和铁路运输可能会延误,可以提高预警的有效性(Weyrich et al., 2018)。此外,预警信息自身的内容以及不同信息之间保持一致性也是非常重要的(Mileti and Fitzpatrick,1992)。这意味着信息的基本含义以及可能使用到的颜色和术语应该是相似或统一的,同一时间来自不同提供者的预警消息也应如此(Williams and Eosco, 2021)。

与某些天气预报(包括降雨概率预报)不同,目前大多数公共预警系统几乎都没有传达不确定性。当预期天气事件达到一定的主观确定性水平时,预报员就会发出预警。若将概率信息包含在内,就可以使预报员更好地传达各种预警情况下不同的确定性程度。然而,运用这类概率信息的风险代价则是用户可能产生误解或不能理解(Kox et al., 2018)。解决这一问题的方法之一是建立基于预报情景的故事主线,这种方法在气候预报中已经赢得了信誉(Shepherd,2019)。例如在 2011 年 12 月,根据预测,一个温带气旋将沿英吉利海峡移动,在英格兰中部产生大范围降雪(Mylne,2012)。然而,在集合预报结果中,温带气旋有很低的概率会向北转移,受影响的区域随之变化,最终导致破坏性大风袭击英格兰东南部地区。天气预报电视主播没有将他的陈述限制在最有可能的预测结果中,也没有试图呈现概率结果,而是选择将这两种情景呈现为不同故事线上的可能性和影响,以此来传达不确定性。

不确定性的传播因为涉及多方面信息而更加复杂:不仅是科学上的不确定性,社会、法律、制度和政治上的不确定性都会影响人们对预警的感知以及采取应急行动的方式。此外,不同个人和社会群体对不确定性的感知各不相同:一个人可能掌握了大量信息但仍然不确定该做什么决定,即便在他人眼中根据这些信息已经足以做出决定(Brashers, 2001)。

虽然将概率信息普遍纳入到公共预警中仍然具有挑战性和争议性,但毫无疑问的是,它是与许多专业应急人员沟通的重要组成部分。在某些情况下,专业应急人员有充足的依据,可以直接根据超过特定阈值的概率来校准他们的行动。在这些情况下,预警发布者与接收者之间关系的作用之一就是识别这些阈值并查明不确定性的性质,这样预警发布者就能确保接收者收到的信息包含他们所需且无偏差的概率细节。

案例 3.4　为德国应急管理人员提供概率天气信息

Nadine Fleischhut

尽管概率预报是在不确定情况下为决策提供信息的关键，但由于担心这种信息难以被清晰地传达，而且非专业人士也可能不愿使用，天气预报仍然很少向非专业用户发布概率信息。然而，越来越多的证据表明，如果概率信息以透明的方式呈现，人们是可以理解的(Hoffrage et al.，2000)，这样也可以改进决策(Joslyn and LeClerc，2013)，而且受到了公众的青睐(Morss et al.，2008)。相比之下，确定性预警可能会阻碍知情决策，因为预警发布者必须在不知道用户需求的情况下发布预警，而用户只能猜测预警的不确定性(Fleischhut et al.，2020；Joslyn and Savelli，2010)。反之，概率预报就让每个人都能够应用适合他们需求的决策阈值。

Fundel 等(2019)描述了如何评估概率预报对德国应急管理人员决策的作用。作为一个多元化的大型群体，他们所需的提前期和概率阈值差异很大(Kox et al.，2015)，这也可能反映出他们受到不同的制度限制以及具有不同的能力(Demeritt et al.，2010)。

我们用一种新方法在德国国家气象局的消防队天气信息系统(FeWIS)中设置了五种并行的不确定性代表变量，称为 FeWIS Pro。这些变量包括风、雨和雷暴的预报(提前 48 小时)显示为二元事件的概率(是否超过预警阈值)或连续变量的概率阈值(风或降水)。所有的不确定性代表变量都是依据各种领域(包括医学)的风险传播研究来设计的。该方法使得我们可以在实际操作限制下，对应急管理人员的偏好进行更持久的观察和量化。

我们选择了 2017 年 10 月在德国发生的两次强风暴事件(Xavier 和 Herwart)，分析其中应急管理人员的表述偏好(见图 3.5)。总体而言，应急管理人员经常使用概率预报，这表明他们发现概率预报信息丰富且实用性强。在两次风暴期间，最常被访问的是显示超过预警阈值概率的地图。该地图提供了最有可能受到风暴影响的地区的清晰概览，对应急管理人员协调应急服务、车辆和人员有所帮助。

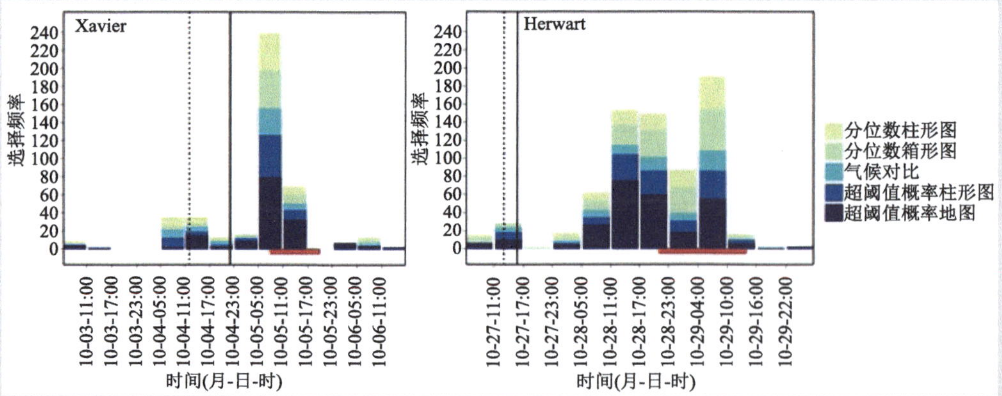

图 3.5　在 Xavier 和 Herwart 风暴影响之前、期间和之后的信息搜索情况。图表显示了从风暴前 48 小时到风暴后 24 小时，各种表达形式按时间划分的选择频率分布。虚点线表示第一次天气灾害预报的发布时间，实线表示第一次天气预警的发布时间。沿 x 轴的红线表示风暴经过德国的时间。对于每场风暴，分析包括预计首先受到风暴影响的应急管理人员的行为，此处定义的人群是在风暴影响的前三分之一期间，所收到风速预报有 90%的概率$\geqslant$110 km · h^{-1}的所有用户（Xavier 案例中有 93 人；Herwart 案例中有 114 人）。总体而言，他们在 Xavier 期间进行了 439 次不同表达形式的选择，而在 Herwart 期间进行了 722 次。详见 Fundel 等(2019)。

其他四种表达方式呈现了选定区域的时间线。其中，超过预警阈值的概率表示在风暴 Xavier 期间最常使用；而显示可能风速范围的箱形图在风暴 Herwart 期间最常使用，这一方法在风暴 Xavier 期间的使用也只略少一点。分位数信息（Quantile information）（例如箱形图，box plots）在风暴前不久的访问量很大，而在风暴期间更甚。

应急管理人员对预警阈值的关注可能反映出他们的主要职责是被动反应，预警会触发他们一系列的决策，例如宣布紧急情况。因此，在早期的气象观测中，超过预警阈值的概率表示可能特别有效。相比之下，箱形图等分位数图评估风速发展趋势更容易，因此可以帮助应急管理人员在事件发生期间保持响应能力，并为事后的日常行动做好准备（也可参见 Kox 等（2018））。

作为跨学科研究项目 WEXICOM 的一部分，FeWIS Pro 是由 Hans Ertel 天气研究中心（Hans Ertel Centre for Weather Research）资助开发的。WEXICOM 旨在改善天气预报和天气影响预报中对不确定性的传达、理解和运用。本节报告的工作和研究结果，已在 Fundel 等（2019）中给出更加详细的描述。

3.4.3　衡量成功

怎样完成成功的预警是 HIWeather 所确定的关键问题之一（Zhang et al.，2019）。探讨成功预警的评估标准并达成共识，对预警发布者和接收者之间的关系至关重要。透明地分享证据及其解释是必不可少的。然而，预警发布者通常只会使用统计上正确的方法来验证信息内容的可观察部分，并且认为这就足够了；因此如果预警接收者对预警服务的价值有截然不同的看法，预警发布者就会感到惊讶。虽然成功预警的根源在于准确的气象信息，但其价值却取决于社会科学、行为科学和经济科学的应用（Zhang et al.，2019），因此这是一个跨学科问题。

为了取得成功，预警必须使接收者能够做出正确的决策来保护自己和社区（Golding et al.，2019；Taylor et al.，2018）。为了通过预警沟通促进行动以达到降低风险的效果，预警必须能（作为唤醒信号）引起接收者的注意，指示潜在灾害影响，指导适当的应对措施。

由于预警接收者的职责和能力差异，他们对天气信息和预警的需求程度和具体要求也可能有所不同。因此，什么是有用或“好”的信息，因最终用户的活动领域而异。Murphy（1993）在一篇关于天气预报优劣的文章中提到了天气预报信息的三种特征：一致性、质量和价值。

为了保持一致性，口头或书面预报应当是预报员对天气状况的最佳判断或评估。如果预报或多或少地包含空间或时间上的偏差，或者预报员所判断的不确定性没有准确地反映在相应预报中，那么无论是文字还是数字预报都可能是不一致的。预报的质量是指预报和观测到的事件之间的一致（或相似）程度，一般用误判率、准确性或技巧（skill）来表示。最后，预报的价值是指用户使用预报后所得到的收益增量。预报和预警的终端用户尤其重视预报的价值（Kox et al.，2018）。最常用于定义天气预报和预警价值的方法是从经济角度出发（Lazo et al.，2009），但天气预报并没有经济意义上的内在价值，只有当用户采取了应急措施并因此规避或降低了损失成本时才具有特定的价值（Murphy，1993，1994；Mylne，2002）。Kox 和 Thieken（2017）进一步指出，纯粹的经济视角不适用于难以用金钱计算损失成本的情况，例如丧失生命以及损害社会或政治声望。在其他情况下，人们还可能想采取应急行动，但由于专业限制或资源有限而无法这样做。

在运作于简单成本损失分析之外的终端用户群体之中，消防队是一个很好的例子；而与此相对的是，负责道路撒盐的道路维护服务部门则有更清晰的成本计算(Kox et al.，2018)。相应地，由于对预报好坏或预警成败有不同的理解，终端用户的观点可能也会有所不同。对一个用户具有高价值的预警消息，可能对另一个用户就毫无用处。在这种情况下，要为所有终端用户实现高价值，根据个人需求定制预警(Joslyn and Savelli，2010)以及提供额外的气象信息查询就变得至关重要。

我们必须认识到衡量成功是一项艰巨的任务。若要对成功进行“分级”，则会使情况变得更加复杂(Golding et al.，2019)，例如因时空范围略有失误而差点失败的情况(near-miss situations)(Sharpe，2016)，或由于成功预警而避免损失的情况。以道路结冰情况为例，如果道路经过预先处理，就不会观测到被冰覆盖的状况，尽管路面温度可能仍会显示为低于冰点。在这种情况下，灾害的气象触发因素(零摄氏度以下温度)是可验证的，但灾害本身(道路湿滑)不是。这样，此类负面影响的缺失就可作为衡量成功的一个指标，尤其在能观察到灾害其他影响的情况下更是如此。

如果需要确定预警改进的收益，并迅速止损，那么就有必要对预警进行持续的评估。否则，技术和外部条件的变化就可能会使预警系统迅速失去影响力。为了及时发现负面问题以避免信任丧失，同时寻求积极的改变，应当对各种用户进行定期调查，特别是在发出预警之后要进行一对一的访谈。

为了从天气预报优劣特征的三个方面改进天气预警，我们需要应对诸多挑战。主要用户与国家气象服务部门之间应当保持紧密合作，具体形式包括开展持续性对话以及探讨关键需求问题，这些对于实现成功的天气预警非常重要(Kox et al.，2018)。在任何不成功或仅部分成功的预警之后，尤其应当开展这种对话，从而汇集双方的看法，完成联合评估。同时，也要站在不同利益相关者的角度探索新方案(例如在预警沟通方面)，对其进行理论上甚至有时是实践上的测试，从而确定由预警到决策过程中需要改进的关键要素，这也是至关重要的(World Bank，2019)。

已建立的关系不是一成不变的，定期评估特定关系是否成功维系至关重要。随着世界大部分地区的迅速城市化以及人口快速增长，我们面对灾害的脆弱性正在发生变化；而在气候变暖的背景下，人们所面临的灾害也在发生变化。随着新技术能力的发展，预报质量和传播能力都在发生变化。在所有这些外部变化之中，预警发布者和接收者的生活方式和期望，以及合作组织的结构和人员，也都在发生变化。为了在这种动态环境中维持和发展，就需要进行积极的管理，包括开放用于预警服务各个方面的反馈渠道。然而，定期审查合作关系的健康状况也很重要：这种关系仍然是正确的吗？是否有合适的成员？合作产出是否有所改善？成本是否可以承受？所有这些问题都应该定期解决(也许是每 5 a 一次)，如果答案是否定的，那么这种关系就需要彻底改革。下面是一个早期预警系统开发过程中快速变化的例子。

3.5 案例

案例 3.5　尼泊尔基于社区的早期预警系统

Dharam Uprety 和 Bikram Rana

基于 2018 年开展的工作。

尼泊尔的极端和经常性洪水会导致生命、财产和生计遭受重大损失(Practical Action 2009，

2020；Bhandari et al.，2018）。为了应对这一问题，已经建立了几个洪水早期预警系统（EWS），旨在减少洪水造成的受灾和死亡人数。然而，这些系统仍然面临着挑战，尤其是要将洪水警报传达给最脆弱的群体，确保他们有能力和资源做出响应：

“如果能在洪水来临前就获得信息，我们的命就有救了。我们可能无法拯救一切，但孩子和家人都会得救。”

洪水 EWS 大约在 20 a 前开始推广，最初的重点集中在人工观测塔上。这些塔为附近居民带来了安全感，但仍受限于需要观测员每天 24 h 值守以及暴雨事件期间预警传达的困难。他们这一做法的成功推动了与国家水文和气象部门（DHM）的合作，探索更加全面的系统建设，扩展实时河流水位监测业务，实现测量站自动化，随后还采用了预报以及 SMS 消息通知等技术。该系统的演变如图 3.6 所示。

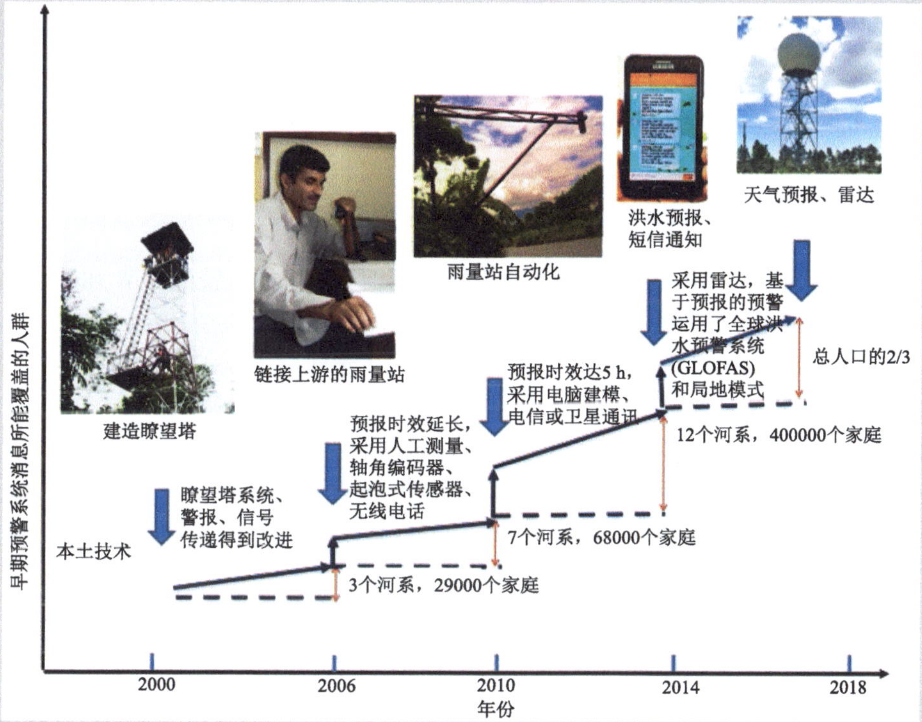

图 3.6　尼泊尔洪水早期预警系统技术的开发和使用

EWS 的发展标志着当地社区也在共同进步。例如，上下游社区之间应对灾害的社会资本得到了增强，大量家庭在收到洪水预警后会立即通知邻居，这也成为了许多家庭的主要预警来源。不断提前的预警给人们更多时间做出应急反应，人们也已经适应了从只能“恐慌和逃跑”到学习如何行动的转变，包括在撤离前将易损坏资产转移到高地或储存在高层。这些反应还会通过年度演习得到加强，应对灾害的人力资本随之建立起来。在这段超前预警的时间中，人们可以加强学习，社区成员可以构建简单的缓解措施，例如在房屋内设置存放谷物和不动产的防水设施，这就增加了应对灾害的物质资本。随着当地社区体验到 EWS 的积极效益，一些人开始表示愿意为 EWS 服务付费，这提供了金融资本的推动，或许还能提供一个长期可持续的机制来长期支付 EWS 运营成本。尼泊尔的两家主要电信公司（NTC

和 NCELL)与 DHM 携手合作,在雨季向所有居住在主要河流流域的手机用户免费发送大规模的短信预警,这进一步增强了 EWS 的效果:

“如果我们实现了有用且高效的早期预警,那么之后实施救援的需求就可能减少——如果我们能够更好地管理现有资源,那么我认为我们就不需要‘高端’技术,不需要更多资源,也不需要额外的人员。”

然而,该 EWS 并不完美,仍然存在许多挑战。首先,气候变化在喜马拉雅山脉是一个巨大的不确定性因素,对于正在发展的预警系统,其适应性和稳健性都会受到影响。其次,虽然在监测和预报方面取得了明显进展,但社会文化方面的整合仍需加强,要让最脆弱的群体能够获得早期预警信息。再次,必须保持与当地社区的接触和合作,确保共同设计的预警系统能够提供量身定制的信息,满足他们对快速传播信息和及时采取保护性行动的多样化需求。最后,要让洪水风险沟通触及社区中的最弱势群体,架起“最后一英里”的桥梁,就必须在信息内容和信息传递方面都考虑到他们独特的社会、经济和政治经历。

3.6 总结

在本章的结尾,我们列出在设计或改进预警系统时,为改善预警发布者和决策者/接收者之间关系所需考虑的因素清单:

· “从预警到决策”的过程不仅在于交换信息,还在于建立关系,其有效性取决于对这两者的关注程度。

· 在预警发布者和接收者之间开展密切合作,进行持续对话和探讨关键需求,是预警沟通成功的起点。只有理解个人所会面临的抉择,预警发布者才能提供用户需要的信息。该过程更深层次的特点则在于预警发布者和接收者之间持续、灵活的互动,包括对个性化备灾计划的支持、预警评估、预警系统选择的共同设计以及预警信息的共同生产(例如通过公民科学(citizen science)的形式)。在这些情况下,预警接收者的角色就从纯粹的用户转变为了合作伙伴。

· 为了实现有效预警,预警信息应包含灾害及其影响、地理位置、时间、应对指导、信息来源以及拓展信息链接等信息元素。此外,每个信息元素都应尽可能从特异性、一致性、准确性、确定性和清晰性这五个维度加以阐述。除了这些一般特征,预警信息还应为不同的受众量身定制。国际标准“通用警报协议”(CAP)最大限度地减少了使用多渠道预警的开销,并且提高了系统的互操作性。

· 基于影响的预报和预警不仅可以满足用户需求,还可以通过加入有关当地日常生活所受干扰和影响的信息,使信息个性化,这可能有助于使人们做出有效反应。这种预警的实现要求在收集和存储有关影响的数据方面进行实质性改进。

· 信息来源、社会和环境线索、访问渠道及其偏好以及接收者的特征是影响收到预警后应急响应行为的关键因素。

· 减少不确定性不等同于管理和传播不确定性的影响,没有“放之四海而皆准的解决方案”。为了实现有效的预警沟通,不仅需要考虑到科学上的不确定性,还需要考虑法律、社会、制度和政治上的不确定性,以及人们对不确定性的各种行为和心理反应。

• 与值得信赖的信息来源以及公众合作，以及测试不同的信息选项并评估沟通与合作的结果，是至关重要的。新技术的出现使沟通效益的评估逐渐成为可能，有时甚至可以用智能手机应用程序进行实时评估。将预警沟通的评估纳入标准做法，对于确保吸取教训并实施必要的改革也是至关重要的。预警评估还允许公众就预警信息的有效性提供强有力的反馈，也让预警发布者能够建立起一个永久的沟通渠道。

参考文献

Arlikatti S. , M. K. Lindell and C. S. Prater, 2007. Perceived stakeholder role relationships and adoption of seismic hazard adjustments. Int. J. Mass Emergencies and Disasters, 25(3), 218

Altamura M, L. Ferraris, D. Miozzo, L. Musso, F. Siccardi, 2011. The legal status of uncertainty. Nat. Hazards Earth Sys. Sci. , 11(3), 797-806. doi:https://doi. org/10. 5194/nhess-11-797-2011

Asch, S. E. , 1952. Social psychology. NJ: Englewood Cliffs. Prentice-Hall. doi:https://doi. org/10. 1037/10025-000

Basher R. , 2006. Global early warning systems for natural hazards: systematic and people-centred. Phil. Trans. Roy. S. , A: Mathematical, Physical and Engineering Sciences. Roy. S. , 364(1845), 2167-2182. DOI:https://doi. org/10. 1098/rsta. 2006. 1819

Becker J. S. , S. H. Potter, S. K. McBride, A. Wein, E. E. H. Doyle and D. Paton, 2019. When the earth doesn't stop shaking: How experiences over time influenced information needs, com-munication, and interpretation of aftershock information during the Canterbury Earthquake Sequence, New Zealand. Int. J. Disaster Risk Reduction. 34:397-411. doi: https://doi. org/10. 1016/j. ijdrr. 2018. 12. 009

Bhandari, D. , M. Uprety, G. Ghimire, B. Kumal, L. Pokharel and P. Khadka, 2018. Nepal flood 2017: wake up call for effective preparedness and response. Practical Action, Rugby, UK. https://www. preventionweb. net/publications/view/59123 (Accessed 16/6/2021)

Bostrom A. , 1997. Risk perceptions: experts vs. lay people. Duke Environ. Law & Policy Forum, 8, 101-113. https://scholarship. law. duke. edu/delpf/vol8/iss1/8/ (Accessed 2/9/2021)

Brashers, D. E. , 2001. Communication and uncertainty management. J. Communication, 51(3), 477-497. https://doi. org/10. 1111/j. 1460-2466. 2001. tb02892. x

British Red Cross, 2021. Free Emergency Apps. https://www. redcross. org. uk/get-help/prepare-for-emergencies/free-emergency-apps##. Accessed 9-Feb 2021

Crano, W. D. and X. Chen, 1998. The leniency contract and persistence of majority and minor-ity influence. J. Personality and Social Psychology, 74(6), 1437-1450. DOI:https://doi. org/10. 1037/0022-3514. 74. 6. 1437

Crawford M. H. , K. Crowley, S. H. Potter, W. S. A. Saunders and D. Johnston, 2018. Risk model-ling as a tool to support natural hazard risk management in New Zealand local government. Int. J. Disaster Risk Reduction, 28, 610-619. doi: https://doi. org/https://doi. org/10. 1016/j. ijdrr. 2018. 01. 011

Dashiell, J. F. , 1930. An experimental analysis of some group effects. J. Abnormal and Social Psychology, 25(2), 190-199. https://doi. org/10. 1037/h0075144

Demeritt, D. , S. Nobert, H. Cloke and F. Pappenberger, 2010. Challenges in communicating and using ensembles in operational flood forecasting. Meteorol. Appl. , 17, 209-222. DOI: https:// doi. org/10. 1002/met. 194

Demuth J. L. , R. E. Morss, J. K. Lazo and C. Trumbo, 2016. The effects of past hurricane expe-riences on evacuation intentions through risk perception and efficacy beliefs: A mediation analysis. Wea. Climate Soc., 8(4), 327-344. doi:https://doi.org/10.1175/wcas-d-15-0074.1

Dow K. and S. L. Cutter, 1998. Crying wolf: Repeat responses to hurricane evacuation orders. Coastal Management, 26(4), 237-251. DOI:https://doi.org/10.1080/08920759809362356

Doyle E. E. and D. M. Johnston, 2011. Science advice for critical decision making. In: Paton D, Violanti JM, editors. Working in high risk environments: developing sustained resilience. Springfield, Ill.: Charles C. Thomas Publisher. pp. 69-92. ISBN 9780398086923

Doyle, E. E. H., D. M. Johnston, J. McClure and D. Paton, 2011. The Communication of Uncertain Scientific Advice During Natural Hazard Events. New Zealand J. Psychology, 40(4), 39-50. https://www.psychology.org.nz/journal-archive/NZJP-Vol. 40-No. 4-Distributionfinalpp39-50. pdf (Accessed 2/9/2021)

Elmore, K. L., Z. L. Flamig, V. Lakshmanan, B. T. Kaney, V. Farmer, H. D. Reeves and L. P. Rothfusz, 2014. MPING: Crowd-sourcing weather reports for research. Bull. Amer. Meteorol. Soc., 95, 1335-1342. https://doi.org/https://doi.org/10.1175/BAMS-D-13-00014.1

FEMA, 2020. Common Alerting Protocol, https://www.fema.gov/emergency-managers/prac-titioners/integrated-public-alert-warning-system/technology-developers/common-alerting-protocol (Accessed 2/9/2021)

Fischhoff, B., P. Slovic, S. Lichtenstein, S. Read and B. Combs, 1978. How safe is safe enough? A psychometric study of attitudes towards technological risks and benefits. Policy sciences, 9(2), 127-152. DOI: https://doi.org/10.1007/BF00143739

Fischoff, B. and A. L. Davis, 2014 Communicating Scientific Uncertainty. Proc. Nat. Acad. Sci., 111, 13664-13671. https://doi.org/10.1073/pnas.1317504111

Fleischhut, N., S. M. Herzog and R. Hertwig, 2020. Weather Literacy in Times of Climate Change. Wea. Climate Soc., 12, 435-452. DOI:https://doi.org/10.1175/wcas-d-19-0043.1

Fundel, V. J., N. Fleischhut, S. M. Herzog, M. Göber and R. Hagedorn, 2019. Promoting the use of probabilistic weather forecasts through a dialogue between scientists, developers and end-users. Quart. J. Roy. Meteorol. S., 145(S1), 210-231. doi:https://doi.org/10.1002/qj.3482

Gardner C. A. and M. C. Guffanti, 2006. U. S. Geological Survey's alert notification system for volcanic activity. 2006-3139. https://pubs.usgs.gov/fs/2006/3139/ (Accessed 2/9/2021)

WMO, 2008. Guidelines on communicating forecast uncertainty. Geneva, Switzerland: World Meteorological Organisation. https://library.wmo.int/doc_num.php? explnum_id=4687 (Accessed 2/9/2021)

Golding, B., E. Ebert, M. Mittermaier, A. Scolobig, S. Panchuk, C. Ross and D. Johnston. 2019. A value chain approach to optimising early warning systems. Contributing paper to Global Assessment Report on Disaster Risk Reduction 2019. UNDRR. 30pp. https://www.prevention-web.net/publications/view/65828 (Accessed 2/9/2021)

Goolsby, R., 2009. Lifting elephants: Twitter and blogging in global perspective, in Soc. Comput. Behav. Model., Springer: pp1-6. https://doi.org/https://doi.org/10.1007/978-1-4419-0056-2_2

Geumil, 2021, Icons for Emergencies, http://guemil.info. (Accessed 7/7/2021)

Handmer, J. and S. Dovers, 2007. The Handbook of Disaster and Emergency Policies and Institutions. Routledge. ISBN-10: 1844073599. ISBN-13: 978-1844073597

Haworth, B. T., 2018. Implications of Volunteered Geographic Information for Disaster Management and GIScience: A More Complex World of Volunteered Geography, Ann. Am. Assoc. Geogr. 108. 226-240. https://doi.org/10.1080/24694452.2017.1321979

Hayes, J., J. Abraham and H. Ahluwalia, 2014. Report of the three special panels on creating a "Global weather and climate ready society." World Weather Open Science Conf, Montreal, QC, Canada, WMO/

ICSU/EC/NRC, 25 pp. , www. cmos. ca/document/2679 (Accessed 2/9/2021)

Hilderbrand, D. , 2014. Building a Weather-Ready Nation. WMO Bulletin, 63(2), 26-27. https:// library. wmo. int/doc_num. php? explnum_id=6982 (Accessed 8/9/2021)

Hoffrage, U. , S. Lindsey, R. Hertwig and G. Gigerenzer, 2000. Communicating statistical informa-tion. Science, 290, 2261-2262. DOI:https://doi. org/10. 1126/science. 290. 5500. 2261

ITU, 2019. Guidelines for National Emergency Telecommunication Plans, https://www. itu. int/ en/ITU-D/ Emergency-Telecommunications/Documents/2019/NETP_Global_guideline. pdf. (Accessed 9/2/2021)

Janis, I. L. , 1982. Groupthink: Psychological studies of policy decisions and fiascoes (2nd ed.). Boston: Houghton Mifflin Company

Johnston D. , D. Paton, R. K. Crawford, B. Houghton and P. Burgelt, 2005. Measuring tsunami pre-paredness in coastal Washington, United States. Nat. Hazards, 35. doi:https://doi. org/10. 1007/ s11069-004-2419-8

Joslyn, S. and J. LeClerc, 2013. Decisions with uncertainty: The glass half full. Current Directions in Psychological Science, 22, 308 315. DOI:https://doi. org/10. 1177/0963721413481473

Joslyn, S. and S. Savelli, 2010. Communicating forecast uncertainty: public perception of weather forecast uncertainty. Meteorol. Appl. , 17(2), 180-195. DOI:https://doi. org/10. 1002/met. 190

Kaltenberger, R. , A. Schaffhauser and M. Staudinger, 2020. "What the weather will do"-results of a survey on impact-oriented and impact-based warnings in European NMHSs. Adv. Sci. Res. , 17, 29-38. https:// doi. org/10. 5194/asr-17-29-2020

Kaplan, A. M. and M. Haenlein, 2010. Users of the world, unite! The challenges and opportunities of Social Media. Business Horizons, 53, 59-68. https://doi. org/10. 1016/j. bushor. 2009. 09. 003

Kox, T. , H. Kempf, C. Lüder, R. Hagedorn and L. Gerhold, 2018. Towards user-orientated weather warnings. Int. J. Disaster Risk Reduction, 30, Part A, 74-80. https://doi. org/10. 1016/j. ijdrr. 2018. 02. 033

Kox, T. , C. Lüder and L. Gerhold, 2018. Anticipation and Response. Emergency Services in Severe Weather Situations in Germany. Int. J. Disaster Risk Science, 9(1), 116-128. https://doi. org/10. 1007/s13753-018-0163-z

Kox, T. and A. H. Thieken, 2017. To act or not to act? Factors influencing the general public's deci-sion about whether to take protective action against severe weather. Wea. Climate Soc, 9(2), 299-315. DOI: https://doi. org/10. 1175/WCAS-D-15-0078. 1

Kox, T. , L. Gerhold and U. Ulbrich, 2015. Perception and use of uncertainty in severe weather warnings by emergency services in Germany. Atmos. Res. , 158-159, 292-301. DOI: https://doi. org/10. 1016/J. ATMOSRES. 2014. 02. 024

Krennert, T. , R. Kaltenberger, G. Pistotnik, A. M. Holzer, F. Zeiler and M. Stampfl, 2018. Trusted Spotter Network Austria-a new standard to utilize crowdsourced weather and impact observa-tions, Adv. Sci. Res. , 15, 77-80, https://doi. org/10. 5194/asr-15-77-2018

Kuhlicke, C. , A. Scolobig, S. Tapsell, A. Steinführer and B. De Marchi, 2011. Contextualizing social vulnerability: Findings from case studies across Europe. Nat. Hazards. , 58. 789-810. DOI: https://doi. org/ 10. 1007/s11069-011-9751-6

Kuligowski, E. D. , F. T. Lombardo, L. T. Phan, M. L. Levitan and D. P. Jorgensen, 2014. Technical investigation of the May 22, 2011, tornado in Joplin, Missouri. Final report, national institute of standards and technology. https://doi. org/10. 6028/NIST. NCSTAR. 3

Lazo J. K. , R. E. Morss and J. L. Demuth, 2009. 300 billion served: Sources, perceptions, uses, and values of weather forecasts. Bull. Amer. Meteorol. S., 90(6), 785-798. doi: https://doi. org/1 0. 1175/2008bams2604. 1

Lazo, J. K., H. R. Hosterman, J. M. Sprague-Hilderbrand and J. E. Adkins. 2020. Impact-Based Decision Support Services and the Socioeconomic Impacts of Winter Storms. Bull. Amer. Meteorol. S., 101 (5), E626-E639. DOI: https://doi. org/10. 1175/BAMS-D-18-0153. 1

Lauta, K. C., 2014. Disaster law. Routledge, London. ISBN 9781138212336

LeClerc, J. S. and Joslyn, 2012. Odds ratio forecasts increase precautionary action for extreme weather events. Wea. Clim. Soc., 4, 263-270. DOI: https://doi. org/10. 1175/ WCAS-D-12-00013. 1

Lindell M. K. and H. Brooks, 2013. An Integrated Agenda for Research on Severe Storms. Int. J. Mass Emergencies Disasters, 31(3), 429-454. http://ijmed. org/articles/639/download/ Lindell M. K. and R. W. Perry, 2012. The protective action decision model: theoretical mod-ifications and additional evidence. Risk Analysis, 32(4), 616-632. DOI: https://doi. org/10. 1111/j. 1539-6924. 2011. 01647. x

Macintyre E., S. Khanna, A. Darychuk, R. Copes and B. Schwartz, 2019 Evaluating risk com-munication during extreme weather and climate change: a scoping review. Health Promotion Chronic Disease Prevention Canada. 39(4), 142-156. https://doi. org/10. 24095/hpcdp. 39. 4. 06

Maxmen, A., 2019. Surveillance Science. Nature, 569, 614-617. https://media. nature. com/origi-nal/magazine-assets/d41586-019-01679-5/d41586-019-01679-5. pdf

Mileti, D. S., 1999. Disasters by Design: A Reassessment of Natural Hazards in the United States. National Academies Press, 371 pp. https://doi. org/10. 17226/5782

Mileti, D. S. and C. Fitzpatrick, 1992. The causal sequence of risk communication in the Parkfield earthquake prediction experiment. Risk Analysis, 12, 393-400. https://doi. org/10. 1111/j. 1539-6924. 1992. tb00691. x

Mileti D. S. and J. H. Sorensen, 1990. Communication of emergency public warnings-a social sci-ence perspective and state-of-the-art assessment. Oak Ridge National Laboratory. 166. https:// doi. org/10. 2172/6137387

Milgram, S., 1974. Obedience to authority: An experimental view: Taylor & Francis

Morss, R. E., J. K. Lazo and J. L. Demuth, 2010. Examining the use of weather forecasts in deci-sion scenarios: results from a US survey with implications for uncertainty communication. Meteorol. Appl., 17, 149-162. https://doi. org/10. 1002/met. 196

Morss, R. E., J. L. Demuth and J. K. Lazo, 2008. Communicating uncertainty in weather fore-casts: A survey of the U. S. public. Wea. Forecast., 23, 974-991. https://doi. org/10. 1175/2008 WAF2007088. 1

Murphy, A. H., 1993. What is a good forecast? An essay on the nature of goodness in weather forecasting, Wea. Forecast. 8, 281-293. https://doi. org/https://doi. org/10. 1175/1520-0434(199 3)008<0281: WIAGFA>2. 0. CO;2

Murphy, A. H., 1994. Assessing the economic value of weather forecasts: an overview of methods, results and issues. Meteorol. Appl. 1: 69-74

Mylne, K. R., 2002. Decision-making from probability forecasts based on forecast value. Meteorol. Appl., 9, 307-315. DOI: https://doi. org/10. 1017/S1350482702003043

Mylne, K., 2012, Personal Communication: presentation to Royal Society meeting on Handling Uncertainty in Weather & Climate

NOAA Social Science Committee, 2016. Risk communication and behavior: Best prac-tices and research findings. 63. http://www. performance. noaa. gov/wp-content/uploads/ Risk-Communication-and-Behavior-Best-Practices-and-Research-Findings-July-2016. pdf. (Accessed 9/2/2021)

NOAA, 2016. Risk Communication and Behavior: Best Practices and Research Findings. NOAA Social Science Committee, Washington D. C. , http://www. performance. noaa. gov/wp-content/uploads/Risk-Communication-and-Behavior-Best-Practices-and-Research-Findings-July-2016. pdf (Accessed 2/9/2021)

NOAA/NWS, 2017. National Weather Service enterprise analysis report: Findings on changes in the private weather industry. Tech. Rep. , 24 pp. , www. weather. gov/media/about/Final_ NWS%20Enterprise%20Analysis%20Report_June%202017. pdf (Accessed 2/9/2021)

NOAA/NWS, 2021. NOAA Weather Radio. https://www. weather. gov/nwr/. (Accessed 9/2/2021).

OASIS-Open, 2010. Common Alerting Protocol version 1. 2, OASIS Standard. http://docs. oasis--open. org/emergency/cap/v1. 2/CAP-v1. 2-os. html (Accessed 2/9/2021)

Pareek, A. and P. C. Trivedi, 2011. Cultural values and indigenous knowledge of climate change and disaster prediction in Rajasthan, India. Indian J. Traditional Knowledge, 10 (1), 183-189

Parker, D. J. , S. J. Priest and S. M. Tapsell, 2009. Understanding and enhancing the public's behav-ioural response to flood warning information. Meteorol. Appl. , 16, 103-114. doi:https://doi. org/10. 1002/met. 119

Pettifer, R. E. W. , 2015. The development of the commercial weather services market in Europe: 1970-2012. Meteorol. Appl. , 22, 419-424. DOI:https://doi. org/10. 1002/met. 1470

Potter, S. H. , 2014. Communicating the status of volcanic activity in New Zealand, with specific application to caldera unrest. (Ph. D. thesis). Massey University, Wellington, New Zealand. http://mro. massey. ac. nz/handle/10179/5654 (Accessed 2/9/2021)

Potter S. H. , 2018. Recommendations for New Zealand agencies in writing effective short warning messages. 28. GNS Science Report 2018/02. https://doi. org/10. 21420/G20H08

Potter, S. , S. Harrison and P. Kreft, 2021. The benefits and challenges of implementing impact-based severe weather warning systems: Perspectives of weather, flood, and emergency management personnel. Wea. Clim. Soc. , 13(2), 303-314. doi:https://doi. org/10. 1175/wcas-d-20-0110. 1

Potter S. H. , G. E. Jolly, V. E. Neall, D. M. Johnston and B. J. Scott, 2014. Communicating the status of volcanic activity: Revising New Zealand's volcanic alert level system. J. Appl. Volcanology. , 3(13). DOI:https://doi. org/10. 1186/s13617-014-0013-7

Potter S. H, H P. Kreft, P. Milojev, C. Noble, B. Montz, A. Dhellemmes, R. J. Woods and S. Gauden-Ing, 2018. The influence of impact-based severe weather warnings on risk perceptions and intended protective actions. Int. J. Disaster Risk Reduction, 30 (Special Issue on Weather and Communication), 34-43. doi:10. 1016/j. ijdrr. 2018. 03. 031

Practical Action-Nepal, 2009. Early warning saving lives, https://cbdrmplatform. org/resources/ early-warning-saving-lives-establishing-community-based-early-warning-systems-nepal (Accessed 3/9/2021)

Practical Action, 2020. Practical Action and Early Warning Systems http://hdl. handle. net/11283/622753 (Accessed 3/9/2021)

Preuner P. , A. Scolobig, J. Linnerooth-Bayer, D. S. Hoyer and B. Jochum, 2017. A Participatory Process to Develop a Landslide Warning System: Paradoxes of Responsibility Sharing in a Case Study in Upper Austria. Resources, 6, 54. doi:https://doi. org/10. 3390/resources6040054

Ripberger, J. T. , C. L. Silva, H. C. Jenkins-Smith, D. E. Carlson, M. James and K. G. Herron, 2015. False alarms and missed events: The impact and origins of perceived inaccuracy in tornado warning systems. Risk Anal. , 35, 44-56. https://doi. org/10. 1111/risa. 12262

Scolobig A. , T. Prior, D. Schröter, J. Jörin and A. Patt, 2015. Towards people-centred approaches for effective disaster risk management: balancing rhetoric with reality, Int. J. Disaster Risk Reduction, 12, 202-212. DOI: https://doi. org/10. 1016/j. ijdrr. 2015. 01. 006

Scolobig A. , L. Pellizzoni and C. Bianchizza, 2016. Public Participation and Trade-Offs in Flood Risk Mitigation: Evidence from Two Case Studies in the Alps, Nature Culture, 11. DOI: https:// doi. org/10. 3167/nc. 2016. 110105

Sharpe, M. A. , 2016 A flexible approach to the objective verification of warnings. Meteorol. Appl. 23, 65-75. DOI: https://doi. org/10. 1002/met. 1530

Shaw, R. , 2009. Indigenous knowledge for disaster risk reduction. United Nations International Strategy for Disaster Reduction, Policy Note. https://www. preventionweb. net/files/8853_ IKPolicyNote. pdf (Accessed 3/9/2021)

Shepherd, T. G. , 2019. Storyline approach to the construction of regional climate change informa-tion. Proc. Roy. Soc. A, 475 (2225), 20190013. doi: https://doi. org/10. 1098/rspa. 2019. 0013

Slovic, P. , M. L. Finucane, E. Peters and D. G. MacGregor, 2004. Risk as Analysis and Risk as Feelings: Some Thoughts about Affect, Reason, Risk, and Rationality. Risk Analysis, 24, 311-322. https://doi. org/10. 1111/j. 0272-4332. 2004. 00433. x

Slovic, P. , M. L. Finucane, E. Peters and D. G. MacGregor, 2007. The affect heuristic. Eur. J. Oper. Res. , 177, 1333-1352, https://doi. org/10. 1016/j. ejor. 2005. 04. 006

StandardsNewZealand, 2009. RiskManagement-Principlesandguidelines. AS/NZSISO31000: 2009. https://webstore. ansi. org/Standards/SAI/NZSISO310002009 #: ~: text = AS% 2FNZS% 20 ISO% 2031000% 3A2009%20Risk% 20management% 20-% 20Principles% 20and, any% 20 public% 2C% 20private% 20or% 20community%20enterprise%2C%20or%20group. (Accessed 3/9/2021)

Stirling, A. , 2010. Keep it complex. Nature, 468, 1029-1031. DOI: https://doi. org/10. 1038/4681029a

Sutter, D. and S. Erickson, 2010. The time cost of tornado warnings and the savings with storm-based warnings. Wea. Climate Soc. , 2, 103-112. DOI: https://doi. org/10. 1175/2009 WCAS1011. 1

Sutton J. and C. Woods, 2016. Tsunami Warning Message Interpretation and Sense Making: Focus Group Insights. Wea. Climate Soc. , 8(4), 389-398. doi:https://doi. org/10. 1175/ wcas-d-15-0067. 1

Taylor, A. , T. Kox and D. Johnston, 2018. Communicating High Impact Weather: Improving warn-ings and decision making processes. Int. J. Disaster Risk Reduction, 30A, 1-4. doi: https://doi. org/10. 1016/j. ijdrr. 2018. 04. 002

Thompson, M. , R. Ellis and A. Wildavsky, A. , 1990. Cultural Theory. Boulder Colo. : Westview Press: Westport, Conn. : Praeger. ISBN 0813378648

Thorpe, A. , 2016. The Weather Enterprise: A Global Public-Private Partnership. Geneva: World Meteorological Organization, Bulletin, 65 (2), 16-21. https://elib. dlr. de/135049/1/Carlson-Eyring-WMObull-2016. pdf (Accessed 3/9/2021)

Thorpe, A. and D. Rogers, 2018. The Future of the Global Weather Enterprise: Opportunities and Risks. Bull. Amer. Meteorol. S. , 99(10), 2003-2008. doi:https://doi. org/10. 1175/ bams-d-17-0194. 1

UNISDR, 2013. Implementing the Hyogo Framework for Action in Europe: Regional Synthesis Report 2011-2013, United Nations International Strategy for Disaster Reduction. https:// climate-adapt. eea. europa. eu/metadata/publications/implementing-the-hyogo-framework-for-action-in-europe-regional-synthesis-report-2011-2013/11269598 (Accessed 3/9/2021)

UNDRR, 2015. Sendai Framework for Disaster Risk Reduction 2015-2030. Geneva, Switzerland: United Nations Office for Disaster Risk Reduction, 37. https://www. preventionweb. net/ files/43291_sendaiframeworkfordrren. pdf. (Accessed 2/9/2021)

Wachinger, G. , Renn, O. , Begg, C. and C. Kuhlicke, 2013. The Risk Perception Paradox— Implications for Governance and Communication of Natural Hazards. Risk Analysis, 33(6), 1049-1065. DOI:https://

doi. org/10. 1111/j. 1539-6924. 2012. 01942. x

Weyrich, P. , A. Scolobig, D. N. Bresch and A. Patt, 2018. Effects of impact-based warnings and behavioral recommendations for extreme weather events. Wea. Clim. Soc. , 10, 781-796. DOI:https://doi. org/10. 1175/WCAS-D-18-0038. 1

Weyrich, P. , A. Scolobig and A. Patt, 2019. Dealing with inconsistent weather warnings: Effects on warning quality and intended actions. Meteorol. Appl. , 26, 569-583. DOI: https://doi. org/10. 1002/met. 1785

Weyrich P. , A. Scolobig, F. Walther and A. Patt, 2020a. Do intentions indicate actual behav-iours? A comparison between scenario-based experiments and real-time observations of warning response. J. Contingencies Crisis Management, 28, 240-250. https://doi. org/10. 1111/1468-5973. 12318

Weyrich P. , Scolobig A. , Walther F. , Patt A. , 2020b, Responses to severe weather warnings and affective decision-making. Nat. Hazards Earth Syst. Sci. , 20, 2811-2821. https://doi. org/10. 5194/nhess-20-2811-2020

Williams, C. A. and G. M. Eosco, 2021. Is a Consistent Message Achievable?: Defining "Message Consistency" for Weather Enterprise Researchers and Practitioners. Bull. Amer. Meteorol. S. , 102, E279-E295. https://doi. org/10. 1175/BAMS-D-18-0250. 1

WMO, 2013. Guidelines for Implementation of Common Alerting Protocol (CAP)-Enabled Emergency Alerting. WMO-No. 1109, available at: https://library. wmo. int/? lvl=notice_ display&id=14699 (Accessed 18/4/2021)

WMO, 2015. Guidelines on Multi-Hazard Impact-Based Forecast and Warning Services, 2-15. WMO-No. 1150, available at: https://library. wmo. int/doc_num. php? explnum_id=7901 (Accessed 18/4/2021)

WMO, 2018. Multi-hazard Early Warning Systems: A Checklist, Outcome of the first Multi-hazard Early Warning Conference, 22-23 May 2017, Cancun, Mexico. Geneva, Switzerland: World Meteorological Organization, 20. https://etrp. wmo. int/pluginfile. php/21553/mod_page/ content/18/MultihazardChecklist. pdf (Accessed 2/9/2021)

Wood M. , H. Bean, B. F. Liu and M. Boyd, 2015. Comprehensive testing of imminent threat public messages for mobile devices: updated findings. MD, USA. https://www. dhs. gov/sites/default/ files/publications/WEA% 20-% 20Comprehensive% 20Testing% 20of% 20Imminent% 20 Threat% 20Public% 20Messages%20for%20Mobile%20Devices%20Updated%20Findings. pdf (Accessed 3/9/2021)

Wood M. M. , D. S. Mileti, H. Bean, B. F. Liu, J. Sutton and S. Madden, 2017. Milling and Public Warnings. Environment and Behavior. 50(5), 535-566. doi:https://doi. org/10. 1177/0013916517709561

World Bank, 2019. Weathering the Change: How to Improve Hydromet Services in Developing Countries? Washington, DC: World Bank. https://www. gfdrr. org/en/publication/weathering-change-how-improve-hydromet-services-developing-countries (Accessed 3/9/2021)

Zhang, Q. , L. Li, E. Ebert, B. Golding, D. Johnston, B. Mills, S. Panchuk, S. Potter, M. Riemer, J. Sun, A. Taylor, S. Jones, P. Ruti and J. Keller, 2019. Increasing the Value of Weather-Related Warnings". Science Bulletin, 64, 647-649, ISSN 2095-9273. https://doi. org/10. 1016/j. scib. 2019. 04. 003

第 4 章
连接预报和预警：科学家和传播者的伙伴关系

Cheryl L. Anderson, Jane Rovins, David M. Johnston, Will Lang, Brian Golding, Brian Mills, Rainer Kaltenberger, Julia Chasco, Thomas C. Pagano, Ross Middleham, John Nairn

摘要 本章我们将探讨预警制作者如何与科学家沟通和协作，以制作出有效的预警。首先，我们考察了在公众和私营部门的各类预警制作者的工作范式，理解灾害本质、灾害影响、灾害风险对覆盖人群的作用的信息来源，以及将所有信息汇集起来生成预警产品的过程。我们同样也考虑不同领域的专家，将灾害数据与影响数据建立联系，

C. L. Anderson (✉), J. Rovins
Massey University, Palmerston North, New Zealand

D. M. Johnston
Massey University, Palmerston North, New Zealand
WMO/WWRP HIWeather project, Geneva, Switzerland

W. Lang, R. Middleham
Met Offce, Exeter, UK

B. Golding
Met Offce, Exeter, UK
WMO/WWRP HIWeather project, Geneva, Switzerland

B. Mills
University of Waterloo, Environment and Climate Change Canada, Waterloo, Canada
WMO/WWRP HIWeather project, Geneva, Switzerland

R. Kaltenberger
Zentralanstalt für Meteorologie und Geodynamik, Vienna, Austria
WMO/WWRP HIWeather project, Geneva, Switzerland

J. Chasco
National Meteorological Service of Argentina, Buenos Aires, Argentina
WMO/WWRP HIWeather project, Geneva, Switzerland

T. C. Pagano; J. Nairn
Bureau of Meteorology, Melbourne, Australia

制作工具来评价所预估的灾害对人群、建筑物、基础设施和商业的可能影响。然后，我们探讨了这些工具的结果如何以多种方式被反馈到预警中，以及能够促进这种反馈的伙伴关系。本章案例包括体育赛事的影响预测、澳大利亚野火对健康的影响预测、新西兰的影响预报平台，以及英国通过社交媒体沟通灾害影响。

关键词　预警制作者，影响，沟通，社交媒体，信任，信息中介人，定制的预警，评估

4.1 引言

本章探讨预警提供者如何与灾害影响研究专家建立联系和实施合作，从而改进和传达预警信息。我们首先将目光放在预警发布者的角色上，然后是灾害影响预报员，最后来看两者之间的联系。通过分析，我们将看到：

· 成功的预警会导向正确行动，是对信息的完美诠释。

· 有技巧的影响预报会确定受影响的对象、地点、时间和程度。

· 影响数据通常是保密的，需要与数据所有者合作，并对灾害影响预报工具的所有目标达成明确的共识。

· 中介机构可以促进预警信息制作者和传播者之间的伙伴关系。

4.1.1 预警

预警是由公共和私营部门的众多参与者根据天气和灾害的预报信息、相关的科学信息以及对灾害影响的预估，使用各种工具和技术来制作的。其目的是为了提供充分的准备时间来降低灾害风险，从而防止灾难的发生。专业风险信息的呈现必须有助于制作令人信服的预警，最终为决策者提供支持，并鼓励他们付诸行动。过去十年的研究表明，利用影响信息来加强预警可以显著减少灾害（WMO，2015；Casteel，2016；Anderson-Berry et al.，2018；Potter et al.，2018）。

在制作预警时，预警者既是艺术家又是科学家，他们要从一些不确定的事实中精雕细琢出一个有说服力的故事，并借助对背景和先例的经验，将结果转化为多种形式，以契合不同的传媒方式。与此同时，他们还面临着相当大的时间压力。预警信息必须被传达给各个学科、服务和专业领域的决策者们。可用信息受到预报能力的限制，而预报能力随预报时效和地点的不同而不同，并且可能或多或少与最终用户相关。潜在危害产生的时间尺度和发布预警所需的时间进一步增加了复杂性。伙伴关系有助于增强预警者对信息来源的信心，因而至关重要。

处于复杂嵌入式系统中，信息提供者和用户之间的“桥梁”可能很复杂，因此应该在灾害发生之前进行设计（见图 4.1）。研究表明，中介（可能是组织或组织内的个人）可以帮助整个预警链中的人们联系起来。

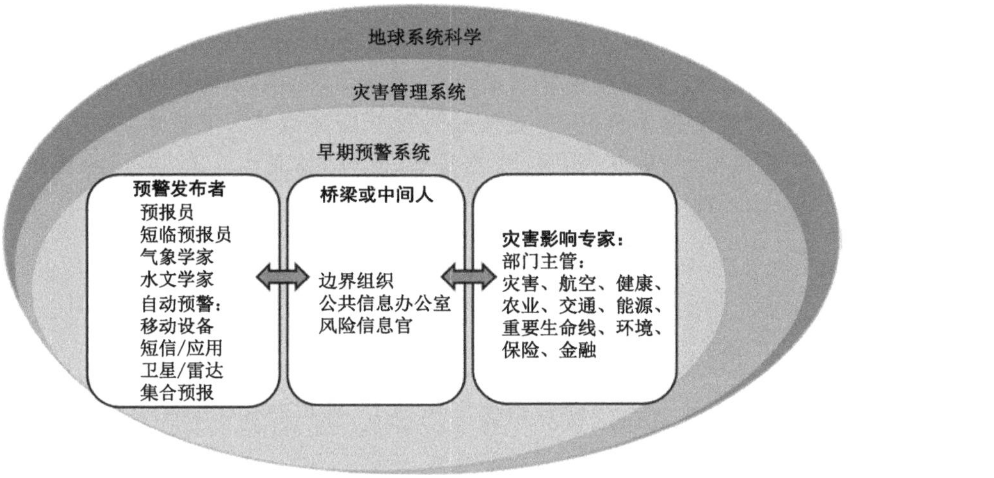

图 4.1 预警发布者与灾害影响专家在复杂系统中的互动
（来源：借鉴 Ruti et al.，2020；Beaven et al.，2016；Pielke Jr.，2007）

4.2 预警者和预警信息

4.2.1 预警者

取决于灾害潜在威胁的不同类型和政府组织在灾害管理中的不同角色，每种潜在危害的预警者会有所不同，提供预警的权威机构和风险评估系统也是如此。预警可以按危害类型（灾害类型和复杂程度、提供分析的科学和技术）、按角色（预报员/短临预报员、模式工作者、公共信息官员/风险信息官、应急管理人员）、按学科（水文学、气象学、物理学、社会学）、按授权机构（气象局、应急管理部门、政府）和按地理位置（本地的、区域的、国家或跨界规模的危害）进行分类。预警的发布方式取决于以上所有因素，同时还要考虑预警的手段——官方新闻稿、电视/广播公告、警报器、短信/终端移动设备和社交媒体。这些研究人员、技术人员和操作人员、以及信息系统和技术被集成到早期预警系统（EWS）中以减少灾害风险（Tan et al.，2020a）。英国的经验表明，机构对预警的信任非常重要，而基于影响的预警可以增强这种信任（Taylor et al.，2019）。

如果一个预警系统具有翔实的信息和足够的分析能力，能够发出可靠的预警，并且能够进行适当的传播，那么预警就可以完全自动化，不需要任何人工干预。某些情况下，如短时临近预警可能更适合采用自动化方法，但目前的许多天气和自然灾害的预警系统都需要采用混合的方法，由人工在流程的“循环中”或“循环之外”进行补充（Pagano et al.，2016）。发出此类预警需要同等程度的科学专业知识和沟通艺术技巧。这不是一个可以轻松实现自动化的纯机械过程，其中总会存在一定程度的主观性，但至少应该是一个有条理的过程。采用的方法将取决于具体情况，但所有方法都应该确保科学性、可操作和实用性之间的平衡，并通过限制意见分歧、偏见和风险倾向来确保一定程度的一致性。

通常情况下，任何一个人都不可能拥有跨学科的所有专业知识、信息或经验，这就是为什么预警的创建需要一个协作和跨学科的合作过程。由此产生了多种多样的观点、经验和见解，这既是一种优势，也是一种挑战。预警者根据EWS设计准则开展工作，EWS可能是管理着大型数据集和信息源的自动化系统，也可能是分析水文气象条件的人类预报员，或者更进一步包含对灾害影响的深度解释。此外，还必须考虑沟通方式和目标受众，以及决策者的多样性，即从个人到更广泛的治理系统(Tan et al.，2020b)。

4.2.2 预警内容

预警必须集中在预警者的预期目标上。信息既需要作为预警内容，也是决定预警重要性和时机的依据。预警者必须信任其(官方和非官方的)信息来源，能够提取所收到信息的关键方面，并确定信息交互的方式，以便在不同的情况和背景下生成预警。

“有效的预警明确指出危害的确切性质”(Casteel，2016)，内容应清晰易懂。预警包含的有关灾害影响的信息越多，可操作性就越强，预警也就越有效(Lazo，2020；Potter，2018)。“因此，‘灾害’相关部分所提供的更多具体信息应该增强个人相关性，并有可能提高接受者采取保护行动的可能性”(Casteel，2016)。

尽管技术进步丰富了可获取的信息，但这些信息必须针对特定部门的用途进行解读。灾害管理人员和应急响应人员需要了解灾害的性质、严重程度和地理范围、具体时间(开始和结束)、以及必须在多长时间内进行疏散。农业部门需要了解洪水等威胁的可能性、地理范围(有多少农作物将受到影响)和规模(单个或多个地区、跨辖区)，以有效制定准备措施，保护农作物、牲畜和农业生计。能源部门需要了解事件的时间和类型，以确保向用户(包括应急响应人员和风险覆盖人群)供应能源。

随着灾害威胁临近，预警人员所需的信息也在不断变化。在早期预警阶段，尽管可能获取途径较多，但信息来源可能很少。在这个阶段，有较多的时间可以向专家请教以澄清问题，并为预警接收者精心编写具有说服力的故事。随着具体行动的最后期限临近，信息需要以这些行动相关的影响为导向，并强调可信度和可能的结果。一旦威胁迫在眉睫，就没有时间进行仔细分析，但路径、强度、时间和相关影响的变化细节可能对应急响应人员的行动和安全至关重要。在这个阶段，预警者将在预警链的上下游和外部寻找多个数据来源，以保持对态势的了解，包括对灾害、对预警响应、和对灾害发生的实际影响的认识。这些都将为预警的及时更新提供信息。

4.2.3 预警创建

在准备预警时，预警者旨在建立一个令人信服的灾害描述，引起预警接收者注意，说服他们采取适合其情况的行动。选择预警级别是该过程的关键部分。这需要仔细解读现有的信息，特别是预报的灾害影响和可信度，以及预警所处的环境，例如，受影响的人群是否已经在应对另一种灾害的影响。预警内容的选择和呈现要考虑到这些所有因素。核心是对接收者产生的预期影响。作为佐证，预警还将提供充分的致灾信息，包括预报及其置信度，并在有证据时提供支持(例如，上风/上游位置的相关的监控链接)。如果涉及到具体的脆弱性，也需要包括这些信息及置信度。当影响预报存在重大不确定性时，可以通过两个或多个情景或主线来展示结果的范围，同时强调在情况变得更加清晰之前做好准备的必要性。

以典型的基于灾害影响的天气预警系统为例，将预警过程细分为以下几个不同的组成部分是有用的：天气评估→风险评估→变化评估→效用评估。

- 天气评估：天气将会是什么样子。
- 影响/风险评估：天气会带来什么影响/风险。
- 变化评估：天气变化会改变我对“故事”的看法吗？
- 效用评估：谁需要知道，如何让他们知道？

大多数研究都集中在天气和风险评估方面，但也应同样重视与决策和沟通相关的后续环节。

天气评估的信息来源范围可能非常广泛，通常甚至超过了最有经验的气象学家能完全吸收和处理的程度。因此，必须对信息进行过滤，要么限制信息来源的使用（程序上或技术上），要么通过中介系统对信息进行筛选、提取和总结。

可以采用以下信息进行影响/风险评估：

- 基于模型。
- 基于个人或集体的经验/启发。
- 基于具体和当下的知识对风险暴露、脆弱性及灾害预报进行修正（例如，基于对当前模型性能的评估）。

对于预警者来说，最困难的挑战之一就是承认评估结果已经发生了变化，并且这一变化足以改变预警本身。灾害“故事”一旦确定，就会具有惯性；即使面对新的、相互矛盾的数据，也很难接受它不再是最佳阐释的事实。这就是心理学上的“锚定效应”，也是为什么预报和预警最容易在轮班交接时发生变化的原因之一。

预警者必须考虑预警信息是否对最终用户有用，即使他们认为可能已经达到了发预警的其他标准。这种考虑像另一种过滤机制，使预警者担任编辑的角色来确定用户需要知道什么。可以说，基于影响矩阵的预警系统按理应该发出更长期和低概率的预警，但实际上却并非如此。这是因为预警者认为发布太多预警会适得其反。

预警不是孤立发布的。它们与其他预警、附加补充的通讯、以及该事件在过去及未来的预警版本有关。虽然一些预警接收者可能采纳未来 6 小时内的高影响天气预警并采取保护行动，但准备时间非常有限。从这个意义上说，预警不能是临时通知！因此，在事件发生之前，预警者应采用一系列传播手段：建议、观望、预警、新闻稿、博客、推文和其他建议，以管理不确定性和预期，这样当“立即行动”的信息最终出现时，不会让用户措手不及。最好的方式是从战略角度考虑从最初的恶劣天气迹象升级为发生事实的整个时期，规划发布预警和通信，以最合适的方式通知用户并让他们做好准备，同时避免在最坏的情况没有发生时过度投入资源。

准备高影响天气预警的关键是提高专业技能：了解预警用户的需求、各种指导信息来源（包括气象和社会经济）的可靠性，以及致灾天气系统的特性。专业的预警预报员通过理解收到的数据，对现状形成概念模型，对形势保持足够认知，从而预测事件（Klein，1989）。预见能力使专业的预警人员能够过滤海量信息，专注于决策最相关的部分。面对不确定性，决策总是受制于主观判断。鉴于不确定性和预警决策的影响，永远不会有足够的信息。

展望未来，目前研究的重点是利用机器学习系统进行信息过滤，从而识别一些需要人工来判断的风险不确定性的关键领域。促进这一工作的方法之一是将灾害和影响预报纳入到预警的初始猜测中，将概率和严重性要素结合起来。某些情况下，这是实现全自动预警的途径。更普遍的情况是，预警者同时使用各种工具对各个要素进行检测，评估其输出结果的敏感性，并修正由此产生的预警。

4.2.4　定制的预警

“预报偶尔会考虑到一些社会因素(例如，延长预警时间以覆盖学校放学的时间)，但面对威胁生命的极端事件，在其发生前和发生期间通常不会直接考虑与决策相关的人为因素”(Uccellini and Ten Hoeve，2019)。与社会科学家合作，与特定的用户群体一起设计定制预警，可以带来更好的预警响应。研究表明，根据预警接收者的需求定制预警可以提高预警的有效性。然而，预警响应提高带来的好处需要与成本、复杂性及潜在不一致性进行权衡。定制预警的好处不仅限于经济方面，还可能包括各种非经济利益和人权伦理问题。在这里，我们考虑了可供定制的几个选项。前几个选项与数据选取有关，后几个选项与呈现方式有关。

为用户选择最佳预报。在与决策者合作以改善他们对灾害预报的获取时，选择信息来源的依据将包括多个因素，其中，准确性和预报技巧非常重要。另一方面，信息提供者为了优化他们提供给用户的信息价值，必须选择在某些方面对预报系统进行改进。在这两种情况下，将评估重点放在用户感兴趣的内容都会更有益，即灾害本身或可能致灾的极端天气这两种情况都很少发生。

如果在灾害之后进行此类工作，人们甚至或许认为，最重要的考虑是，如果有了新系统或数据源，那么灾害本身是可以预报的。这种做法可能非常危险，通常会导致过度预报并降低预警系统的可信度。虽然有一些无偏的方法，可以评估天气变化的极端值或事件是否发生的预报技巧，但两种情况的评估都不是非常直观，因此没有被广泛采用。此外，极端事件预报可用的数据样本较少，所以评估分数的误差值可能非常大。

即使不同的信息来源确定是可靠的，可为不同的灾害现象提供最佳指导，但预报不一致的风险依然存在。例如，如果一个信息来源提供了更好的飓风路径预报，而另一个信息来源给出了更好的飓风强度预测，那么完全依赖前者的路径和后者的强度都是不明智的。对预警人员而言，这意味着预警方案的决策应基于对信息的尽可能掌握，包括现状、不同信息来源的预报走向、以及该信息来源在类似情况下的表现。重要的是，这些信息应包括完整的概率分布并消除了偏差。

选择要传达的信息。获得精准的预报资源后，可提取的产品数不胜数。预警采用的信息和常规预报不太一样。例如，提及超过关键阈值的概率信息能使用户迅速关注他们的具体问题。话虽如此，还是建议尽可能标准化，这样收到包含不同阈值的预警，用户就不会感到矛盾。其他信息定制的方法包括重新校准、偏差校正和用户相关变量的衍生(包括物理和社会经济方面)。因此，洪水预报可以呈现为河流的流量、河床上的水位、洪水深度地图，或者更具体地，向公路部门呈现道路积水深度、向公众展示住宅房产的内涝程度、为电力公司提供变电站积水到达临界深度的可能性。在应急响应的高压环境中，更精准和可操作性强的陈述可能会带来更有效的响应和更小的错误空间。建议对识别的最高风险发出预警时，应使用定制的预报产品，其中包括特定灾害阈值被超过的概率，以及受威胁地区社区的暴露和脆弱性信息。

地理定制。在考虑定制信息时，纳入地理因素可能是最显然和最必要的。例如，在复杂地形中预报冬季天气时，低洼的山谷可能会下雨，而较高的山坡则可能积雪。气象学家可能会使用雪线高度这一要素，但要将这一信息传达给公众，需要明确特定的地点。靠近河流是面临洪水风险的关键因素，但很少有人知道离他们最近河流的距离，城市居民可能没有意识到河流的存在，更不用说可能会被它淹没。当预警需要指明风险地点、安全逃生路线或有危险的路线时，如果采用只在当地和周边使用的地名，游客就无法理解其中含义。比如提到高速公路或路口编号时，部分游客可能不太理解。相反，地图有助于避免这些困难，因为地图上清楚地标明了主要城镇、高速公路和其他地标特征的相对位置。

定制传播方式。这一领域为量身定制提供了最好的机会，同时将混淆的风险降到最低。例如，应根据人口构成，以多种语言传播；根据人群的可获得性，通过不同的媒体（报纸、电视、广播、互联网、移动应用程序、社交媒体等）发布。使用一般人都能理解的地名至关重要。地图是一种强大的工具，可以拉近分散社区对预警区域的关切程度，但仅限于能够阅读地图的人。颜色可以为传播提供强大的支持，许多文化群体都能理解交通信号灯绿-黄-红的顺序，但并不是所有群体都能理解，而且必须注意照顾色盲人群。在某些文化群体中，在传播中使用卡通人物会非常成功，但也并非适用于所有文化。由于用户通常在采取应急行动之前会向朋友家人寻求确认，因此不同传播方式的预警信息必须保持一致。

其他可以定制的领域。预警设计的许多方面都会影响特定群体对预警信息的接收、解释和响应。文化线索可能很重要，例如，红色在不同文化中具有特殊且相互冲突的含义。同样，语言中的习语可能与单词一样重要。诸如“燕山雪花大如席”或“倾盆大雨”之类的短语对某些人有意义，而对其他人则不然。性别在大多数国家尤为重要。然而，在考虑为女性定制预警时，有必要考虑她们将通过哪些渠道接收预警。直接渠道（例如通过社交媒体）与间接渠道（例如通过村长或街道管理员）需要不同的定制。另一个潜在的定制领域是面对挑战性情景下的心理反应。有些人通常会积极回应，试图将其转化为自己的优势，而另一些人会随波逐流，还有一些人则会反对改变。在西方，营销公司已经学会以不同的方式面向这些群体，而类似的，针对性预警信息可能也是有效的，尽管尚未有研究证实这一点。

为特别用户量身定制。如果有一个大型基础设施的应急管理人员会影响成千上万的人，那么非常有必要根据这一角色的需求进行非常具体的量身定制。必须预先计划好应对措施，并在达到预警阈值时迅速有效地实施。这可能包括将预警简化为一个简单的代号，并让每个预警发布者及用户掌握和练习。这同样适用于流行音乐节等大型公共活动的组织者。针对学校或医院等重要公共设施的定制更为复杂但同样重要。可能需要定制预警的专业用户包括发电和供电商、供水商、水坝运营商、电信运营商、公路运输、铁路运输、航空运输、海路运输、食品零售商、教育机构、应急响应人员、卫生服务、废物处理、公共活动组织者、重要雇主和企业。此类用户不应使用通用的公共预警来做决策。他们应该对其业务进行风险评估，确定他们面临的危险以及每种危险的风险水平。他们还应该有一个风险应对计划，包括必须采取行动的触发点、如何识别触发点、以及如何通知行动等所需信息。在面临天气相关灾害之前，采取准备行动的主要触发点就应该是收到的定制预警。应急响应计划的启动应紧随其后。

通用预警的协同设计。目前，对于公共预警来说，高级的定制是不合理的。取而代之的另一种方法是协同设计一个折中的通用预警系统，以满足大多数需求，并利用教育将其特征融入用户的文化中。这样的协同设计活动必须经过非常仔细的计划，以确保社区所有部门都有充分的发言权。证据还表明，需要建立一个反馈循环，首先社区代表指出他们所意识到的当下问题，然后以迭代的方式评判一系列接任的改进升级措施。这不仅有助于产生有效的预警，而且还能在社区中建立一种主人翁意识，帮助接纳和使用最终的预警产品。展望未来，像选择性投放的在线广告那样，社会特征与机器学习技术相结合，将有可能根据个人风险状况对天气预报信息进行个性化定制。然而,如果应用带来错误的结果,那么预警可能比其他环境预报服务更慢地采用此类技术。

4.2.5 评估预警

尽管评估在整个预警价值链中的每个环节都很重要,但在将风险信息转化为可行动的信息,以供风险人群和负责减轻及管理灾害相关影响的人员(例如应急管理人员)使用时,评估尤为重要。各国的国家气象和水文服务部门在使用统计方法验证天气预报方面有着悠久的历史(Ebert et al.,2015),但在评估其产品和服务的使用及效用方面相对缺乏经验。

虽然死亡人数、险情和损害等指标的下降趋势是证明预警提升效益的可取方法,但却很难能做到。预警的目的是帮助接收者做出更好的决策,因此调查人们对预警的实际接收情况和反应可能是目前最好的方法。我们需要建立一条基准线,所以在引入或升级预警系统之前,应该首先设计和建立调查方式,并在完成后继续采用相同的方式进行调查。如果调查是协同设计过程的一部分,最好继续这些调查,同时牢记预期响应与实际响应之间的差异。

根据定义,预警评估是比较性的:在不同时间;不同地点、管辖范围、和人口之间;或在其他对比特征及情况之间进行比较。例如,在预警服务引入或修改影响信息的前后,应该对此业务行为进行评估。传统上,往往"事后"很长时间,才进行一次性评估,这使得信息的收集和解释变得困难。理想情况下,评估应在每个重大变化的整个生命周期内持续进行,以便在业务服务的开发和引入阶段进行修正。

一种有用的方法是将天气预警视为一种干预形式,类似于疾病预防中为增加疫苗接种率或口罩使用率而进行的宣传活动。无论是明确还是隐含定义,提供天气预警都是为了影响人们的意识、风险感知、行为意图、决策、行为以及最终的结果——所有这些都有可能被衡量。变革理论是一种规划和评估社会变革项目的方法论(参考可见 Taplin 和 Clark(2012)的例子),该方法已被广泛用于国际发展,并且与评估预警这项挑战非常相关。对于任何类型的社会干预,变革理论首先判断期望的结果,然后将可衡量的成功指标与每个结果联系起来。评估包括记录下预警服务希望如何改变结果,比如通过哪些角色和过程、以及任何的中间因素(例如,对预警信息的认识和理解、信任、信念等)。分析可以借鉴个人经验、专家意见或社会科学研究中获得的证据及模型(例如计划行为理论(Ajzen,1991);风险信息搜索与处理(Griffin et al.,1999))。

确认变革理论的过程会自然而然地导向一些工作假设,这些假设可以通过定性和定量研究进行检验和测试。每种评估方法都有优点和缺点,因此在评估过程中采用多种调查方法和三角测量是有益的。例如,借助实地观察研究、专题小组会议和心理建模访谈(Morgan et al.,2002),通常有助于记录那些正在开发、提供和使用预警服务的人群的变革理论和基本构想。然而,调查可能更适合评估此类结果在各参与者群体(例如应急管理人员,Hoss et al.,2018)中的代表性,以及中间因素(例如信任、感知威胁)对行为意图、回忆的反应、以及结果的影响,尤其是在令人难忘的严重事件之后(例如冬季风暴(Doris et al.,2019))。

使用假设或模拟场景进行实验研究,可以有选择地控制可能影响保护决策的变量,因此在实施之前,对多种格式和内容选项进行比较特别有用(Casteel,2018; Potter et al.,2018)。这种灵活性的缺点是,对于仅在实际的灾害事件中才能完全实现的情况和响应,这种假设情况可能无法充分捕捉(Weyrich et al.,2020a)。更通俗点,是存在这样一个问题,即陈述的意图和回忆的反应与实际行为的对应程度如何？（Weyrich et al.，2020b）。通过应用基于经验的抽样技术（Hektner et al.，2007），尝试近乎实时测量与预警相关的变量，可以部分缓解这两种限制。最后，还可以通过人群或个例的对照观察设计研究（例如，跌倒和机动车碰撞相关的受伤）来分析行为结果（例如受伤、毁坏）以了解预警的效用（Mills et al.，2020）。

4.3 影响预报的能力

影响预报加强了基础的灾害预报，通过结合脆弱性及暴露度的信息来估计灾害影响。影响专家向“负责公共安全的核心合作伙伴”提供关键信息。基于灾害影响的决策支持服务有助于在处理极端事件时更好地理解和利用预报和预警（Lazo et al.，2020）。

目前，影响信息通常是由预警发布者根据他们对以往事件的经验生成的，因此受限于每个预警人员的经验或他们对其与当前情况相关性的理解。有时，类似的情况可能会被记录和半定量分析（例如，美国供水预报将当前预报与过去几年的数据在散点图上进行比较）。

“越来越多的专家建议，标准的预警信息应该增加上述这些预警发布者的经验因素”（Weyrich et al.，2018）。他们的专业知识被应用开发成工具，使预报员能够将灾害预报转换为影响预报，或者使决策者或预警人员能够将决策阈值转换为灾害阈值。例如，人们越来越多地对飓风造成的损失进行实时预报，尤其是在美国（例如，如果这场飓风按照预期路径移动，预计将造成 7.5 亿美元的损失）。

由于影响专家通常不参与预警的实时发布，他们可能比价值链中的其他一些参与者更具学术性和独立性。另一方面，他们的研究很可能包括对造成重大社会经济损失的事件进行分析。通过在特定的灾害早期预警系统中建立预警，单个事件的预警可能与后续行动及决策的后果联系起来，并且能更好地应对连锁事件带来的潜在影响，这种情况则需要来自不同部门的多种响应。

4.3.1 影响信息的来源

我们估计影响信息时的一个基本能力限制，来自于缺乏天气相关的社会经济影响数据的常规收集。第 5 章将更详细地介绍这一点，但大多数可用数据都是高度汇总的——国家规模的人口普查、生产、健康、基础设施运行等。除非是专门认证的研究人员，通常没有更多本地数据可用。对于健康数据，这是因为患者的隐私性，而对于基础设施及商业绩效数据，则是为了保护商业机密。结果是使用这些数据来源所生成的模型无法复制或相互比较，而来自开源的模型大多过于粗糙，无法发挥其实用价值。

为克服这种障碍，人们已经尝试利用媒体报道来记录灾害影响。这种方法被国际灾害数据库（EM-DAT）（https://www.emdat.be）采用，该数据库由布鲁塞尔的鲁汶天主教大学（the Université Catholique de Louvain in Brussels）流行病灾害研究中心（Centre for Research on the Epidemiology of Disasters，CRED）及联合国共同维护，以对全球灾害进行分类和识别。虽然最初依赖于人工解释，但最近的研究表明，可以使用自动化方法对报告进行分类。根据最近的一项调查，欧洲有 19%的国家气象和水文服务部门正在将媒体报告收集到内部灾害影响数据库中，9%正在存储风暴观测组织的影响观测数据，13%正在收集其他类型的人类影响观测数据（Kaltenberger et al.，2020）。在这些其他信息来源中，灾害性天气影响的媒体报道已得到系统监测、质量检查，并输入欧洲灾害性天气数据库（ESWD，Dotzek et al.，2009）。最不发达国家的一些国家气象和水文服务部门和灾害风险管理组织也在利用媒体报道来收集影响信息，用于建立基于影响的预警服务。

另一种可能在未来得到发展的方法是利用物联网进行自动数据收集。例如，自动驾驶汽车携带天气传感器，同时记录有关速度、交通密度等信息。将这些数据综合起来，可以使影响模型的训练及高速公路状况的预报预警评估向前迈出重要的一步。

4.3.2　不同灾害影响估计方法的能力

我们可以确定一些可能改变影响评估工具表现的关键因子。最有力的证据来自可重复的实验室测试，通常被用作工程结构影响评估的基础。当然，了解所关注材料的失效模式和阈值非常重要。然而，在现实世界中非常难以对实验室条件进行再现，例如材料的老化、风和雨的组合、海水对障碍物的复杂运动等。在设计结构时，人们通常通过添加安全系数来处理剩余的未知因素。任何故障预报工具中，都需要包含适当的处理方法。该方法的例子包括：考虑风对混凝土桥梁的影响、洪水对挡土墙的影响、风对行进车辆的影响。

如果有一套可明确识别的导致失效的过程，就有可能建立这些过程的模型，并利用实验证据对模型参数进行校准。例如，针对不同的建造方法，已经较好地确定了洪水对建筑物的破坏方式，因此，也可以建立洪水深度与恢复成本之间的关系（Penning-Rowsell et al.，2013）。类似地，网络响应也可以建模。例如，如果道路因倒下的树木或事故而关闭，或者如果电信线路中断，那么，对道路或通信流量的影响则可以建模为基于时间、日期和季节的道路预期负载函数。这种方法也可以用于媒介传播的疾病扩散研究，只要媒介的活动特点（通常和天气有关）是可被建模的。这些方法有几个限制。首先模型不太可能是完整的，因此有可能会遗漏关键过程。其次，模型及其参数通常在有限的条件范围下进行验证，其中可能不包括极端情况。为了最大限度地减少误导性信息的风险，模型应该在不确定范围的灾害采样输入下运行——最好来自集合预报系统——并使用与验证数据一致的一系列参数设置。然后，对生成的概率分布进行解释以用于预警，例如，提取最有可能的情况、可能的最坏情况、或超过特定损失阈值的概率。

然而，在大多数情况下，这些过程是看不见的，或因为过于复杂而无法建模。在这种情况下，预报工具必须依靠对历史数据的统计分析来提取相关性。这种方法在流行病学领域最为发达（Armitage et al.，2002），但类似工具也适用于许多其他影响领域，包括大气科学（Wilks，2006）。传统方法的优化是通过选择分布参数来拟合适当的统计分布。此类方法正逐渐被神经网络等机器学习技术所取代。为了提取有用关系，数据应进行预处理，以去除外部因素影响，例如一天中的时间、一周中的某天、假期、政策变化等，并消除趋势。此外也非常重要的是，将所有可能影响灾害影响数据的因素都表示出来。例如，如果将风暴期与非风暴期进行比较，来研究天气与事故之间的关系，那么不同出行人员组成（比如说老年人更少或女性更少）则可能导致结果出现偏差，除非分析已允许该情况。与过程模型一样，生成的统计模型不适用于训练数据集中稀少或缺失的参数范围。标准统计技术可用于评估关联中的不确定性，并且此信息应始终被包含在所有预报模型中，以避免模型过度自信。

一般的统计方法是为了寻找灾害与其影响之间的可重复关联。我们可以称之为正向模型（forward model）。但是，如果要在特定阈值下做出唯一决策，则预报超过该阈值的概率可能更合适。这种方法涉及的统计分析并不复杂，可直接提供概率信息。然而，混杂因素和趋势等带来的影响仍然会导致误导性的结果。

所有统计模型都必须使用独立于训练模型数据的数据集进行评估。这个数据集还必须足够大，以在灾害影响的重要参数范围内提供统计显著性。

4.3.3 用于特定行业灾害影响的工具

各个部门和政策单位面临的风险各不相同，例如卫生、环境、水/电力供应、交通、技术、安全、保险和金融，因此，在制定预警之前，这是必须考虑的第一个方面(Eiser et al.，2012)。在某些领域，数据收集、建模和计算方面的进步，提高了在决策时间框架内提供关键数据的能力(Ruti et al.，2020；Yu et al.，2018)。卫生部门关注的是死亡和受伤的影响、住院和服务的需求及能力，使用的是流行病学、传播和暴露等影响评估工具。能源部门可能关注电路故障和对关键用户的服务中断，并依赖具体的工程模型。水利部门可能面临多种威胁，包括对饮用水供应和关键基础设施支持的不足、排水溢出和污染、以及其他健康威胁；因此，水利部门必须参与基础设施的具体建模。应急管理关注的是所有关键基础设施、生命线和服务面临的威胁，因此对于运输、电力、水利、能源、农业、环境和金融保护等问题，必须考虑不同的威胁类型，还必须考虑可能的连锁事件和多种类型的紧急情况所带来的影响。

4.4 有利于预警信息的结构设计

在预警发布者和影响专家之间建立“桥梁”，使信息来回流动，这一概念反映了一个更为复杂的现实，即不同类型的预警人员和众多专家之间存在多个连接，并使用多种通信工具进行交流互动。拥有“一个基于社会科学研究的综合预警系统，使其确保在整个应急管理过程中所有参与者之间的充分沟通”(Lazo et al.，2020)是很重要的。最近的研究表明，基于影响的决策支持服务提供的预报预警可以作为信息输入，为减轻资产损失、服务中断和人类健康威胁提供帮助，从而有助于减灾行动的发展。

4.4.1 信息提供者与预警者的关系

信息提供者和预警者之间的关系至关重要，因此我们需要了解研究结构和工作方法——这些方法增加了研究的适用性和应用性。在早期预警系统、灾害管理系统和地球系统科学之间，已存在一些将各成员联系起来的框架，通过这样的框架，建立了包含科学发展、预测和模型、应急管理人员和决策者以及公众之间有效沟通的结构和联系(Beaven et al.，2016)。信息需要跨越群体界线，特别是通过知识经纪人进行共享(Ali et al.，2019)。将研究与交流和知识应用联系起来的边界组织和个人是这些关系的关键促进因素(Pielke Jr.，2007)。

以新西兰的自然灾害研究平台(Beaven et al.，2016)和英国的自然灾害伙伴关系(Hemingway and Gunawan，2018)为例，协作结构提供了一种机制，可以改进工具和模型、评估预警系统、提高预警能力。这样的结构使得人们可以讨论限制和不确定性因素，从而防止预警人员采用不谨慎或脱离语境的信息。

在这种关系中，政策和科学领域之间的紧张关系在“桥梁”中形成了一个混合区。随着信息转化为行动，科学变成了“应用科学”。“通过协调获取前沿科学和自然灾害影响研究，可以支持基于影响的信息及建议的发展”(Hemingway and Gunawan,2018)。政策的相关性需要跨学科,并可能具有时间敏感性,从而推动短期行动的采取。公众和非专家需要简化的信息,但这不应妨碍对不确定和复杂信息的理解(Beaven et al.,2016)。

4.4.2 传播灾害影响及其不确定性

预警者和影响专家之间互动的目的,是为预警人员提供将影响信息纳入预警的方法。通常,这是通过提供模型或工具来实现的。如果想成功地让预警更有效,相关人员还必须认识到几个危险因素。必须非常小心地识别对决策者来说重要的灾害影响,并避免仅仅预报有良好数据或简单模型的灾害影响。避免生成复杂的输出集也很重要,因为这会让预警人员被数据淹没。由于预警人员的目标是组织一种叙述,以促使接收者采取应急行动,因此考虑制作描述一个或多个影响及其不确定性的灾害影响故事情节可能会有所帮助(Shepherd,2019)。当影响专家作为预警链的一部分提供实时解释时,这种方法可能特别适用。

预警和灾害影响信息的中间沟通环节所面临的挑战之一是对不确定性的讨论。建立信任关系的一个重要方面,是应该对不同时空尺度下的预报准确性进行讨论。当这些讨论结合了灾害影响模型和行业受灾模型时,至关重要的是了解每个模型的确定性和灾害影响相互作用的方式。“不对此进行沟通是有问题的,因为它们之间存在相互依赖关系,特别是对于多模型方法和相互关联的灾害,可能会导致更大的不确定性”(Doyle et al.,2018)。有效传达不确定性对于向决策者提供最佳信息,并确保采取最佳行动来保护社区至关重要。

在整个预警过程中,必须考虑到所有不确定性(从定义问题、计算问题、初始条件、验证等方面)。科学家必须对不确定性设定切合实际的期望,认识到学科之间的文化差异,确保这种参与有利于达成对问题的共识,并给予决策者支持。“在可视化地呈现不确定性时,重点必须放在与决策相关的数据和不确定性上”(Doyle et al.,2018)。

不确定性的交流可以提高信任度(Joslyn and LeClerc,2015)。相关信息应该准确说明所涉及的不确定性来源,以及如何有效地呈现专家之间的分歧,同时不会缩减信息量或降低可信度。同样重要的是,沟通者必须充分了解灾害影响,并在预警中包括“与决策相关的时间框架,包括何时不确定性可能减少的信息”(Doyle et al.,2018)。在需要发出预警之前,发展合作关系和沟通不确定性可以增加信任和信心。

4.4.3 交换关于工具的信息

贯穿整个预警链的通用原则是,如果用户了解预警是如何产生的,他们就会对预警更有信心。实现这一目标的最大挑战在于影响预报,这往往隐藏在统计的“黑匣子”中。因此,在灾害影响建模者和预警发布者之间的任何合作中,都必须传达模型的基础、采用的预报因子、预报中的不确定性范围。预警者应该有权进行常规验证,并能够质疑意外结果。这些需求对工具开发和交付时所提供的信息、还有持续的专家支持都提出了要求。同时也要求用户、灾害影响科学家、信息技术开发人员和预警发布者都参与到整个开发过程中。当交付一个新的或升级的工具时,应通过演示和动手操作的教学来引导用户使用。同时,应提供详细的操作使用说明,包括操作限制以及如何处理各种故障。还应附有全面的测试报告,以及重现测试结果所需的数据集和各种辅助软件。测试报告应明确说明已验证的输入数据范围,还有工具输出的所有注意事项,包括性能可能低于标准的情况,并明确结果中的不确定性来源和程度。为了防止过于确定的消息传递,不确定性范围应作为工具的标准输出来提供。评估中使用的指标也应被清楚地描述,包括使用它们的原因和局限性。

交接这些技术非常重要,以确保预警人员不会无意中产生误导性信息。但同时,它们也有助于帮助预警人员具备足够的信心,来使用和认可生成的信息。为了完全实现这种认同,预警发布者应该参与整个开发过程,以确保设计的工具可以提供他们认为所需的信息;开发人员的工具测试应该在预警人员确认的重要场景下进行;并且用户可以对工具的表现水平提出质疑。理想情况下,开发人员和预警者之间的关系应该是紧密的;但如果不是,那么在整个开发过程中保持定期联系,将有助于确保工具在交付后能为更好的预警发挥作用。

4.4.4 评估工具面临的挑战

为了确保预警信息被采用并发挥作用,必须进行评估。数据和模型需要提供可操作的结果,而模型的结果应该经过验证和检验。对系统各方面的评估可能很复杂,因为预警可能基于综合集成的模型,包括影响的情景和模拟,并且随后通过早期预警系统的各种基础部分和工具进行信息传递。已开展的基于预警的决策研究,将采取保护性行动作为预警成功的衡量标准(Gutter et al. ,2018)。每个阶段都需要评估,但最后必须考虑决策过程以及是否采取行动。

4.5 案例

案例 4.1 新西兰的预警者和灾害影响专家的互动结构

Cheryl L. Anderson

研究发现,确保生命得到保护的关键是预警人员和受众群体之间的互动框架或结构。此类框架的一个例子是新西兰自然灾害研究平台(New Zealand Natural Hazards Research Platform,NHRP);该平台旨在确保灾害研究和科学为灾害政策提供依据。NHRP 作为一个边界组织,促进了在减少灾害风险方面的合作,其中一个关键领域是早期预警系统。边界组织中科学家和政策顾问的互动有助于建立信任关系(Beaven et al. ,2016)。

《仙台减少灾害风险框架》致力于要求签署国建立协同治理机制,加强跨领域、跨部门和跨级别的利益相关者的整合,以及"推进科技界、其他利益攸关方和政策制定者之间的合作,促进科学-政策接口,以支持灾害风险管理中的有效决策"(UNDRR,2015, 第 13 页)。NHRP 促进了跨部门合作,包括咨询机构的活动、国际气候变化和生物多样性倡议,以及共享资源管理的协作方法。

案例 4.2 奥运会研究示范项目

Cheryl L. Anderson

自 2000 年以来,奥运会是增进对预报和临近预报复杂性理解的机会。世界气象组织的世界天气研究计划(WWRP)组织了预报示范项目和研究开发项目,以促进预警基础设施的发展、预警系统的训练和使用、以及信息快速发布的方法(WMO,2017)。该过程包括与奥委会建立关系, 了解最终用户对赛事的需求, 并开发满足这些需求的预报方法。2000 年悉尼奥运会是第一个示范项目，国际团队利用这个机会安装了雷达系统并尝试提供快速短临预警，主要针对风和降水(Wilson et al.，2004；WMO，2017)。悉尼奥运会的经验为北京夏季奥运会提供了支持，其中包括数值天气预报模型的改进、通过网络界面和可视化传递临近预报的能力建设、与奥运会官员的直接进行的天气简报、建立与各国天气预报学界的长期合作关系的建立。冬奥会带来了更多挑战，如高山滑雪等赛事需要在多个海拔高度上进行风、降水和能见度的预报，以确保赛事公平和比赛的正常进行。2010 年温哥华冬奥会的临近预报留下了有益于航空和交通的基础设施，并通过改善风暴预报的到达时间和能见度改进了降水预报。它还加深了预报员、奥委会、赛事协调员以及管理者之间的关系。关于对能见度、降雪和风速信息等赛事需求的对话带来了决策阈值的制定，以决定每次赛事的推迟和延期(Isaac et al.，2014；Joe et al.，2010；Joe et al.，2014；Joe et al.，2004；WMO，2017)。

案例 4.3　澳大利亚 2019/2020 年夏季：将火灾、健康影响与行动相连

John Nairn

2019 和 2020 年夏季，澳大利亚遭受连续的多种灾害，最终以暴雨结束。与死亡人数 33 人的丛林大火相比，林火烟雾对人类健康的影响最为严重，造成 417 人的过量死亡(Commonwealth of Australia，2020；Borchers-Arriagada et al.，2020)。极其活跃的火灾季节导致了前所未有的火灾强度、燃烧面积，以及人员伤亡、财产损失和动物死亡。季节性预报已经预计，将有极端严重的丛林大火。根据以往气候和季节展望情报，消防和紧急服务机构进行了严谨的火灾季前简报，进行情景计划、资源分配和社区信息系统测试。得益于为公共卫生需求而协同定制的影响预报产品，可以提供针对季节性尘土、热浪、火灾、持续烟雾和山洪的健康影响信息。对持续烟雾危害的公共卫生应对体现了协调的欠缺，不一致的社区建议削弱了社区的信心。加强重视季前情景规划，可以让公共卫生部门达到与澳大利亚消防当局相同的备灾水平，同时覆盖多个灾种。

案例 4.4　英国气象局在社交媒体传播中的创造性合作

Ross Middleham

创造性的合作伙伴关系可以帮助我们向他人学习、分享最佳实践并实现共同目标。在建立合作关系之前，重要的是了解自己的组织目标以及哪些活动符合目标。作为英国气象局，我们的目标是保障人们的安全和发展，因此我们的每个决定都必须支持这一点。

每一个机会都始于谈话。我们积极寻求合作关系，以便帮助支持我们的信息、吸引新受众、将我们定位为专家和权威来源、或者为组织带来洞察力和知识。这些伙伴关系可以是正式或临时的、有偿或有机的，具体取决于将带来的效益和影响(图 4.2)。

我们积极与符合我们品牌的合作伙伴进行信息分享与支持。关键在于我们有一个共同的目标，所以可以很自然地分享和支持彼此的信息。例如，我们与皇家汽车俱乐部和皇家国家救生艇学会合作，加强安全信息的传播。

我们积极寻找能帮助我们成为可靠信息源的合作伙伴。例如，我们与 Facebook 合作，成为气候科学信息中心合作的国际合作伙伴，使我们的气候科学内容被引入其中心。我们

图 4.2　英国气象局和英国皇家汽车俱乐部在 YouTube 上联合发布的旅游安全视频

（© 2021 年英国气象局官方版权所有）

积极寻求创造性合作，促使我们的内容触及新的受众。我们寻找那些与我们有相似目标、拥有自己忠实受众和信任度的个人或组织。例如，当 Jamie Oliver 在他的一个电视节目中提到天气和气候之后，我们联系了他的团队，合作制作气候和粮食安全的内容，并向他在 Instagram 上的 840 万关注者分享。

与他人合作好处良多，但并非易事。这需要时间：发现机会的时间、建立人际网络的时间、还有构建想法并付诸实践的时间。

在联系那些你感兴趣的组织时，不要忽视 LinkedIn 和 Twitter 的帮助。你可能需要考虑如何吸引他们的注意力，即使只是初步对话。这可能包括制作一个您想法的模型，或发送演示视频。你可以通过研究这些组织并了解他们的目标，为你们的初次对话做好准备。然后在后续邮件及想法分享时，迅速采取行动，以保持势头。

伙伴关系不仅仅是为了让自己的信息传播得更广泛。例如，我们积极寻求创造性合作，以激发灵感并为团队带来洞见。多年来，我们在全国各地的大学设计工作室举办了许多研讨会。我们与年轻人分享我们学到的东西；他们则给予我们看待问题的不同视角，让我们洞察到他们的世界，为我们提供一种创造性的方法来测试想法。我们还积极寻求创造性合作，以激发和推动创新。例如，我们与 One Minute Briefs 合作，通过 Twitter 上的大规模设计参与来集思广益。

总之，我们积极寻求创造性合作，以保持不断发展。但为什么这一点很重要呢？因为我们知道现在的做事方式不会保持不变。数字环境越来越嘈杂，我们不断努力来争取关注。持续变化的算法改变了我们的内容在各个渠道上的呈现方式，人们消费信息的方式也在不断变化。例如，我们很快就需要思考如何接触一个全新的用户群，这些在游戏中长大、在家接受教育、进行虚拟交流并依赖 YouTube 的群体。我们需要与其他人合作，帮助我们了解这些受众。

我们将继续关注未来，积极寻找机会，确保我们的信息被信任、被倾听、被采纳、变成行动，从而帮助保障人们的安全和蓬勃发展（图 4.3）。

图 4.3　与 Jamie Oliver 共同制作的内容在双方的社交媒体平台上发布，其中包括 Jamie 拥有 840 万关注者的 Instagram 账号（© Jamie Oliver 授权发布）

4.6　总结

- 预警的成功在于人们倾听、理解信息并采取行动来保护生命、生计、环境、财产和基础设施。灾害影响信息是帮助实现该目标的要素之一。
- 与天气相关灾害的影响方面的专业知识分布广泛。灾害影响数据通常难以获取，分析方法也可能非常专业。因此，重要的是要确定哪些影响至关重要、谁可以获取相关数据、以及谁具有必要的分析技能。
- 为了规避所有权和机密数据的问题，灾害和天气预报员必须将数据准备为合适的格式，使影响专家能够将其与影响数据进行匹配并开发模型或工具。由于一般情况下不能共享影响数据，因此合作伙伴必须相互理解分析的目的、为什么需要工具以及如何使用工具。
- 边界组织可以促进“预警发布者”和“灾害影响专家”之间的关系，由“诚实的中间人”作为中介有效地翻译和传达信息。

参考文献

Ajzen, I. , 1991. The theory of planned behavior. Organizational behavior human decision pro-cesses, 50(2), 179-211. https://doi. org/10. 1016/0749-5978(91)90020-T

Ali, F. , M.-N. S. Sharipudin and K.-S. Fam, 2019. Information Sharing across Group Boundaries by Knowledge Brokers during a Disaster-Lessons for the Tourism Industry. Asian J. Business Research, 9(2), 76-94. DOI: 10. 14707/ajbr. 190061

Anderson-Berry, L. , T. Achilles, S. Panchuk, B. Mackie, S. Canterford, A. Leck, D. K. Bird, 2018. Sending a message: How significant events have influenced the warnings landscape in Australia. Int. J. Disaster Risk Reduction, 30, 5-17. DOI: https://doi. org/10. 1016/j. ijdrr. 2018. 03. 005

Armitage, P. , G. Berry and J. N. S. Matthews, 2002. Statistical Methods in Medical Research, Fourth Edition. Wiley Print ISBN: 9780632052578. DOI: https://doi. org/10. 1002/9780470773666 Beaven, S. , T. Wilson, L. Johnston, D. Johnston, and R. Smith, 2016. Role of Boundary Organization after a Disaster: New Zealand's Natural Hazards Research Platform and the 2010-2011 Canterbury Earthquake Sequence. Nat. Hazards Rev. , 05016003, 1-4. DOI: https:// doi. org/10. 1061/(ASCE)NH. 1527-6996. 0000202

Borchers-Arriagada, N. , A. J. Palmer, D. M. Bowman, G. G. Morgan, B. B. Jalaludin and F. H. Johnston, 2020. Unprecedented smoke-related health burden associated with the 2019-20 bushfires in eastern Australia. Med. J. Aust. , 6, 282-283. https://doi. org/10. 5694/mja2. 50545

Casteel, M. A. , 2016. Communicating Increased Risk: An Empirical Investigation of the National Weather Service's Impact-Based Warnings. Wea. Clim. Soc. , 8(3), 219-232. DOI: https://doi. org/10. 1175/WCAS-D-15-0044. 1

Casteel, M. A. , 2018. An empirical assessment of impact-based tornado warnings on shelter in place decisions, Int. J. Disaster Risk Reduction, 30A, 25-33. https://doi. org/10. 1016/j. ijdrr. 2018. 01. 036

Commonwealth of Australia, 2020. Royal Commission into National Natural Disaster Arrangements. https://naturaldisaster. royalcommission. gov. au/publications/html-report/intro-duction. (Accessed 19/6/2021)

Dotzek, N. , P. Groenemeijer, B. Feuerstein and A. M. Holzer, 2009. Overview of ESSL's severe convective storms research using the European Severe Weather Database ESWD. Atmospheric research, 93(1-3), 575-586. DOI: https://doi. org/10. 1016/j. atmosres. 2008. 10. 020

Doyle, E. E. H. , D. M. Johnston, R. Smith and D. Paton, 2018. Communicating model uncertainty for natural hazards: A qualitative systematic thematic review. Int. J. Disaster Risk Reduction, 33, 449-476. https://doi. org/10. 1016/j. ijdrr. 2018. 10. 023

Ebert, E. , B. Brown, J. Chen, C. Coelho, M. Dorninger, M. Goeber, T. Haiden, M. Mittermaier, P. Nurmi, L. Wilson and Y. Zhu, 2015. Numerical prediction of the Earth system: Cross-cutting research on verification techniques, Ch 21 in Brunet, G. , S. Jones and P. M. Ruti (eds), Seamless Prediction of the Earth System: from Minutes to Months. WMO-No. 1156, Geneva, Switzerland. pp403-418

Eiser, J. R. , A. Bostrom, I. Burton, D. M. Johnston, J. McClure, D. Paton, J. van der Pligt and M. P. White, 2012. Risk interpretation and action: A conceptual framework for responses to natural hazards. Int. J. Disaster Risk Reduction, 1, 5-16. https://doi. org/10. 1016/j. ijdrr. 2012. 05. 002

Griffin, R. J. , S. Dunwoody and K. Neuwirth, 1999. Proposed model of the relationship of risk information seeking and processing to the development of preventive behaviors, Environmental Research, A80, S230-245. https://doi. org/10. 1006/enrs. 1998. 3940

Gutter, B. F., K. Sherman-Morris and M. E. Brown, 2018. Severe Weather Watches and Risk Perception in a Hypothetical Decision Experiment. Wea. Climate Soc, 10(4), 613-623. DOI: https://doi.org/10.1175/WCAS-D-18-0001.1

Hektner, J. M., J. A. Schmidt and M. Csikszentmihalyi, 2007. Experience Sampling Method: Measuring the Quality of Everyday Life. Sage, Thousand Oaks, U. S. A. ISBN 9781412925570, 9781412984201

Hemingway, R. and O. Gunawan, 2018. The Natural Hazards Partnership: A public sector collabo-ration across the UK for natural hazard disaster risk reduction. Int. J. Disaster Risk Reduction, 27, 499-511. https://doi.org/10.1016/j.ijdrr.2017.11.014

Hoss, F. and P. Fischbeck, 2018. Use of observational weather data and forecasts in emergency management: An application of the Theory of Planned Behavior, Wea. Clim. Soc, 10(2), 275-290. DOI:https://doi.org/10.1175/WCAS-D-16-0088.1

Isaac, G. A., P. I. Joe, J. Mailhot, M. Bailey, S. Bélair, F. S. Boudala, M. Brugman, E. Campos, R. L. Carpenter Jr., R. W. Crawford, S. G. Cober, B. Denis, C. Doyle, H. D. Reeves, I. Gultepe, T. Haiden, I. Heckman, L. X. Huang, J. A. Milbrandt, R. Mo, R. M. Rasmussen, T. Smith, R. E. Stewart, D. Wang and L. J. Wilson, 2014. Science of nowcasting Olympic Weather for Vancouver 2010 (SNOW-V10): A World Weather Research Programme Project. Pure Appl. Geophys., 171, 1-24, https://doi.org/10.1007/s00024-012-0579-0

Joe, P., C. Doyle, A. Wallace, S. G. Cober, B. Scott, G. A. Isaac, T. Smith, J. Mailhot, B. Snyder, S. Belair, Q. Jansen and B. Denis, 2010. Weather Services, Science Advances, and the Vancouver 2010 Olympic and Paralympic Winter Games. Bull. Amer. Meteorol. S., 91(1), 31-36. https://doi.org/10.1175/2009BAMS2998.1

Joe, P., B. Scott, C. Doyle, G. Isaac, I. Gultepe, D. Forsyth, S. Cober, E. Campos, I. Heckman, N. Donaldson, D. Hudak, R. Rasmussen, P. Kucera, R. Stewart, J. M. Thériault, T. Fisico, K. L. Rasmussen, H. Carmichael, A. Laplante, M. Bailey and F. Boudala, 2014. The Monitoring Network of the Vancouver 2010 Olympics. Pure Appl. Geophys., 171(1-2), 25-58. DOI https:// doi.org/10.1007/s00024-012-0588-z

Joe, P., D. Burgess, R. Potts, T. Keenan, G. Stumf and A. Treloar, 2004. The S2K Severe Weather Detection Algorithms and Their Performance. Wea. Forecast., 19, 1, 43-63. https://doi.org/10.1175/1520-0434(2004)019<0043:TSSWDA>2.0.CO;2

Joslyn, S. L. and J. E. LeClerc, 2015. Climate projections and uncertainty communication. Topics in Cognitive Science, 8, 222-241. DOI: https://doi.org/10.1111/tops.12177

Kaltenberger, R., A. Schaffhauser and M. Staudinger, 2020. "What the weather will do"-results of a survey on impact-oriented and impact-based warnings in European NMHSs. Advances in Science and Research, 17, 29-38. DOI: https://doi.org/10.5194/asr-17-29-2020

Klein, G. A., 1989. Recognition-primed decisions. W. B. Rouse (Eds.). Advances in man-machine systems research, 5, 47-92. Greenwich, Conn: JAI Press, Inc. ISBN 155938011X

Lazo, J. K., H. R. Hosterman, J. M. Sprague-Hilderbrand and J. E. Adkins, 2020. Impact-Based Decision Support Services and the Socioeconomic Impacts of Winter Storms. Bull. Amer. Meteorol. S., 101 (5), E626-E639. DOI: https://doi.org/10.1175/BAMS-D-18-0153.1

Mills, B., J. Andrey, S. Doherty, B. Doberstein and J. Yessis, 2020. Winter storms and fall-related injuries: Is it safer to walk than to drive?, Wea. Clim. Soc., 12(3), 421-434. https://doi.org/10.1175/WCAS-D-19-0099.1

Morgan, M. G., B. Fischhoff, A. Bostrom and C. J. Atman, 2002. Risk Communication: A Mental Models

Approach. Cambridge University Press, New York. https://doi.org/10.1017/CBO9780511814679

Pagano, T. C., F. Pappenberger, A. W. Wood, M. H. Ramos, A. Persson and B. Anderson, 2016. Automation and human expertise in operational river forecasting. Wiley Interdisciplinary Reviews: Water, 3 (5), 692-705. https://doi.org/10.1002/wat2.1163

Penning-Rowsell, E., S. Priest, D. Parker, J. Morris, S. Tunstall, C. Viavattene, J. Chatterton and D. Owen, 2013. Flood and Coastal Erosion Risk Management: A Manual for Economic Appraisal. Routledge. 448pp. https://doi.org/10.4324/9780203066393

Pielke, Jr., R. A., 2007. The Honest Broker: Making Sense of Science in Policy and Politics. Cambridge and New York: Cambridge University Press. ISBN 9780521694810

Potter, S. H., P. V. Kreft, P. Milojev, C. Noble, B. Montz, A. Dhellemmes, R. J. Woods and S. Gauden-Ing, 2018. The influence of impact-based severe weather warnings on risk percep-tions and intended protective actions. Int. J. Disaster Risk Reduction, 30, 34-43. https://doi.org/10.1016/j.ijdrr.2018.03.031

Ruti, P. M., O. Tarasova, J. H. Keller, G. Carmichael, Ø. Hov, S. C. Jones, D. Terblanche, C. Anderson-Lefale, A. P. Barros, P. Bauer, V. Bouchet, G. Brasseur, G. Brunet, P. DeCola, V. Dike, M. D. Kane, C. Gan, K. R. Gurney, S. Hamburg, W. Hazeleger, M. Jean, D. Johnston, A. Lewis, P. Li, X. Liang, V. Lucarini, A. Lynch, E. Manaenkova, N. Jae-Cheol, S. Ohtake, N. Pinardi, J. Polcher, E. Ritchie, A. E. Sakya, C. Saulo, A. Singhee, A. Sopaheluwakan, A. Steiner, A. Thorpe and M. Yamaji, 2020. Advancing Research for Seamless Earth System Prediction. Bull. Amer. Meteorol. S., 101, E23-35. https://doi.org/10.1175/BAMS-D-17-0302.1

Shepherd, T. G., 2019. Proc. Roy. Soc. A: 475 (2225). 20190013. ISSN 1471-2946 https://doi.org/10.1098/rspa.2019.0013

Tan, M. L., S. Harrison, J. S. Becker, E. E. H. Doyle and Raj Prasanna, 2020a. Research Themes on Warnings in Information Systems Crisis Management Literature. 17th ISCRAM Conference Proceedings. Blackburg, Virginia. https://www.researchgate.net/publication/342611823_Research_Themes_on_Warnings_in_Information_Systems_Crisis_Management_Literature (Accessed 3/9/2021)

Tan, M. L., R. Prasanna, K. Stock, E. E. H. Doyle, G. Leonard and D. Johnston, 2020b. Understanding end-users' perspectives: Towards developing usability guidelines for disaster apps. Progress in Disaster Science, 7, 100118. DOI: https://doi.org/10.1016/j.pdisas.2020.100118

Taplin, D. H. and H. Clark, 2012. Theory of Change Basics: A Primer on Theory of Change. New York: Actknowledge. https://www.theoryofchange.org/wp-content/uploads/toco_library/pdf/ToCBasics.pdf (Accessed 3/9/2021)

Taylor, A. L., A. Kause, B. Summers and Melanie Harrowsmith, 2019. Preparing for Doris: Exploring public responses to impact-based weather warnings in the UK. Wea. Clim. Soc., 11(4), 713-729. https://doi.org/10.1175/WCAS-D-18-0132.1

Uccellini, L. W. and J. E. Ten Hoeve, 2019. Evolving the National Weather Service to Build a Weather-Ready Nation: Connecting Observations, Forecasts, and Warnings to Decision-Makers through Impact-Based Decision Support Services. Bull. Amer. Meteorol. S., 100(10), 1923-1942. https://doi.org/10.1175/BAMS-D-18-0159.1

UNDRR, 2015. Sendai Framework for Disaster Risk Reduction 2015-2030. Geneva, Switzerland: United Nations Office for Disaster Risk Reduction, 37. https://www.preventionweb.net/files/43291_sendaiframeworkfordrren.pdf. (Accessed 2/9/2021)

Weyrich, P., A. Scolobig, D. N. Bresch and A. Patt, 2018. Effects of Impact-Based Warnings and Behavioral Recommendations for Extreme Weather Events. Wea. Clim. Soc., 10(4), 781-796. https://doi.org/

10. 1175/WCAS-D-18-0038. 1

Weyrich，P.，A. Scolobig，F. Walther and A. Patt，2020a. Responses to severe weather warnings and affective decision-making，Nat. Hazards Earth Syst. Sci.，20，2811-2821. https：//doi. org/10. 5194/nhess-20-2811-2020

Weyrich P.，A. Scolobig，F. Walther and A. Patt，2020b. Do intentions indicate actual behav-iours? A comparison between scenario-based experiments and real-time observations of warning response. J. Contingencies Crisis Management，28，240-250. https：//doi. org/10. 1111/1468-5973. 12318

Wilks，D. S.，2006. Statistical Methods in the Atmospheric Sciences Second Edition. Department of Earth and Atmospheric Sciences Cornell University Academic Press ISBN 13：978-0-12-751966-1 ISBN 10：0-12-751966-1

Wilson，J. W.，E. E. Ebert，T. R. Saxen，R. D. Roberts，C. K. Mueller，M. Sleigh，C. E. Pierce and A. Seed，2004. Sydney 2000 Forecast Demonstration Project：Convective Storm Nowcasting. Wea. Forecast.，19(1)，131-150. DOI：https：//doi. org/10. 1175/1520-0434(2004)019<0131：SFD PCS>2. 0. CO；2

WMO，2015. WMO Guidelines on Multi-Hazard Impact-Based Forecast and Warning Services，WMO No. 1150，https：//library. wmo. int/doc_num. php? explnum_id=7901.（Accessed 3/9/2021）

WMO，2017. Guidelines for Nowcasting Techniques. WMO-No. 1198. Geneva：WMO. https：// library. wmo. int/doc_num. php? explnum_id=3795（Accessed 3/9/2021）

Yu，M.，C. Yang andY. Li.，2018. Big Data in Natural Disaster Management：A Review. Geosciences，8(165)，1-26. Basel，Switzerland：MDPI. DOI：https：//doi. org/10. 3390/geosciences8050165

第5章
连接灾害和影响:物理与人文科学的合作

Joanne Robbins, Isabelle Ruin, Brian Golding, Rutger Dankers, John Nairn, Sarah Millington

摘要 在整个价值预警链中,建立灾害与影响之间的桥梁,是提升整体预警价值的核心。同时,受方法和语言差异的影响,该核心也呈现了一些颇为困难和极具挑战性的问题。在这一章,我们首先探讨灾害影响科学家的需求,强调相关影响是需要传达给决策者的,并厘清在获取影响相关历史信息(特别是在数据保密的情况下)并匹配合适的灾害数据中的挑战。随后,我们讨论灾害预报员的自身局限,他们虽然可以接触到大量的模式预报结果,但很难将其与受影响的时间和地点快速联系起来,而且对灾害情况下的模式准确性的了解有限。要在两者之间架起桥梁,需要双方都采取开放和务实的态度,并需要时间和共同努力,从而吸收不同的思维方式。我们在这一章里介绍了几个合作案例,包括澳大利亚的海啸预警系统、英国的有毒物质扩散的健康影响系统、澳大利亚热浪对健康的影响系统。最后,我们总结了预警系统中一个有效影响模型应具备的特征,并指出了一些需要避免的陷阱。

J. Robbins (✉), B. Golding
Met Offce, Exeter, UK
WMO/WWRP HIWeather project, Geneva, Switzerland
e-mail: joanne.robbins@metoffce.gov.uk

I. Ruin
Inst. for Geosciences & Environmental Research, Centre National de la Recherche Scientifque, Paris, France

R. Dankers
Wageningen University & Research, Wageningen, Netherlands
WMO/WWRP HIWeather project, Geneva, Switzerland

J. Nairn
Bureau of Meteorology, Melbourne, Australia

S. Millington
Met Offce, Exeter, UK

关键词　经济学家，流行病学家，工程师，灾害，影响，暴露，脆弱性，伦理，训练数据，评估

5.1　引言

越来越多的人认识到，当预警中包含着潜在的社会经济影响的信息时，用户和决策者会做出更明智的决定。在本章中，我们将展示：

· 灾害的影响取决于暴露的个人及群体的脆弱性。

· 天气相关的影响可能和人员相关（例如伤亡）、经济相关（例如财产或业务损失），或服务相关（例如电力或交通中断）。

· 直接影响可能会导致一连串的多重间接影响。

· 影响预报可以通过过程模型或统计模型产生，并且应该具有概率性。

· 灾害影响的观测是理解影响机制、监测影响过程并验证影响预报模型的基础，但通常只能通过合作伙伴获得。

· 将影响模型和灾害模型相关联时，须注意如下几点：变量在不同的模型中应该有相同的物理含义，时空尺度应该匹配，偏差应该被去除。

· 影响预报员和灾害预报员对最终用户的问题的理解往往大相径庭，这些差异必须共享和调和。

5.1.1　影响与风险

自然灾害的影响可以根据其空间范围、持续时间和严重程度来描述，既可以侧重于单个资产（例如道路交通网），也可以综合起来描述对整个区域的影响。影响可分为直接或间接，有形或无形。直接损失是指事件直接造成的损害、生命或财产损失，并且往往与灾害的空间足迹密切相关。间接损失包括产出或收益减少、市场和分销网络中断，以及对个人福祉和社区凝聚力的影响。这些影响通常在地理范围上更为广泛，并可能具有长期的破坏性影响。有形的影响可以被量化，通常有较好的记录存档，而无形的影响则不容易被衡量（例如，安土重迁的思想和心理健康的变化）。大多数的影响模型侧重灾害相关的有形损失和直接损失；但人们认识到，为了灾后恢复的有效和持续，需要更好地理解间接和无形影响。

现代风险分析建立在“行为范式”和“发展范式”（Smith and Petley，2009）的研究基础之上，两种范式共同将重点从遏制灾害为目的的工程解决方案转为理解灾害影响可变性的社会和行为驱动因素上。一些最早基于计算机的风险模型是在保险和再保险行业（巨灾模型）内开发的，其中的风险模拟是根据投保人的资产暴露度和易损性，量化未来潜在灾害的影响（Grossi and Kunreuther，2005）。此类模型通常侧重于评估暴露对象的物理脆弱性，而忽略了其他更难量化的脆弱性（例如经济、社会和观念），而这些方面的量化更具挑战性。

尽管人们普遍认识到风险是灾害、脆弱性和暴露程度的函数，但它们的表达方式会因学科而异。对保险业而言，理解未来的灾害事件的经济影响至关重要，这样他们才能正确配置资本，并对保险业务合理定价。因此，巨灾模型专注于量化物理损失（资产损毁的数量和类型），并转化为货币损失。相比之下，国家气象和水文部门越来越多地采用基于影响的预警，向公众和应急管理人员通报未来近期可能具有影响的天气情况。基于影响的预警通过以下几点来传

达风险级别：基于潜在影响的一般性陈述、采用预先定义的灾害等级描述、以及灾害事件发生的时空分布可能性。

为了使影响和风险模型在早期预警中发挥作用，这些模型的开发应当由用户需求主导，由可用的适当数据决定。在某些情况下，如果对未来潜在风险的一般性和广泛性评估是有效的，那就可以使用常规信息（例如，历史高影响天气事件及其影响）作为类似事件的未来风险的指标。然而，如果用户需要优先做出紧急决策，就必须更详细了解灾害足迹范围内暴露的人群和资产，同时了解那些前所未有的复合连锁社会自然事件可能导致的潜在灾难性局面。要想解决这些不同类型的风险预报，需要使用不同的基础数据和数据处理方法来融合模式中的数据。

5.2　影响预报

估算天气相关灾害影响的方法因用户应用场景和灾害类型而大相径庭。不过，有一些共同因素值得优先考虑。在过去，经验和先例是自然灾害影响的主要信息来源。当相似的情况再次出现时，具有经验的天气预报员或应急管理人员知道会发生什么。预警服务通常是根据对某一特定事件的回顾结果来建立，根据该事件影响的事实来设置灾害预警阈值。一种常见的做法是使用气候学阈值来描述极端天气的变率，从而预测天气事件可能产生的预期影响。这种做法基于以下假设：经常暴露于恶劣天气影响的地区，相比于偶尔暴露于恶劣天气的地区更有抵御能力。然而，随着现代更复杂方法的发展，需要采用正规的统计方法来确定灾害和影响之间的关系。一个日益受到关注的领域是识别和预测灾害的间接影响和连锁效应，即：一种影响会导致其他可能更严重的影响。因此，灾害影响评估的重要部分是确定灾害可能造成影响的各种途径。这一点尤其适用于城市人群，非本地的灾害可能使给大量人口供应的关键基础设施遭到破坏。当然，这对那些依赖邻近城市市场的农村人群也是如此。

5.2.1　影响数据：来源和伦理

对于所有的风险和影响模型，第一步是要确定从灾害到影响的路径，这就需要理解是什么使得事件具有危害性和影响性，并利用可用数据阐明这一点。灾害和影响的相关程度取决于分析所用的数据。对影响模型工作者而言，一个关键问题是，能否获得在灾害背景下的影响观测数据来进行分析。许多国家都在收集影响数据（例如死亡率数据、道路交通事故数据、保险索赔和财产损失），但收集的目的通常不是为了风险建模。在英国，警察在处理交通事故时，必须用全国统一的格式记录事故、涉事车辆、肇事原因和因果关系等信息。该表格包括一栏当时天气的记录，所以，看起来可以借此确定不同天气条件和潜在交通事故之间的关系。但是，这些数据可能具有误导性，因为当时的天气状况不是导致事故的必然原因。记录人员的感知可能对当时的天气记录带来偏差。例如，记录人员可能会认为降雨在事故中起了作用，因为降雨导致路面潮湿，而不是因为事故发生时正好降雨。对影响进行自然灾害归因是非常困难的，尤其是当潜在的脆弱性（例如司机的疲劳程度、驾车技术和反应能力）同样能够在影响中发挥作用时。我们应该认识到，由于收集目的和方法的不同，影响数据本身也存在偏差，因此在确定灾害和影响的关系时需要对此进行考虑。

历史影响数据的质量决定了我们在理解所观测影响数据的驱动因素时可达到的详细程度。大多数国家都会收集死亡数据，但有关死因和死亡情况的详细程度却千差万别。虽然世界卫生组织(WHO)制定了对疾病和相关健康问题进行分类的标准方法,但往往没有记录可能引发这些健康问题的环境灾害。同样,在发达国家,直接经济影响最容易从保险或再保险数据中获得;然而保险赔付可能不等同于损失成本,这可能因为投保不足,或者因为后续改善,替换财产的质量比原先更好等。在提供给影响模型工作者之前,数据通常会进行汇总,从而失去了不同的脆弱性和暴露度所带来的局地差异。对于所有风险和灾害影响的评估,需要区分"微观层面"和"宏观层面"的影响记录。在第一种情况下,评估的是个人层面的影响,然后再汇总到社群或更大尺度。第二种情况则是直接评估国家层面的影响。通过社交媒体或公民科学获得的影响数据可被视为"微观"数据。塔斯马尼亚大学的"AirRater"(https://airrater.org/)智能手机应用便是此类数据的一个示例;该应用程序不仅传播当前大气条件的相关信息(温度、烟雾、污染和花粉),还收集注册用户的临床症状报告(Robbins et al.,2017; Campbell et al.,2020)。这样就可以对不同大气条件下的相关影响进行流行病学分析,同时,由于该应用针对的是易感人群,因此可以捕捉到不同影响背后的详细驱动因子。这些原始数据提供了丰富的细节,但也应被谨慎使用。人们对影响量级或原因的个人看法可能会受其价值观、信仰和社会人口结构的影响。同样的,即便让个人对自己的活动、行为或健康状况进行自我评估和监测,也会和真实情况有偏差,并导致在数据记录前个人就改变了行为,这时就需要不同方式的调查来提供帮助。调查数据能捕获更广泛症状的发生情况,无论是对代表性人群的单次抽样(横截面抽样)调查,还是对同一群体的重复调查,或者观察事件如何随着时间影响相同的人群(纵向抽样调查)。这些方法可以揭示不同类型的偏差,以便让研究人员更好地理解灾害和影响的关系。

"宏观层面"的影响数据可以消除个人感知偏差,通常能够更好地了解事件的整体影响。这是因为事件的正面和负面影响都被记录下来,尤其是在记录宏观层面经济的影响时。数据的汇总消除了小尺度强迫的作用,提供了对影响的更全面的解释,这有利于进行大尺度比较研究,也有利于分析灾害影响行为在时空尺度上的变化趋势。影响数据在分析之前需要进行预处理,处理方式取决于数据来源(基于微观或宏观层面的报告)和收集方法。这包括考虑如下因素:需要哪些质量控制措施(例如,有证据表明,社交媒体的大量数据可用于自我验证其区分是非事件的能力;详见 Cavalière 等(2020)),分析所用数据的延迟性,以及为了更好地表征观察到的影响,将多源信息汇集的价值。记录偏差、影响数据的质量和影响归因通常由受到灾害影响部门的相关人员管理,然而如前文所述,他们很少考虑风险和影响的建模。因此,要稳定有效地利用可用的数据集,需要持续的协作努力。

几乎所有的影响数据都受到可获取性问题的影响。例如,健康影响数据的来源一般包括救护车任务、住院和全科医生咨询数据,但出于对患者隐私保密的要求,这些数据无法通用。在某些国家,匿名或汇总数据会相对容易获得,但在其他国家则需要获得授权的研究许可。同样的,对公用事业和道路基础设施等工程机构的影响,原则上可以从故障日志、事故和维护记录中获得,但工程故障的正式记录或报告很少公开。

影响数据的可获取性与保密性相辅相成。所有影响研究都必须在法律和道德的框架下进行,以确保任何与个人、企业或特定地点相关的数据的机密性。这些框架对可完成的分析类型和可实现的潜在评估细节都有影响。这一点在健康与灾害分析领域得到了很好的证实。对健康结果的统计分析受到道德标准的约束,从而保护经历过健康事件的个人的身份。姓名、年龄、性别、当前病情、家庭住所、事件地点和健康事件类型等数据都被收集并严格保管。数据收集的方式可能会掩盖灾害对健康事件的影响，特别是医疗系统或从业人员很少会对灾害的存在进行编码记录。严格的个人数据保护协议通常包含空间范围(事件发生的位置)的阈值、受该类影响的最低人数(通常不少于 10 人)、和/或按时间段分组的数据。由于大多数天气相关灾害都是按日计算的，因此，为了满足受影响人数达到十的要求，发布的人类健康影响数据通常会覆盖更大范围。人类健康影响按照死亡或发病类型分类。每日发病率比死亡记录高一个数量级，所以，发病率统计分析可以在比死亡记录更高的空间分辨率上进行，而死亡记录的研究则需覆盖更大范围，甚至到大城市的规模。病例人数越多，就越能在更高分辨率实现道德标准和统计学显著性，甚至可能达到街区级别的分辨率。

健康相关的研究可能被认为是考虑道德的特例。然而，即使影响数据是公开可获取的(比如来自社交媒体和新闻媒体)，它们也应该受到伦理考虑的限制。影响数据让我们深入了解人员、系统、地点的脆弱性和敏感性，在处理、汇总和可视化技术被应用时，这些脆弱性和敏感性会得到强调。这意味着数据可能不再是中立或公正的，可能具有重要的政治和道德内涵。影响数据可以突显 "表现不佳 "或未遵守全球或国家认可的准则(如人道主义和联合国准则或行业标准)，或突显政策或工作实践的积极和消极采用情况(如在能源行业，可以根据对其网络的影响情况确定公司维护其资产的方式的变化)。除了性能方面外，当影响数据以某些方式汇总或可视化时，可以突显特别脆弱的群体或资产，因此此类数据需要谨慎处理，以防止对此类群体产生负面影响，从而进一步加剧其脆弱性。当自然灾害影响与脆弱及受冲突影响的局势交织在一起时，这一点尤其重要。

5.2.2 影响关系:从灾害到人、服务和经济影响

建立影响模式的一个关键要求是确定一组正确的预报因子。可能很容易想到，风速是预测风暴对建筑物破坏程度的预报因子，这也体现在了与影响相关的风速等级上:例如蒲福等级(Beaufort scale)和藤田等级(Fujita scale)。风向对很多建筑结构是至关重要的，比如墙壁和屋顶;与此同时，前期或同期的降雨也会对一些建筑材料造成影响。许多建筑损坏和交通中断是由树木倒伏造成的，特别是在树叶茂盛(如果是落叶植物)以及地面潮湿的情况下。对于那些不太明显的关系，例如健康的影响，确定疾病对哪些环境预报因子敏感(如果有的话)本身就可能是一个挑战(Fleming et al. ,2014)。当存在多个预报因子时，必须谨慎地选择数据来源。例如，如果风速是从附近的机场记录而来，但颗粒物浓度(例如 PM_{10})却是从市中心的监测站记录的，那么这种不一致会在相关性分析中带来偏差。

就洪水而言，灾害受降水强度和时长、流域形态、土地利用、土壤湿度等的综合影响。这些参数不仅会影响水文响应的速度(缓慢的洪水还是暴洪)，还会很大程度上决定灾害影响的类型和严重程度。缓慢的河流洪水很少会造成人员伤亡，但范围更大且持续时间更长，因此也会造成巨大的经济损失。相比之下，即使是局地的暴洪也可能更致命，因为它们往往在人们的日常活动期间突然发生(Jonckman，2005; Ruin et al. ，2008，2009，2014; Diakakis et al. ，2020)。通过对山洪受害者的情况和特征进行研究，研究人员可以建立受害人年龄和性别、发生地点、事件时间和洪水动态之间的联系(Ruin et al. ,2008; Terti et al. ,2017)。对这些社会影响和自然环境数据的综合分析，可以帮助我们理解那些在影响预报中需要检验和测试的因子的多样性(Terti et al. ,2015)。

使用机器学习等先进的方式来确定统计关系，可以找到非常复杂和间接的关系，可能极大

地增强影响预报的能力。然而,如果在数据分析中得到不那么直接的关联时,那么在用于预报之前,应该对其的因果关系提出质疑。识别和消除潜在的混淆关系是这一过程的关键部分,这需要谨慎的实验设计——要么通过抽样的方法排除,要么将其影响作为统计模型的一部分。建模之前,数据的趋势也应当被去除。线性趋势,例如医疗保健普遍改善带来的趋势,相对容易被识别和消除;然而,数据跳跃也可能出现,由于法规的更新(例如建筑法规、最大货车/卡车尺寸)或工业的变革(例如新材料)等,这很容易被误认为是线性趋势,或完全被忽略。应始终审慎地对任何关系的显著性进行审查,即使存在高度显著性,也应始终使用完整的概率分布,而不仅仅是平均关系,以确保不会被虚假的准确所误导。

当根据现有观测难以确定统计关系时,可以采用其他方法。原则上,可以使用详细和基于过程的方法,来模拟对建筑物、水坝、公路和铁路等基础设施等资产的直接影响。例如,可以根据风速、车的相对风向、车辆高度和重量特性、车速和道路特性,来评估卡车/货车因强风而翻车的概率。机械模型可用于描述车辆在不同灾害条件下翻车的过程,并可借此确定灾害与其影响之间的关系,进而确定出以影响为导向的阈值,并用于正向建模(Hemingway and Robbins,2020)。同样,像桥梁、水坝和高架电线等工程结构通常在设计时就考虑了抗灾水平,例如特定阈值的强风或高水位,一旦超阈值,工程结构可能会受损或失效。工程师通常使用脆弱性曲线来表示结构失效的情况,该曲线能将失效的概率和施加荷载联系起来。脆弱性曲线通常被认为是机密的,在某些情况下甚至是国家机密。工程师还可以在受控条件下进行实验,以获得直接证据表明灾害如何与基础设施相互作用并产生影响。例如,劳斯莱斯在火山灰环境下对其飞机发动机的性能进行了测试,制作了火山灰包络线(Davison and Rutke,2014);还有其他几项研究通过振动台实验来获得不同建筑类型在不同地震场景下的原始性能数据(Fiorino et al.,2019; Xie et al.,2019)。以这种方式获取原始数据可确保收集的信息与研究人员(最终为用户)的需求直接相关,并回答了研究人员想要建模的关键关系问题。这就减少了二手数据筛选的需要,因为二手数据源本身就存在偏差。然而,收集的原始数据质量取决于良好的实验设计、测试或调查结果,因此在设计之初必须要谨慎对待。还应注意的是,并非所有的灾害影响建模者都有能力收集原始数据,在这种情况下,二手数据源可能是确认灾害到影响的路径的唯一可行的选择。

在考虑与天气相关的灾害影响时,可将其分为三大类:对人员的影响,体现为对死亡、受伤和流离失所的记录;对财产和经济的影响,体现为财务损失的记录;以及对基础设施的影响,体现为公共服务受损的记录(图 5.1)。这些影响并不是独立的:住宅受损可能导致心理健康的影响;个人受伤会产生治疗费用,并降低生产力;而公共服务受损可能带来健康和成本的影响。在所有情况下,产生的精神压力都是潜在的影响。

方法示例:对人的影响。自然灾害对人类影响的研究是流行病学科的一部分(例如,参见《美国卫生与公共服务 2012 报告》);它关注的是人口中健康事件的频率和模型及其原因。流行病学通过对有效对比群体的数据进行系统收集、分析和解释,以评估观察到的情况是否与预期有所不同。这种分析会大量使用统计方法(Armitage et al.,2002)来确定健康事件的时空分布特征与个人特征(年龄或性别)、个人行为(运动或职业)以及个人环境暴露条件(恶劣天气或污染)的相关。

在影响预报中使用流行病学分析必须以终端用户及其需要作出的决策为出发点。对于政府或公共服务机构,可能需要考虑综合影响。例如,在中暑等健康影响方面,如果需要治疗的

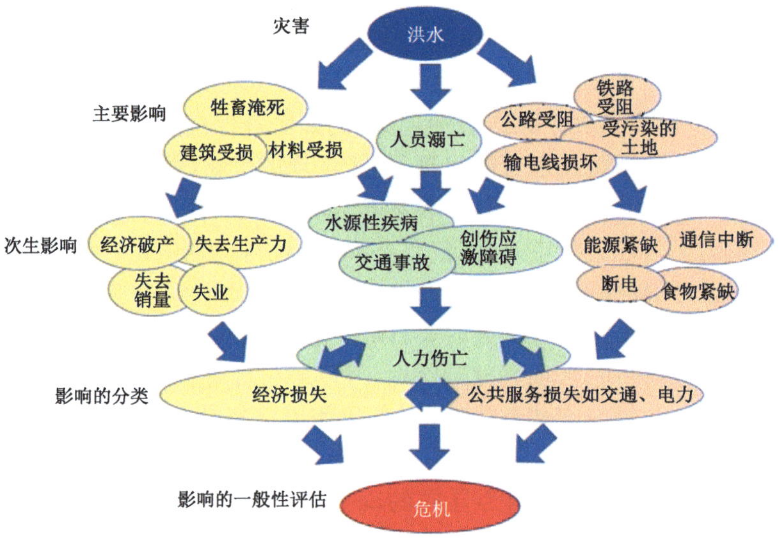

图 5.1　洪水的潜在影响，分为经济损失、人力伤亡和服务损失（© 2021 年英国气象局官方版权所有）

人数超过可用的病床或专业设备数量，则需要采取行动来转移患者或重新分配重要资源。另一方面，对于公共预警，可能需要预测对个人的影响。因此，夜间温度可能是评估老年人和慢性病患者住院需求的良好指标，而白天温度可能更适用于评估对运动员和户外工作者的影响。整体和个体的这种区分也出现在经济相关影响的领域，将在下文叙述。

流行病学分析旨在确认和量化暴露与健康结果之间的关系。此类研究的特点是至少存在两个组，其中一组作为对照组。为了做到这一点，在没有个人住址的情况下，必须对健康记录所覆盖区域的灾害暴露情况做出假设。即便是有住址的情况下，也可能需要假设他们是否在家、在室内或室外。这在评估慢性影响（例如炎热、寒冷或污染等）时尤其困难。除非是研究特定的人群，例如具有特定脆弱性的人群，否则必须确保采样的暴露和未暴露人群对总人口的代表性。

在观察性病例对照研究中，根据是否患有疾病招募受试者，然后通过询问或测试来确定他们之前的暴露情况。研究人员通过对比病例组和对照组的暴露患病率的差异，可以推论暴露是否与疾病有关。在纵向观察性样本的研究中（例如 2013 年 Raaschou-Nielsen 等关于空气污染影响的综述），样本人群首先被确定，然后分析当他们暴露在预先设定或自然条件下时，健康情况会如何变化。对自然灾害而言，样本选择通常发生在事件之后，选择人口统计学上具有相同组成的暴露和非暴露样本。但这其实不太可靠，因为这些组可能在某些重要但未知的特征上不匹配，并且需要大量样本以确保包含足够的暴露样本。短期影响的另一种方法是交叉病例分析，它将病例作为自身对照（Lombardi，2010）。对于特定事件，采用横截面方法，从同一人群和同一时间中选择两组样本——暴露组和未暴露组，同时确保每组符合总体人口特征。这些方法更适用于流行病学描述，而不是因果关系的确定。

某些情况下，可能无法明确划分暴露组和非暴露组。对于某些类型的高温事件，非正常死亡（更准确地说是“全国死亡”之外的非正常死亡）被视为是影响的可靠指标。非正常死亡是根据当年的预期死亡人数计算的，已经考虑了灾害的存在和长期死亡率的趋势。通过结合非正常死亡率和时间序列分析，可以评估已知的灾害周期、灾害类型与影响变率之间的关系（Armstrong et al.，2019）。但是，一些研究会排除某些可归因于外部原因的死亡，即认为该原因不是促成死亡的因素。这对热浪来说是一个有趣的问题，因为人群可能会逐渐疲劳，并承受更多的“外部原因”影响。在其他情况下，分析可能只关注暴露组，以分析组内存在的风险差异。这种差异在多灾害事件中（如热带气旋和火山爆发）特别明显，因为大范围灾害下存在着暴露程度的显著差异。有趣的是，Brown 等（2017）的研究提出了一个关键挑战：将不同火山喷发事件相关的死亡记录与医疗原因（例如喉部和肺水肿；窒息和爆炸创伤）和灾害原因（例如火山碎屑密度流）联系起来，从而可以评估死亡的时空分布，并确定不同人群面临的风险。

一个相对较新的研究领域是对灾后的心理健康影响。Munro 等（2017）对那些因洪水而无家可归的灾民进行了横截面调查，发现抑郁症和创伤后应激障碍显著增加，而 Garske 等（2021）则使用社交媒体数据来追踪超级飓风“桑迪”发生期间和之后的负面情绪。心理健康问题的严重程度不仅取决于灾害本身或人们是否得到预警，还取决灾后恢复所面临的挑战（Mulchandani et al.，2019；Schwartz et al.，2017），这些挑战与生计和贫困状况直接相关。新技术也允许新方法来克服一些挑战，可以将暴露和环境压力反馈联系起来。例如，“可穿戴设备”可以跟踪一个运动或活动对象的暴露情况和生理反应，这很可能显著改善临床研究。心理健康的影响，是一个依赖于科学、工程、分析、医疗保健、商业和政府管理等专业知识的领域，体现了在建立有效的灾害影响路径中所必需的协作精神。

在上述所有讨论的研究中，需要注意那些会造成影响的复合变量。在某些情况下，复合变量的影响可能比灾害本身更大。例如，具体是星期几和是否是公共假期对大多数健康统计数据有主导影响。可以通过辅助变量将其纳入分析。此外，重要的是纳入所有可能相关的环境变量，而不仅仅是假设的主导变量。因此，在炎热或寒冷的健康影响情况下，温度、湿度、风和辐射等因素可能共同起作用。如果能建立因果关系，就可以识别出特定的脆弱人群，并针对性发出预警，从而采取特定的保护性应对措施（例如雷暴天气导致的哮喘）（Dabrera et al.，2013）。

方法示例：公共服务影响。像电力、水务、交通和通信这样的公共服务依赖于庞大的基础设施网络，但这些网络很容易受到灾害的破坏，要么是网络节点处（例如水处理厂、电力开关站）被破坏，要么是通路被切断（例如道路、管道、电缆）。一些网络内置了连接冗余功能，在一条通路被破坏时可以重新定位其他通路。然而，如果一个关键节点停止服务，则可能影响成千上万的人，如 2007 年英格兰的一家水处理厂被洪水淹没，导致 42 万人无法使用自来水，比房屋被淹的人数高出几个数量级（Pitt，2008）。

公共服务影响的可靠数据很难获取，因为它们通常具有商业敏感性。因此，确定灾害和公共服务影响两者关系的大多数工作都由服务提供商在其组织内部进行。公开发表的文献很少探讨此类公共服务中断的根本原因，于是导致了两种截然不同的研究方法。对于公共用途，可以通过统计方法分析整体影响，将媒体和应急服务的灾害影响报告和一些暴露和脆弱性的整体衡量（例如人口）联系起来，进行此类分析的能力取决于服务提供商的监测类型和一致性；反过来，这和监管机构是否强制执行某些交付标准有关，这些标准要求监督和报告公共服务的提供情况（如能源行业的客户的分钟损失数；如水务公司的过量污水泄漏有关的罚款情况）。对于基础设施所有者来说，可以进行更详细的鉴定分析，将服务损失与系统特征（例如冗余和设计）、运行特征（例如维护计划）、管理特征（例如技术人员是否随叫随到）联系起来。这种分析主要是基于过程的，可能结合了结构故障的工程模型和网络故障的计算机模型。理想情况下，整体统计的方法和基于过程的鉴定方法之间应该存在关联，在基础设施完全公有制的情况下，这种关联是可能的。

公共服务受到的影响通常包括两个在时间上紧密关联的部分：第一个是即时影响（例如，节点故障、交通事故、土方工程故障导致的道路中断），第二个是延时影响（例如，一段时间的服务中断；拥堵和行程延误；道路关闭或改道对整体交通网络造成的压力）。这意味着公共服务影响的评估要考虑最初造成影响的驱动因素，以及后续加剧或减轻次级/三级影响的控制措施，从而实现"事件"影响的完整评估。复杂系统建模可以帮助理解这种级联影响，并有助于识别整个网络中的脆弱或高度暴露的热点。这在试图理解生态系统服务受损时尤其重要，例如破坏红树林导致风暴防护能力的丧失，或摧毁栖息地导致作物传粉媒介的减少。但是，重要的是要思考如何将这些信息纳入预报建模。例如，模式应该重点预报初始影响的可能性（短链影响），还是预报事件的总体影响（长链影响）。同样，在考虑总体影响时，必须能确定可观测到不同严重程度的影响范围，以便预报建模可以有效区分不同的影响范围。我们将在 5.2.3 节中再次讨论这一点。

如前文所述，服务提供商可能只监控以上两种影响中的其一，或使用只能获取部分信息的替代指标；因此，理解灾害事件相关的所有影响可能是非常具有挑战性的。此外，与灾害对人群造成的影响一样，还必须考虑复合变量。例如，除了恶劣天气之外，对交通网络的即时和延时影响可能有许多原因，包括驾驶员的能力、反应能力、健康和行为特征（例如，行为大胆的人还是谨慎或胆小的人）、交通网络自身的恢复能力和吸收冲击的能力，以及可支持交通恢复的服务在时空上的临近程度。需要采用与流行病学相同的方法进行仔细的统计分析，以确定天气所起的作用。Call 等（2018）使用横截面方法来确定灾害天气对美国高速公路上多车交通事故的影响，并确定能见度障碍（由雪、大雨、或雾导致）是高速道路上交通事故的主要原因。

方法示例：经济影响。天气相关灾害的经济影响可以是直接，也可以是间接的。人们通常将代表人员和服务损失的无形影响的经济估值纳入其中。因此，即使影响链很短，全面分析恶劣天气事件造成的成本也可能非常复杂。图 5.2 总结了需要被确定的影响的主要条目。图的上半部分展示了直接影响的类型，尽管可能难以获取，但这部分应该有相应的经济数据。图的下半部分展示的是无形的影响，要衡量这部分数值，首先需要从讨论人力和服务影响的类似数

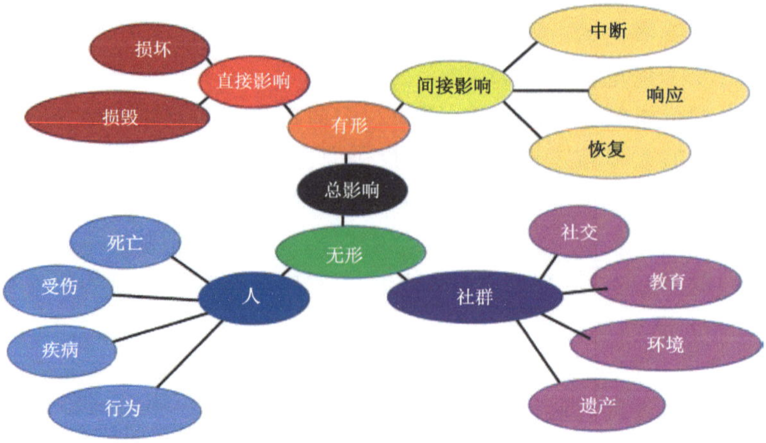

图 5.2　自然灾害的经济成本来源（借鉴 Deloitte(2016)）

据来源中获取,随后进行货币化。有形和无形影响经常是重叠的,需要注意避免重复计算。例如,交通事故的直接成本包括车辆的修复和维修、救援服务的出勤、相关人员的康复、所有必要的受伤治疗以及人员的所有收入损失。间接影响则包括事故冲击的影响、伤痛引起的不适、以及道路中断导致时间损失的机会成本。为事故提供医疗和紧急服务的成本可能属于直接成本,但也可能是社会为减少交通事故的影响而付出的部分。还必须注意的是,“价值”是感知导向的,取决于报告的层级(例如个人、组织、社区或国家)。因此,报告的价值与报告者的类型还有目的密切相关。

对经济影响的研究是经济学的一部分。微观经济学研究个人或企业的财务成本(比如参考 Kolmar(2017)),而宏观经济学则关心对国家财政的总体影响。在这里,我们主要关注微观经济学的方法,但应该记住,灾害不仅会造成经济损失,也会带来一些经济获益,灾害对国家造成的总损失将低于个人和企业的经济损失总和。

对天气影响成本的研究通常侧重干预措施(例如预警)的效益,而不是影响本身(比如 Perrels et al.,2013)。但是,使用的方法通常是相同的。WMO(2015)对这些方法进行了总结。它们可以分为基于历史成本的方法和基于人们价值观念的方法。与流行病学一样,经济分析依赖于标准统计方法的应用(例如参考 Grant(2018), Cleff(2019))。

恶劣天气的财务影响数据没有被系统地收集。《仙台框架》的报告(UNDRR,2015)包括区域和行业详细成本,但目前还未广泛发布这些数据。主要的灾害数据库,以紧急灾害数据库 EMDAT(EMDAT,2021)和灾害目录系统 DesInventar(UNISDR,2015)为例,首先记录的是保险成本,当媒体报道了未投保费用和间接费用时,再加上这部分的估算。不幸的是,正如 Panwarhe 和 Sen(2019)所示,这些数据存在相当大的不确定性。除了保险赔付外,经济数据的来源还包括生产数据的报告、纳税申报表、公司报告和股票市场估值。Lazo 等(2011)借助州级和行业级的国内生产总值(GDP)数据,将宏观经济活动的变化与天气异常联系起来。在此过程中,他们考虑了技术的外部变化和经济投入(即资本、劳动力和能源)水平的变化。Eyre 等(2020)探讨了一种商业损失的间接评估方法,他们利用 Facebook 上社交媒体帖子的减少程度来表示停业的阶段。应急响应的直接成本也可以通过部分政府支出获取,比如政府在卫生和紧急服务方面的支出、对地方行政部门的紧急拨款、还有增加的社会支持资金等。Panwar 和 Sen(2020)发现,在发生重大洪水事件后的两年内,印度政府的支出和债务增加、税收减少的信号非常明显。

通常获得经济数据后,会对灾害影响进行时间序列分析,将影响数据的变化与灾害事件的时间相关联。此外,通常考虑了经济影响的延迟效应和持续性。然而,也可能采用横截面分析的方法,比较受影响区域和未受影响区域在灾害期间的变化。这些方法与在流行病学中一样,必须注意保持数据的一致性并排除复合变量。例如,如果使用月收入数据,则需要根据每月的工作日数量进行调整。在比较或汇总不同地点的影响时,需要考虑到受影响人群在人口统计、性别和经济状况方面的特征。

无形损失,如死亡和受伤,可以根据潜在收入的损失来评估。法律责任通常基于损失相关的“金钱”成本,即死亡情况下的潜在收入损失,以及受伤时的治疗费用和收入损失。然而,一般通过条件估价法进行估计,比如支付意愿,后文将阐述。类似地,服务损失可以根据恢复所需成本来估值,或为错过的服务的原来价格来估值。然而,对于水和电力等关键公共服务,价格往往受到严格监管,因此更常采用条件估价法来估值。这种方法通常也用于生态系统服务评估，例如清洁空气和水。

条件价值法运用多种调查技术进行估算，最常用的是支付意愿(WTP)。例如，在经济应用中，它被广泛用于为生命(VSL，标准生命值)或伤害设定一个估计平均值。使用该方法需要专业人员参与，否则结果可能缺乏可信度。美国交通部在2015年根据支付意愿建立了960万美元的标准生命价值(Moran and Monje，2016)。他们还将伤害的价值货币化为标准生命价值的分数。Cho和Kurdzo (2019)使用他们的数据估计了美国的雷达网在减少龙卷伤亡方面的经济价值。这种方法要求人们在接收问卷调查时，给出的估计与他们的实际行为一致，至少在调查样本的平均意义上是如此。另一种评估方法更为直接，通过人们的行为和自愿承担的成本，来直接估算人们对无形损失的重视程度。例如，人们会为具有额外安全功能但更昂贵的汽车支付溢价；或者工人可能会为从事易受天气影响的工作而寻求获得更多报酬。同样，需要专业的设计来梳理不同的影响因素，例如虽然海边的房子更易受灾害影响，但同时也更受人们欢迎。

天气相关损失的价值也可以通过社会为减少或预防损失而承担的成本来估计；例如航空安全的成本，比如机场风切变雷达系统(Hallowell and Cho，2010)；或冬季道路维护的成本(Venäläinen and Kangas，2003)。然而，如果一开始就使用支付意愿来证明安装的合理性，则可能出现循环论证。同样的，救护车和紧急医疗服务的成本可以与这些服务所预防的死亡和所治疗的伤害的感知估值有关。

有时可以将估值从一种环境转移到另一种环境，例如在一个国家的不同地区之间。有许多研究调查了特定医学治疗的价值。如果这些恢复治疗是针对天气相关的伤病，那么估值就可以转移。更一般地说，如果不同的原因造成了类似的灾害影响，那么损失的估值应该是相似的。然而，在国家之间转移研究结果时应谨慎，因为估值可能会受到国家特定经济和文化因素的强烈影响。

所有这些方法都有一个弱点，就是它们强烈依赖于社会经济水平。这对一个国家内部的研究来说，可能并不重要，但在进行国际间的比较时，就很难令人满意。解决该问题的一个方法是将所有财务成本与个人的家庭收入、企业的营业额或国家的国内生产总值(GDP)联系起来。

5.2.3 灾害影响预报模型

在确定了与用户决策相关的因果关系之后，必须将其转化为预报工具才能发挥作用。灾害影响建模的方法多种多样，包括将水文气象信息与脆弱性和暴露程度的数据进行简单叠加，以生成关于潜在影响的定性陈述(Robbins and Titley，2018)；通过统计方式将灾害量级(例如天气参数或洪水深度)与观察到的灾害影响进行联系，从而将事件的风险和影响正式量化，表现为灾害可能性、脆弱性和暴露程度的函数。决定实施哪种方法取决于灾害—影响关系的强度和完整性、用户的需求、可用于预报模型的数据、模式输出所需的分辨率和时效性。通常，统计分析可以确定，多大程度的灾害下，影响可能会开始发生。这种情况特别适用于收集的影响数据是二元(有影响或无影响)的情况。如果灾害影响数据在本质上是连续的，那么统计分析就可能识别出断点或阶跃变化，也就是说，灾害量级的变化导致了观察到的影响的程度变化(例如，温度升高或降低对健康的影响)。这样就可以建立阈值，灾害建模者可以借此生成更具影响导向型的预测信息。对于某些用户来说，只要知道何时何地会发生灾害影响(无论何种类型）就足够了。但其他人可能还需要了解，随着时间推移，潜在灾害影响在空间和严重程度上的变化，并根据可能发生的不同类别的影响对其进行描述（Aldridge et al.，2020）。还有一些人可能需要灾害影响的具体量化（例如：可能被淹的房屋数量），以便按优先次序做出适当的决策。为了获得这些细节，影响建模者可以采用一系列技术，但主要的基本要求包括：(1)对灾害的可靠描述；(2)一种描述环境灾害相互作用的“后果”的方法。前者将在第 5.3 节中讨论；而后者将在下文概述。

如果无法确定阈值来描述未来的潜在风险，或者当阈值仅能处理部分风险评估时，就可以增加个人、财产、基础设施脆弱性等附加信息，并与它们的暴露程度相结合，从而确定灾害事件的可能后果（影响）。人们讨论脆弱性和暴露度时，常常把它们看成是明确定义的特征。根据联合国减少灾害风险办公室（UNDRR，2017）的定义，暴露度相对容易被描述，因为它代表了灾害易发区域的人员或有形资产的定量描述。物理空间上的暴露通常被认为是一个确定性问题，可以通过实地测量或购买商业数据集来获取适合的空间数据（例如卫星、激光雷达、测绘、交通计数点数据）来解决。虽然这种方法是一个重要的组成部分，但绝不足以在影响建模中准确体现。首先，数据必须保持更新，暴露数据的最佳更新频率是很难确定的，它取决于所用的数据类型和需要做的决策类型。对于建筑存量、公路网和农业要素（例如作物类型），可能需要至少每年更新一次数据。对于生计数据，可能只需要每五年更新一次；然而，如果获得数据的地区受到了大规模冲击（例如冲突或大规模人口迁移），则可能从根本上改变数据，这意味着需要立即更新，以保持暴露数据的代表性。其次，必须了解人群暴露情况随时间的变化。考虑儿童受龙卷影响的情况更容易说明这一点。晚上他们在家，所以暴露程度与其他家庭成员相同。上课期间他们在校，也许在一栋离家很远、和家完全不同、庇护条件也不同的建筑内。在上下学路上，他们可能会乘坐小汽车或公交，沿着公路前往家和学校之外的第三个地点，也许是参加体育运动。在周末或暑假期间，他们可能会探亲或参与其他娱乐活动，可能完全离开本地，成为不熟悉当地灾害的游客。每个不同的地方都有不同的暴露程度和脆弱性。

在缺乏实时暴露数据的情况下，灾害影响建模者可以利用（从历史数据中识别的）现有趋势来模拟人员和资产的动态行为，以便捕捉这种时间上的变化。例如，车辆倾覆模型预测了车辆在强风中翻车而遭到破坏的风险（Hemingway and Robbins，2020）。通过手动和自动计数，对交通网络的公路上的暴露元素（车辆）进行统计。这些数据被用于绘制按车辆和道路类型划分的小时平均的交通流量变化图。利用这些信息，可得到公路网上的随时间变化的暴露度平均定义，以用于风险计算。然而，以上是基于公路网的历史平均使用情况，并未考虑道路因维护活动关闭而带来的暴露程度变化，也没有考虑到系统受到短期冲击后，交通流量显著减少的情况。因此，模式中使用的假设和注意事项必须明确地记录，并对下游透明，这样才能有效地解释风险预报。另一种对驾驶员的动态暴露进行建模的方法，是使用基于活动的方法的最新进展来构建移动模型。这方法在对暴露者的社会人口特征感兴趣的情况下尤其适用。该框架用于微观模拟个人的出行活动模式，它将出行行为视为源于参与活动的需求，旨在预测个人所进行的一系列活动（McNally，1995）。基于活动的模型在动态暴露的评估中越来越受到关注，如空气污染暴露研究（Beckx et al.，2008，2009）。洪水暴露研究也可以从这种移动模式提供的丰富信息中受益。事实上，将个人出行活动的模拟与道路洪水的预报相结合，可以全面评估驾驶者在洪水灾害前的暴露风险及其时空演变（Shabou et al.，2017，2020）。

脆弱性比较难定义，不同研究学科对脆弱性的定义、测量和评估方法各异（Wisner，

2016)。这种情况的一个原因是,脆弱性通常是许多相互关联的因素的结果。一些研究使用复合指标或指数(代用指标的组合),以可操作的方式表示系统的某一特征或质量(Birkmann,2006; Fuchs et al.,2018),并描述资产各个方面在特定灾害下脆弱性的增加或减少。指标的数量、类型、加权和整合方法的选择,取决于可用数据,以及所建模风险的复杂性。这些决定极大地影响着风险分析和影响评估的结果,以及决策信息在下游的最终效用。与暴露度一样,脆弱性也具有时空变化,确定如何在预报模型中表达这一点很重要。Terti 等(2019)使用一种有监督的机器学习技术,将山洪灾害中观察到的人员伤亡的历史影响数据与社会暴露及脆弱性的代用数据联系起来,从而预报在山洪或快速演变的天气事件中灾害影响(例如死亡、受伤)的爆发。这种方法依赖于大量可靠和精确的影响数据,如果这些数据可用,则可以在逐小时尺度上解释洪水和人员流动性的关键相互作用。另外,人道主义危机之后的脆弱性快速评估(世界粮食计划署 WFP,2018)有助于更好地了解不断变化的脆弱性,使用地球观测数据以及社交媒体亦是如此。同时,脆弱性和暴露的最新情况需要纳入到影响模式中,这样模式才能对当前状况有最佳的呈现,从而进行更准确的影响评估。对短期和常规运行的影响模型而言,如何有效地做到这一点仍处于研发中,但如果建模者需要捕捉多灾害和长链的影响,或者关注脆弱和受冲突影响的地区,那么这种更新至关重要。

大多数自然科学的影响模式都侧重于描述实体的脆弱性(即实体受影响的可能性)。这是因为这些模式都希望确定直接和有形的灾害影响。然而,在影响的连锁反应很重要的情况下(例如社会保护),其他形式的脆弱性(经济、社会、文化/环境、心理)也变得很重要(Cutter et al.,2003;Babcicky and Seebauer,2021)。例如,在大城市,特别是在发展中国家那些迅速发展的大城市,移民和穷人经常在尚未开发的空地上建立非正规的定居点,而这些地区往往高度暴露在洪水、山体滑坡或土地污染等灾害影响之下。如果没有钱,他们很可能营养不良,这增加了他们因洪水生病的脆弱性。如果没有电力和通信,他们很可能无法及时收到洪水的任何预警;而且他们可能无法理解预警的语言。如果没有交通工具,即使收到预警,他们可能也无法采取行动。这些问题并不仅限于发展中国家,正如 Wolshon(2006)所强调的那样,他认为 2005 年遭遇”卡特里娜“飓风袭击时,新奥尔良 10 万多名贫困人口疏散失败的主要原因是交通工具的匮乏。

正如关于暴露数据的前文所说,在灾害—影响关系完全基于历史数据时,预报模式需要受到一定约束,以保证其在历史数据范围外的预报是合理的,并纳入对历史趋势的任何预期延伸(包括可能的灾害程度和影响)。历史分析的概率分布需要与灾害预报的不确定性信息相结合,并对结果进行审查,评估模型在分辨应该和不应该采取行动时的能力,以判断它们是否能为决策提供有效的信息。与所有模式一样,影响模式的开发需要做出一系列选择和假定,包括关于灾害影响的相关途径、脆弱性的相关方面、适当的细节水平或尺度、某些阈值或参数的数值。因此,在灾害的不确定性之上,影响模式本身又增加了影响预报的整体不确定性。一般来说,模拟的不确定性可归因于两个主要方面:(1)参数的不确定性——由于缺乏数据、对过程理解不完善、以及需要使用近似值而无法确定精确的参数值;(2)结构的不确定性,与过程的表达方式、被忽略的方面或计算限制(例如分辨率)有关。需留意的是,依然存在残留的不可预报因素,这是由于模式的不足、我们的知识在真实性和完整性上的局限,或者仅仅是所建模的物理过程的固有不可预报性。为了探索、理解、和量化模式不确定性,我们可以采用多种技术,例如,对关键参数值进行逐个或整体的敏感性分析,或探索模式的替代结构。影响预报应始终伴随对其不确定性的估计,这样预警才能建立在现实的风险评估之上。

5.3　灾害预报的能力

第 6 章将更全面地描述灾害预报。在这一节,我们的重点是理解预报能否捕捉到那些与灾害影响最相关的方面。业务预警系统中的详细程度取决于灾害预报的生成方式——是通用信息还是定制服务。准确性取决于气象和环境模式的质量及其同化观测资料的能力。可靠性需要通过概率方法解决,但也取决于验证的有效反馈,从而改进预报。

影响预报需要灾害的相关信息。一般来说,获得灾害数据的限制要比社会经济数据的限制小。然而,虽然分析结果可能显示出灾害和影响之间的密切关系,但所需的特定预报变量可能比标准天气变量更难获得。一个简单的例子是闪电,它在世界各地造成多人死亡,但天气模式通常没有闪电预报,即使有,往往也很笼统。闪电可以在云层和地面之间传播 10 km 或更远的距离,这使得闪电预报更加困难。

不同种类灾害的预报能力差异很大。最具破坏性影响的灾害与洪水和风有关。对于大型河流的洪水,气象条件可能在一周或更长时间内都是可预测的,而且,洪水到达下游的时间也可增加预报提前量。然而,洪水深度的细节可能对灾害影响至关重要,同时人们对河水深度的了解受限于其他条件,比如植被和沉积物,以及堤坝的维护状态。虽然风暴潮通常可以提前数天预报,但其在近岸的增长对海底地形极为敏感,因此也对风暴路径非常敏感。山洪对致洪暴雨的位置及强度的误差很敏感,而城市地表内涝的空间尺度太小,当前模式还缺乏合适的分辨率。对风灾预报而言,相应局限性来自地形和建筑环境的影响。风灾通常由持续数秒的阵风造成,这是模式无法直接预报的。而冬季灾害预报的局限性与它们在冰点附近的敏感性尤其相关,无论是对于地表的霜、冰和积雪,还是在地表以上的冻雨和冰暴。与强对流相关的灾害(如龙卷和大冰雹),由于其时空尺度较小,并且母体风暴发展迅速,因此具有内在的不可预报性。野火的增长和移动则极其依赖局地风场和地形的相互作用。虽然温度变量的可预报性较好,但目前仍无法预报建筑物周围和内部的详细分布。污染也是如此,实时排放信息的缺乏进一步加剧了预报的困难。

如果机械地处理灾害数据,将其转变为确定性的影响预报工具并用于预警,可能会带来风险。前文关于灾害预报局限性的简要总结强调了这一点。然而,以上灾害的每一种,都存在一定程度的可预报性,因此通过概率方法能够获取可用的影响信息。由于灾害仅能在概率层面进行预报,而影响又与灾害具有统计相关性,因此需要适当结合以上的不确定性来源,从而正确地评估风险。虽然影响的概率是基于历史相关性的统计结果,但时间相关的灾害概率应该从集合预报系统中获得(如果有的话)。这需要谨慎地分析,以确保最终的风险评估包括所有相关的不确定性来源,同时避免重复计算。

对预警而言,准确的灾害预报提前量非常重要,但这也因灾害类型而异。龙卷的位置预报只能提前几分钟,而大型河流的洪水预报可能提前一周或更早。对于极其快速的响应,完全根据输入的灾害数据,全自动输出影响预报的方案是非常有吸引力的,但是,必须注意灾害输入数据的质量控制。首先应该保证不使用虚假的灾害数据——例如临近降水预报中的虚假雷达回波。受训练数据的限制,基于经验的影响模式的应用范围是有限的,因此当灾害数据超过或接近极值时,不应自动采用此种模式输出。如上所述,输出结果应该是概率性的。如果采用全自动系统，应标记不确定性较大或超历史常规的结果，以便发布前进行检查。

对于影响预报，需要从用户相关的角度对灾害预报进行评估。这就需要获取灾害观测数据，第 6 章将更详细地讨论这个问题。上述例子提出了一些挑战，如何在所有评估中选择合适的变量以及阈值范围。如果灾害非常局地，模式可能无法代表观测区域，在进行有意义的比较之前，有必要对预报进行降尺度，或对观测结果进行升尺度。

5.4　建立影响预报员和灾害预报员之间的联系

在传统的流行病学、经济学或工程学中，通常由学者或顾问利用可方便获取的影响数据，以一次性项目的形式开展研究。他们从最容易（或最便宜）的可用数据源获取灾害和暴露信息，然后进行具体的统计分析、得出结论、发布结果，随后就转向下一个可能无关的研究。至于预警的后续应用，很可能是由公共或私人的灾害预报机构独立进行，该机构选择最易获取、已公布的影响关系转换为预报工具。在这个过程中，最初的流行病学研究存在不足，因为缺乏对灾害科学的可能性和局限性的理解，而预警的应用会歪曲影响数据和统计分析的局限性。

如果要发展有效的影响预警业务服务，就需要可持续的多学科合作关系，从而克服以上挑战。在伙伴关系中，每个合作者都建立对其他学科中数据问题的认识，从而在合作伙伴内部和之间寻找新的最佳方法。

经验表明，灾害/影响研究的共同设计受益于合理的管理结构，例如：

· 指导组——负责道德规范和分析技术的核准，提高统计置信度，提供适合业务使用的输出。

· 工作组——负责协商调整、数据支持以及分析执行。

· 利益相关参照组——负责就如何将分析结果应用于影响预警业务环境提供反馈。

通过各组间的协同设计，确保气象灾害数据的结构与暴露和脆弱性数据的结构相匹配，从而在灾害影响部门（例如卫生或工程部门）的道德和程序约束下进行统计分析，生成统计显著性尽可能高的产品，以尽可能满足用户要求。

5.4.1　匹配数据需求

正如我们所看到的，各种影响数据通常不公开，除非以高度汇总的形式。工程影响、健康影响、基础设施服务影响和商业影响都是如此。虽然数据的保密是主要障碍，但标准和格式也带来了技术障碍，特别是当测量或观测对象高度专业时。医疗工作者使用标准化的疾病、病症和死因（影响）代码对疾病和病症进行分类，与此同时，业务准则支持质量控制，并奉行维护生命和隐私的道德规范。这些方法意味着向外部研究人员发布健康数据的速度可能很慢，从而降低了后续影响研究的价值（如第 5.2.2 节所述）。

灾害数据的来源多样令人迷惑，同时各具特征。高质量的实地观测在空间分布上较为稀疏，而遥感只能间接地观测感兴趣的变量。模式提供了理想数据集，但即使是再分析数据也可能存在不准确性和偏差，从而误导分析。灾害模式通常会生成网格数据，对于灵活度较低的健康和社会数据，网格数据更易与之匹配。灾害模式中心通常只归档少部分输出数据。由于影响模式需要拟合较长的时间序列，这可能决定了模式最适合使用哪些数据，并由此相应约束了后续的预报系统。对于新建立的伙伴关系来说，应该尽早将归档问题的确定列入议程，从而保留所需数据。当主要影响的尺度较小时,必须小心谨慎,在必要时对海拔高度、遮蔽物、临近水域等信息进行校正。各种数据源之间的差异会显著影响后续的统计分析,同时,必须保持与预期的业务使用一致。

虽然国家层面的影响建模可由一般的统计建模人员开展,并用于向政府或国际组织提供建议;但在个人或社区层面,具体的预警模式需要数据所有者的参与。除非影响非常直接,否则用户可能怀疑与灾害的任何相关性,或怀疑识别这种相关性的任何价值。在这种情况下,不论是尝试建立何种模式,在此之前都有必要建立互惠互利的关系。

要建立成功的影响模式,需要匹配灾害数据和影响数据:它们的时空特征、两者在变量及系统上的相关性。模式通常使用阈值来构建,这些阈值多来自灾害数据,但模式往往是由影响数据的重要阈值驱动。在使用结果之前,必须确定模式预报这些阈值的能力。对于灾害及其影响,超过阈值的预报应始终是概率的形式。同时,一些灾害预报的误差可能对影响并不重要,因此,可以使用更简单、更快速的预报工具来生成所需信息。

如果合作伙伴共同设计灾害暴露/影响的研究,影响建模的合作关系可以产生更适合的结果,来支持灾害影响预警业务系统。人类健康影响数据的管理者负责实验设计的伦理管理和研究结果发布方式。同样,在协同设计阶段,社会数据的管理者可以解决他们的数据管理要求。对于健康和经济成果而言,有力的决定因素是能否包含社会支持、收入、住房和人口普查等类似数据类型。同样,可以采用物理空间数据,作为影响研究中暴露情况的控制因素,比如建筑存量年龄、质量、密度、用于自然降温的绿地百分比。

5.4.2 评估

模式评估应围绕最终用户展开,并使用独立于历史分析的数据集。对于罕见的灾害,如果要获得显著性,可能非常具有挑战性,特别在数据使用受到保密限制的情况下(比如健康领域)。通过发展有效的合作关系,可以促进和增强评估技术的稳健性,达成在科学理解和关注重点上的共识。同时,以上信息的共享又进一步增强了合作关系。影响模式评估需要对多个部分进行验证(例如:灾害预报、暴露、脆弱性、阈值、影响和风险预报、预警)。因此,选择合适的指标对于全面了解模式性能至关重要。

这在使用统计模式时尤其重要,因为验证指标的变化可能表明需要重新校准灾害资料输入或重新校准灾害影响模式本身。输入和输出验证都很重要,并且都对数据的要求很高。输入验证需要与灾害影响模式的显著性阈值相关。例如,当灾害严重性指数作为输入值时,最终可能只有前5%的表现是相关的。共同设计适当的范围、指标和验证方法是合作关系的重要组成部分。对灾害影响输出的验证需要获得常规影响数据,可能需要定期进行事后调查(Taylor et al.,2019),或对社交媒体(Spruce et al.,2021)和其他数据源进行常规提取和处理(Robbins and Titley,2018)。数据采集方法应标准化,以便连续验证给出一致的结果。对于灾害影响数据来说绝非易事,特别是在数据源可能间歇性可用,格式非直接以及灾害影响分类(基于严重性或类型)取决于多个数据源汇总的情况下。在如何对数据进行分类以及如何以评估为目的处理分类的问题上,需要仔细考虑。有一些因素可能会影响评估和验证工作的时机,包括灾害影响数据库的性质(通常偏向于更大规模的事件)、灾害影响数据的分类或标准化方式、以及生成一致和可重复数据所需的时间,因此,使用者需要意识到这一点,因为这关系到项目的长期性。所以,与最终用户共同设计验证方法非常重要,以确保输出与他们的需求相关、并提供模式的最佳使用信息；同时也需要与灾害建模者合作，以便评估模式的敏感性并帮助改进灾害预报。

5.5 合作案例

案例 5.1 澳大利亚海啸联合预警中心(JATWC)

John Naim

澳大利亚海啸预警服务(http://www. bom. gov. au/tsunami/about/jatwc. shtml)已在澳大利亚联合海啸预警中心(Joint Australian Tsunami Waming Centre,JATWC)得到可持续发展和运行。澳大利亚地球科学部的板块构造和地震监测技能已与气象局的海洋监测和模拟，以及连续、不间断的信息创建和传播的系统耦合。有意思的是，JATWC 最大的成功是向澳大利亚社区发出了大量“无威胁”的预警信息，以应对众多国际预警中心激增的预警发布。这项服务非常成功地减少了社区对无威胁地震事件的不当应急反应，并增强了社区对非常罕见的海啸预警的信心。

灾害和灾害影响之间的桥梁是建立在数据范式的基础上的，而数据范式是每个学科的基础。在 JATWC 的例子中，两个地球物理学科之间的灾害差距不是很大；但很明显，建立服务的最佳方式是通过建立一个共同的机构，共创信心文化、进行业务测试并加以完善。

海啸造成的沿海洪水是一种公共卫生威胁。洪水可能导致溺水，以及暴露的电力灾害和感染源(包括未经处理的污水和受污染的食物和水供应)的风险。不频繁且分布广泛的事件会产生广泛的数据源，这通常需要社会科学从业者去定位和记录该影响的性质和规模。JATWC 灾害合作伙伴需要这些数据来验证发出的预警。由于海啸引起的沿海洪水频率不高，评估服务的机会自然受到限制。尽管有人可能会认为，通过发布“无威胁预警”，信心可能会增强。但在那些很少受到预警影响的社区中，建立信任是极其困难的。

案例 5.2 联合机构模型 JAM 合作关系

Sarah Millington

联合机构模式(Joint Agency Modelling,JAM)是英国的国家应急响应工具，用于针对世界任何地方的大气放射性物质释放(Millington et al. ,2019)，最初是为了 2011 年福岛第一核电站泄露事故中释放的大气放射性物质而开发的。英国核监管办公室、英国气象局、英格兰公共卫生署、英国环境署、英国食品标准局、苏格兰环境保护署、北爱尔兰环境署、苏格兰食品标准局和威尔士自然资源局之间建立了合作关系，提供了一套业务模式系统，并利用培训和例行测试，借助专业知识和科学软件提供商定的指导。JAM 由英国政府资助，目的是为紧急情况科学咨询小组(Scientific Advisory Group for Emergencies,SAGE)提供有关核设施释放放射性物质影响的意见。SAGE 是由政府首席科学顾问主持的专家小组，旨在提供协调一致的科学建议，协助中央政府制定战略应急响应。

核设施发生事故后，JAM 的合作伙伴得到通报，流程便开始启动。第二步是获取源头信息——关于已经释放和可能释放的放射性物质、数量、时间和地点。这些信息由核设施运营商提供，或者如果无法获取，则由核监管办公室通过约定的固定格式提供。之后，源头信息与数值预报数据,还有受体参数一起输入模拟系统(例如,剂量计算的假设年龄:婴儿、10 岁或成人)。JAM 中几个合作伙伴为模拟做出了贡献,但为了提高效率,所有模拟工作都在气象局进行。

其核心是大气扩散数值模拟环境(Numerical Atmospheric-dispersion Modelling Environment, NAME),这是一种拉格朗日粒子轨迹模式,用于模拟气体和颗粒物的大气传输及扩散(Jones et al.,2007)。排放以计算粒子的形式被模拟,平流场来自数值预报模式的三维风场模拟,湍流扩散采用随机游走的模拟方法。粒子会随时间演化,例如,模拟放射性衰变、干沉降和湿沉降。对空中和地面沉积物的时间累积活性浓度做出评估,从而评估健康方面的影响。

英格兰公共卫生署提供的剂量模式可以计算有效剂量,用于显示当局应该在哪些地方采取行动,比如提供室内避难所。食品标准局提供可能导致牛奶和绿叶蔬菜超过欧洲标准的放射性核素沉积值,并与估计值进行对比,以标明哪些区域应加以限制(即:受污染地区)。环境署采用类似的方法,来标明在抽取地表水供于饮用的区域内,哪些区域受到了影响。

通过电话会议,合作者对模式结果做出仔细检查,共同形成简报。简报覆盖健康、食物、地表水方面的影响,以及模拟的不确定性,最后被提交给 SAGE。借助这份简报和其他科学信息,SAGE 和政府机构为国家应急响应的领导者(通常是高级政府部长)提供指导建议。如果源头信息和数值预报模式数据有所更新,或者 SAGE 提出问题反馈,那么在需要的情况下,将再次启动 JAM 的完整流程(图 5.3)。

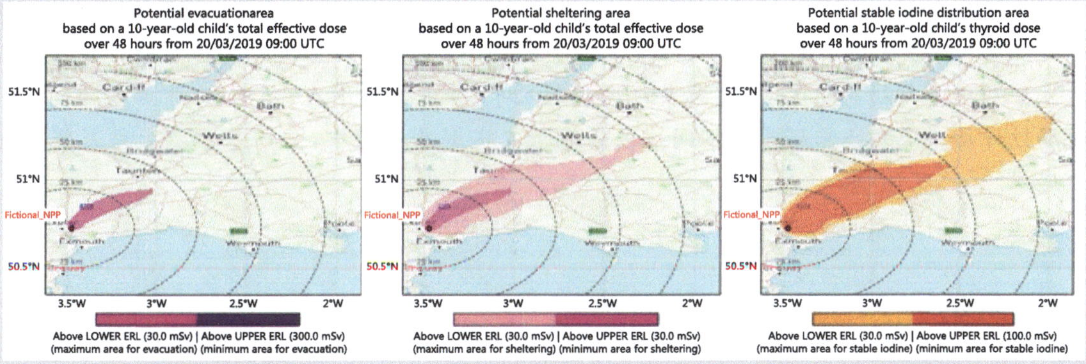

(a)　　(b)　　(c)

图 5.3　在一个基于切尔诺贝利核泄漏的虚构案例中,通过千米尺度的数值预报区域模式,标明需要采取健康防护措施的可能区域:(a)需要疏散的区域,(b)需要避难的区域,(c)稳定碘的分布区(© 2021 年英国气象局官方版权所有)

方框 5.3　澳大利亚关于高温和健康的伙伴关系

John Nairn

极端高温可被视为持续高温造成的热量积累。遗憾的是,媒体为了追求简单的头条新闻,过分关注最高温度,并将其作为热浪严重程度的唯一决定因素。事实上,最低温度更加重要。这样的结果是,受高温影响的地区缺乏关于极端高温影响的可靠经验。此外,在是否纳入湿度的问题上也存在不一致,这让情况更加复杂。如澳大利亚的热浪服务所示,湿度的应用各有不同,在制定响应干预措施的时候,没有必要将其纳入。

澳大利亚气象局基于过热指数(Excess Heat Factor, EHF; Nairn and Fawcett,2014)向全国提供热浪服务,该指数是根据三天平均的当地最高温度和最低温度计算得出的百分位。根据 EHF 这种分类指数,可以确定每三天的热浪严重程度(低强度、严重、或极端热浪)。几项流行病学研究已经表明,通常来说,升高的 EHF 可以作为整个澳大利亚热浪升级的良好指示因子。如果认为这是由于卫生和气象部门之间周密计划的合作而产生的,那是极具误导性的。EHF 的发展提供了新的见解:比如热浪的物理性质;再如在历史及预测的气候记录中,热浪是如何变化的(Nairn and Fawcett,2013)。公共卫生研究人员发现 EHF 具有吸引力,于是邀请合作者,在公共卫生研究发表了一系列证明 EHF 作用的文章。在丘吉尔信托基金的支持下,澳大利亚对热浪服务模式的国际支持进行了调查,这随后促成了气象局在 2014 年 1 月推出的热浪试点服务。该项服务的启动受到了热浪利益相关参考小组的协助,招募了来自全国各地的卫生和紧急服务机构参与其中。在季前和季后会议上,各方分享绩效数据,同时收集如何改进服务的建议。

流行病学研究已表明,EHF 是热浪影响的有效预报因子(Scalley et al. ,2015;Jegosarthy et al. ,2017;Williams et al. ,2018)。在其他时间尺度上的有效性也得到了证实,比如气候(Perkins et a. ,2012;Nairn and Fawcett,2017)、多日(Nairn et al. ,2018)、多周(Hudson and Marshall,2016),以及 CMIP 预测的时间尺度(Wang et al. ,2018)。如果要建立人们对极端高温预警的信心,那么就需要与卫生机构进行更深入的合作,以迅速验证热浪带来的影响。澳大利亚正在发展有效的多机构伙伴关系,最近于 2020 年完成了"减少因热浪造成的疾病和生命损失"项目(Reducing Illness and Lives Lost from Heatwaves,RILLH),并取得重大进展。澳大利亚气象局牵头,与澳大利亚统计局、卫生部和澳大利亚地球科学局开展合作。分别从澳大利亚的区域、城市及社区层面入手,开发针对个人、郊区、城市和区域的热浪脆弱性评估。未来还需研究在不同地区的基于灾害影响预警中,如何基于以上结果提供行为建议。

5.6　总结

· 数据是所有影响预报的基础。高质量数据通常只能通过与数据所有者的合作才能获得。我们需要空间分布数据来评估暴露情况、社会经济数据来评估脆弱性和健康状况、经济和公共服务数据来评估灾害影响本身。数据需要保持准确和一致,同时按照预定标准进行收集、处理和更新。

· 不同的最终用户对相关影响的认识存在差异。公众关注的是个人受到的影响,但政府、企业和人道主义组织可能更关注总体影响。因此,需要根据应用情况来选择数据和方法。

· 灾害会产生有形和无形的影响,从直接影响到多层面的间接连锁影响。这些影响可以分为人力、经济和公共服务的影响,每种影响都可以转化为经济价值。在比较经济影响时,可能有用的方法是根据家庭收入、企业营业额或国家 GDP 进行标准化处理。

· 灾害影响可以通过影响过程的模拟,或者根据历史数据拟合的统计模型来预报。选取合适的模式需要理解何种信息是最终用户所需要的,同时考虑数据的可获取性。

· 在用于影响模型之前,灾害预报需要经过仔细处理以消除偏差。灾害预报也应该是概率性的——具有无偏概率。在许多应用场景中,它们可能还需要针对特定的地点。

· 为避免影响预报中的陷阱,灾害信息的提供者和影响模式的开发者必须保持密切合作。他们对最终用户的问题的理解会有很大差异,因此在模式开发之前,必须公开分享这些差异,共同商定将采用的方法。

· 一旦模式投入使用,信息的使用者(例如预警人员或应急管理人员)必须能获取模式背后的专业知识,以便在关键情况时刻查询模式的性能。理想情况下,这种关系应该是长期的,从而根据最新的数据或改进的模式,保持模式更新。

参考文献

Aldridge, T., O. Gunawan, R. J. Moore, S. J. Cole, G. Boyce and R. Cowling, 2020. Developing an impact library for forecasting surface water flood risk. J. Flood Risk Man, 13, e12641. https:// doi. org/10. 1111/jfr3. 12641

Armitage, P., G. Berry and J. N. S. Matthews, 2002. Statistical Methods in Medical Research. Blackwell Science Ltd. DOI: https://doi. org/10. 1002/9780470773666

Armstrong, B., F. Sera, A. M. Vicedo-Cabrera, R. Abrutzky, D. OudinÅström, M. L. Bell, B-Y. Chen, M. S. Z. S. Coelho, P. M. Correa, T. N. Dang, M. H. Diaz, D. V. Dung, B. Forsberg, P. Goodman, Y-L. L. Guo, Y. Guo, M. Hashizume, Y. Honda, E. Indermitte, C. Íñiguez, H. Kan, H. Kim, J. Kysely, E. Lavigne, P. Michelozzi, H. Orru, N. V. Ortega, M. Pascal, M. S. Ragettli, P. H. N. Saldiva, J. Schwartz, M. Scortichini, X. Seposo, A. Tobias, S. Tong, A. Urban, C. D. C. Valencia, A. Zanobetti, A. Zeka and A. Gasparrini, 2019. The Role of Humidity in Associations of High Temperature with Mortality: A Multicountry, Multicity Study. Environ. Health Perspectives, 127(9). https:// doi. org/10. 1289/EHP5430

Babcicky, P. and S. Seebauer, 2021. People, not just places: Expanding physical and social vul-nerability indices by psychological indicators. J. Flood Risk Man., 2021; e12752. https://doi. org/10. 1111/ jfr3. 12752

Beckx, C., R. Torfs, T. Arentze, L. Panis, D. Janssens and G. Wets, 2008. Establishing a dynamic exposure assessment with an activity-based modeling approach: methodology and results for the Dutch case study. Epidemiology, 19, S378-9

Beckx. C., L. Panis, T. Arentze, D. Janssens, R. Torfs and S. Broekx, 2009. A dynamic activity-based population modelling approach to evaluate exposure to air pollution: methods and appli-cation to a Dutch urban area. Environmental Impact Assessment, 29, 179-185. DOI: https://doi. org/10. 1016/J. EIAR. 2008. 10. 001

Birkmann J., 2006. Measuring vulnerability to natural hazards. UNU Press 55-77

Brown S. K., S. F. Jenkins, R. S. J. Sparks, H. Odbert and M. R. Auker, 2017. Volcanic fatali-ties database: analysis of volcanic threat with distance and victim classification. J. Applied Volcanology, 6, 15 https://doi. org/10. 1186/s13617-017-0067-4

Call, D. A., C. S. Wilson and K. N. Shourd, 2018. Hazardous weather conditions and multiple-vehicle chain-reaction crashes in the United States. Meteorol. Appl., 25, 466-471. DOI: https:// doi. org/10. 1002/met. 1714

Campbell, S. L., P. J. Jones, G. J. Williamson, A. J. Wheeler, C. Lucani, D. M. J. S. Bowman, F. H. Johnston, 2020. Using Digital Technology to Protect Health in Prolonged Poor Air Quality Episodes: A

Case Study of the AirRater App during the Australian 2019-20 Fires. Fire, 3, 40. https://doi.org/10.3390/fire3030040

Cavalière, C., P. A. Davoine, C. Lutoff and I. Ruin, 2020. Geolocated tweets as a means of observing extreme natural events. first specifications. In: Mobility in the Face of Extreme Hydrometeorological Events 2. ISTE, 149-175

Cho, J. Y. N. and J. M. Kurdzo, 2019. Weather Radar Network Benefit Model for Tornadoes. J. Appl. Meteorol. Clim., 58, 971-987, DOI: https://doi.org/10.1175/JAMC-D-18-0205.1

Cleff, T., 2019. Applied Statistics and Multivariate Data Analysis for Business and Economics: A Modern Approach Using SPSS, Stata, and Excel. Springer

Cutter, S. L., Boruff, B. J. and Shirley, W. L. (2003). Social vulnerability to environmental hazards. Social Science Quarterly, 84(2), 242-261. https://doi.org/10.1111/1540-6237.8402002

Dabrera, G., V. Murray, J. Emberlin, J. G. Ayres, C. Collier, Y. Clewlow and P. Sachon, 2013. Thunderstorm asthma: An overview of the evidence base and implications for public health advice. Int. J. Med., 106, 207-217. DOI: https://doi.org/10.1093/qjmed/hcs234

Davison C. R. and T. A. Rutke, 2014. Assessment and characterization of volcanic ash threat to gas turbine engine performance. J. Engineering Gas Turbines Power, 136. https://doi.org/10.1115/ GT2013-94079

Deloitte Access Economics, 2016. The economic cost of the social impact of natural disasters. Australian Business Roundtable for Disaster Resilience & Safer Communities

Diakakis, M., G. Deligiannakis, E. Andreadakis, K. N. Katsetsiadou, N. I. Spyrou and M. E. Gogou, 2020. How different surrounding environments influence the characteristics of flash flood-mortality: The case of the 2017 extreme flood in Mandra, Greece. J. Flood Risk Man., 13, e12613. DOI: https://doi.org/10.1111/jfr3.12613

EM-DAT, 2021. CRED / UCLouvain, Brussels, Belgium-www.emdat.be (D. Guha-Sapir)

Eyre, R., F. De Luca and F. Simini, 2020. Social media usage reveals recovery of small busi-nesses after natural hazard events. Nature Communications, 11, 1629. https://doi.org/10.1038/ s41467-020-15405-7

Fiorino L., V. Macillo and R. Landolfo, 2019. Shake table tests of a full-scale two-story sheathing-braced cold-formed steel building. Engineering Structures, 151, 633-647. DOI:https://doi.org/10.1016/J.ENGSTRUCT.2017.08.056

Fleming, L. E., A. Haines, B. Golding, A. Kessel, A. Cichowska, C. E. Sabel, M. H. Depledge, C. Sarran, N. J. Osborne, C. Whitmore, N. Cocksedge and D. Bloomfield, 2014. Data Mashups: Potential Contribution to Decision Support on Climate Change and Health. Int. J. Environ. Res. Public Health, 11, 1725-1746. https://doi.org/10.3390/ijerph110201725

Fuchs S., T. Frazier and L. Siebeneck, 2018. Vulnerability and resilience to natural hazards. Cambridge University Press 32-52. ISBN: 9781107154896

Garske, S. I., S. Elayan, M. Sykora, T. Edry, L. B. Grabenhenrich, S. Galea, S. R. Lowe and O. Gruebner, 2021. Space-Time Dependence of Emotions on Twitter after a Natural Disaster. Int. J. Environ. Res. Public Health, 18, 5292. https://doi.org/10.3390/ijerph18105292

Grant, D., 2018. Methods of Economic Research: Craftsmanship and Credibility in Applied Microeconomics. Springer. ISBN: 978-3-030-01734-7

Grossi, P. and H. Kunreuther, (Eds.) 2005. Catastrophe Modelling: A new approach to managing risk, Springer. ISBN 978-0-387-23129-7

Hallowell, R. G. and J. Y. N. Cho, 2010. Wind-shear system cost-benefit analysis. Lincoln Lab. J., 18, 47-68

Hemingway, R. and J. Robbins, 2020. Developing a hazard impact model to support impact-based forecasts and warnings: The Vehicle OverTurning (VOT) Model. Meteorol. Appl., 27, e1819. https://doi.org/10.1002/met.1819

Hudson D. and A. G. Marshall, 2016. Extending the Bureau of Meteorology's heatwave forecast to multi-week timescales. Bureau Research Report-BRR016 ISBN: 978-0-642-70681-2

Jegasothy, E., R. McGuire, J. Nairn, R. Fawcett and B. Scalley., 2017. Extreme climatic con-ditions and health service utilisation across rural and metropolitan New South Wales. Int. J. Biometeorol., 61, 1359-1370. doi: https://doi.org/10.1007/s00484-017-1313-5

Jones, A. R., D. J. Thomson, M. Hort and B. Devenish, 2007. The U. K. Met Office's next-generation atmospheric dispersion model, NAME III. In: Borrego, C., Norman, A. L. (Eds.), Air Pollution Modeling and its Application XVII (Proceedings of the 27th NATO/CCMS International Technical Meeting on Air Pollution Modelling and its Application. Springer, 580-589

Jonkman, S. N., 2005. Global perspectives on loss of human life caused by floods. Nat. Hazards, 34, 151-175

Kolmar, M. 2017. Principles of Microeconomics: An Integrative Approach. Springer

Lazo, J. K., M. Lawson, P. H. Larsen and D. M. Waldman, 2011. U. S. Economic sensitivity to weather variability. Bull. Amer. Meteorol. S., 92, 709-720. DOI: https://doi.org/10.1175/2011 BAMS2928.1

Lombardi, D. A., 2010, The case-crossover study: a novel design in evaluating transient fatigue as a risk factor in road traffic accidents. Sleep, 33, 283-284. doi: https://doi.org/10.1093/ sleep/33.3.283

McNally, M. G. 1995, An Activity-based Microsimulation Model for Travel Demand Forecasting", in D. Ettema and H. Timmermans, eds. Activity-based Approaches to Transportation Modeling, Elsevier

Millington, S., M. Richardson, L. Huggett, L. Milazzo, K. Mortimer, C. Attwood, C. Thomas, D. Edwards and D. Cummings, 2019. Joint Agency Modelling-A process to deliver emergency response national guidance for a radiological atmospheric release. In Extended Abstracts, 19th International Conference on Harmonisation within Atmospheric Dispersion Modelling for Regulatory Purposes, 3-6 June 2019, Bruges, Belgium

Moran, M. J. and C. Monje, 2016. Guidance on treatment of the economic value of a statisti-cal life (VSL) in U. S. Department of Transportation Analyses-2016 adjustment. Department of Transportation Memo., 13 pp., https://cms.dot.gov/sites/dot.gov/files/docs/2016%20 Revised%20Value%20of%20a%20Statistical%20Life%20Guidance.pdf

Mulchandani, R., M. Smith and B. Armstrong, English National Study of Flooding and Health Study Group, C. R. Beck and I. Oliver, 2019. Effect of Insurance-Related Factors on the Association between Flooding and Mental Health Outcomes. Int. J. Environ. Res. Public Health, 16, 1174. doi: https://doi.org/10.3390/ijerph16071174

Munro, A., R. S. Kovats, G. J. Rubin, T. D. Waite, A. Bone, B. Armstrong and the English National Study of Flooding and Health Study Group, 2017. Effect of evacuation and displacement on the association between flooding and mental health outcomes: a cross-sectional analysis of UK sur-vey data. Lancet Planet Health, 1, e134-41. https://doi.org/10.1016/S2542-5196(17)30047-5

Nairn, J. and R. Fawcett, 2013. Defining heatwaves: heatwave defined as a heat-impact event servicing all community and business sectors in Australia. CAWCR technical report 60. ISBN: 9781922173126. http://www.bom.gov.au/research/cawcr-reports.shtml

Nairn, J. R. and R. J. B. Fawcett, 2014. The excess heat factor: A metric for heatwave intensity and its use in classifying heatwave severity. Int. J. Environ. Res. Public Health, 12(1). doi: https:// doi.org/10.

3390/ijerph120100227

Nairn J. and R. J. B. Fawcett, 2017. Heatwaves in Queensland, Aust. J. Emerg. Manag., 32(1) Nairn J, B. Ostendorf and P. Bi, 2018. Performance of Excess Heat Factor Severity as a Global Heatwave Health Impact Index, Int. J. Environ. Res. Public Health, 15(11)

Panwar, V. and S. Sen, 2019. Disaster Damage Records of EM-DAT and DesInventar: A Systematic Comparison. In Economics of disasters and climate change. Springer. DOI https:// doi. org/10. 1007/s41885-019-00052-0

Panwar, V. and S. Sen, 2020. Fiscal Repercussions of Natural Disasters: Stylized Facts and Panel Data Evidences from India. Nat. Hazards Rev., 21(2). DOI: https://doi. org/10. 1061/(ASCE) NH. 1527-6996. 0000369

Perrels, A., Th. Frei, F. Espejo, L. Jamin and A. Thomalla, 2013. Socio-economic benefits of weather and climate services in Europe. Adv. Sci. Res., 10, 65-70. doi:https://doi. org/10. 5194/ asr-10-65-2013

Perkins, S. E., L. V. Alexander and J. R. Nairn, 2012. Increasing frequency, intensity and dura-tion of observed global heatwaves and warm spells. Geophys. Res. Letters, 39(20). doi: 10. 1029/2012GL053361

Pitt, M., 2008. Learning Lessons from the 2007 Floods. Cabinet Office, London. http://webar-chive. nationalarchives. gov. uk/20100807034701/http:/archive. cabinetoffice. gov. uk/pittreview/ thepittreview/final_report. html

Raaschou-Nielsen, O., Z. J. Andersen, R. Beelen, E. Samoli, M. Stafoggia, G. Weinmayr, B. Homann, P. Fischer, M. J. Nieuwenhuijsen, B. Brunekreef, W. Xun, K. Katsouyanni, K. Dimakopoulou, J. Sommar, B. Forsberg, L. Modig, A. Oudin, B. Oftedal, P. E. Schwarze, P. Nafstad, U. De Faire, N. L. Pedersen, C.-G. Östenson, L. Fratiglioni, J. Penell, M. Korek, G. Pershagen, K. T. Eriksen, M. Sørensen, A. Tjønneland, T. Ellermann, M. Eeftens, P. H. Peeters, K. Meliefste, M. Wang, B. Bueno-de-Mesquita, T. J. Key, K. de Hoogh, H. Concin, G. Nagel, A. Vilier, S. Grioni, V. Krogh, M.-Y. Tsai, F. Ricceri, C. Sacerdote, C. Galassi, E. Migliore, A. Ranzi, G. Cesaroni, C. Badaloni, F. Forastiere, I. Tamayo, P. Amiano, M. Dorronsoro, A. Trichopoulou, C. Bamia, P. Vineis and G. Hoek, 2013. Air pollution and lung cancer inci-dence in 17 European cohorts: Prospective analyses from the European Study of Cohorts for Air Pollution Effects (ESCAPE). Lancet Oncol., 14, 813-822. DOI: https://doi. org/10. 1016/ S1470-2045(13)70279-1

Robbins J. C., J. Nairn, G. Williamson, A. Wheeler, S. Campbell, D. Bowman and F. Johnston, 2017. Challenges for verifying global heatwave and coldwave forecasts: Can emerging tech-nology help? In: 21st International Congress of Biometeorology 3-7 Sept, 2017, Durham, UK

Robbins J. C. and H. A. Titley, 2018. Evaluating high-impact precipitation forecasts from the Met Office Global Hazard Map using a global impact database. Meteorol. Appl., 25(4), 548-560

Ruin, I., J.-D. Creutin, S. Anquetin and C. Lutoff, 2008. Human exposure to flash-floods-Relation between flood parameters and human vulnerability during a storm of September 2002 in south-ern France. J. Hydrol., 361, 199-213

Ruin, I., J.-D. Creutin, S. Anquetin, E. Gruntfest and C. Lutoff, 2009. Human vulnerability to flash floods: Addressing physical exposure and behavioral questions. In Samuels, P. et al. (Eds) Flood Risk Management: Research and Practice. Taylor & Francis Group, London, 1005-1012

Ruin, I., C. Lutoff, B. Boudevillain, J. Creutin, S. Anquetin, M. Rojo, L. Boissier, L. Bonnifait, M. Borga, L. Colbeau-Justin, L. Créton-Cazanave, G. Delrieu, J. Douvinet, E. Gaume, E. Gruntfest, J-P. Naulin, O. Payrastre and O. Vannier, 2014. Social and Hydrological Responses to Extreme Precipitations: An Interdisciplinary Strategy for Postflood Investigation. Wea. Clim. Soc., 6, 135-153. DOI: https://doi.

org/10. 1175/WCAS-D-13-00009. 1

Scalley, B. D. , T. Spicer, L. Jian, J. Xiao, J. Nairn, A. Robertson and T. Weeramanthri, 2015. Responding to heatwave intensity: Excess Heat Factor is a superior predictor of health service utilisation and a trigger for heatwave plans. Australian and New Zealand J. Public Health, 39, 582-587. doi: https://doi. org/10. 1111/1753-6405. 12421

Schwartz, R. M. , C. N. Gillezeau, B. Liu, W. Lieberman-Cribbin and E. Taioli, 2017. Longitudinal Impact of Hurricane Sandy Exposure on Mental Health Symptoms. Int. J. Environ. Res. Public Health, 14, 957. doi:https://doi. org/10. 3390/ijerph14090957

Shabou, S. , I. Ruin, C. Lutoff, S. Debionne, S. Anquetin, J-D. Creutin and X. Beaufils, 2017. MobRISK, a model for assessing the exposure of road users to flash flood events, Nat. Hazards Earth Syst. Sci. , 17, 1631-1651. https://doi. org/10. 5194/nhess-17-1631-2017

Shabou, S. , I. Ruin, C. Lutoff, S. Chardonnel and S. Debionne, 2020. Assigning travel-activity patterns based on socio-demographics for flood risk assessment. In Lutoff et Durand. (Eds), Mobilité face aux événements hydrométéorologiques extrêmes 2. Rythmes d'adaptation. ISTE Editions Ltd, London, 135-164

Smith, K. and D. Petley, 2009. Environmental Hazards: Assessing risk and reducing disaster, Routledge

Spruce, M. D. , R. Arthur, J. Robbins and H. T. P. Williams, 2021. Social sensing of high-impact rainfall events worldwide: A benchmark comparison against manually curated impact obser-vations, Nat. Hazards Earth Syst. Sci. , 21(8), 2407-2425. DOI: https://doi. org/10. 5194/ nhess-21-2407-2021

Taylor, A. L. , A. Kause, B. Summers and M. Harrowsmith, 2019. Preparing for Doris: Exploring Public Responses to Impact-Based Weather Warnings in the United Kingdom. Wea. Clim. Soc. , 11, 713-729. DOI: https://doi. org/10. 1175/WCAS-D-18-0132. 1

Terti, G. , I. Ruin, S. Anquetin and J. J. Gourley, 2015. Dynamic vulnerability factors for impact-based flash flood prediction. Nat. Hazards, 79(3), 1481-1497

Terti, G. , I. Ruin, S. Anquetin and J. J. Gourley, 2017. A Situation-based Analysis of Flash Flood Fatalities in the United States. Bull. Amer. Meteorol. S. , 98(2), 333-345

Terti, G. , I. Ruin, J. J. Gourley, P. Kirstetter, Z. Flaming, J. Blanchet, Z. Arthur and S. Anquetin, 2019. Towards Probabilistic Prediction of Flash Flood Human Impacts. Risk analysis, 39(1), 140-161. https://doi. org/10. 1111/risa. 12921

UNDRR, 2017. Terminology: Online Glossary. https://www. undrr. org/terminology

UNDRR, 2015. Sendai Framework for Disaster Risk Reduction 2015-2030. Geneva, Switzerland: United Nations Office for Disaster Risk Reduction, 37. https://www. preventionweb. net/ files/43291 _ sendaiframeworkfordrren. pdf. (Accessed 2/9/2021)

UNISDR, 2021. DesInventar. https://www. desinventar. net

U. S. Department of health and human services, 2012. Principles of Epidemiology in Public Health Practice: An Introduction to Applied Epidemiology and Biostatistics. https://www. cdc. gov/ csels/dsepd/ss1978/ SS1978. pdf

Venäläinen, A. and M. Kangas, 2003. Estimation of winter road maintenance costs using climate data. Meteorol. Appl. , 10, 69-73. DOI:https://doi. org/10. 1017/S1350482703005073

Wang, Y. , F. Nordio, J. Nairn, A. Zanobetti and J. D. Schwartz, 2018. Accounting for adaptation and intensity in projecting heat wave-related mortality. Environ. Res. , 161. doi: https://doi. org/10. 1016/j. envres. 2017. 11. 049

WFP, 2018. Vulnerability analysis and mapping: Food security analysis at the World Food Programme. https://docs. wfp. org/api/documents/WFP-0000040024/download/

Williams, S., K. Venugopal, M. Nitschke, J. Nairn, R. Fawcett, C. Beattie, G. Wynwood and P. Bi, 2018. Regional morbidity and mortality during heatwaves in South Australia. Int. J. Biometeorol., 62, 1911-1926. doi: https://doi.org/10.1007/s00484-018-1593-4

Wisner B., 2016. Vulnerability as Concept, Model, Metric and Tool. https://pdfs.semanticscholar.org/f324/e211e4b03b1bee082c6f1288ed0121e6c804.pdf

WMO, 2015. Valuing weather and climate: economic assessment of meteorological and hydrologi-cal services.

Wolshon, B., 2006, Evacuation planning and engineering for Hurricane Katrina. The Bridge, 36, 27-34

Xie Q., L. Wang, L. Zhang, W. Hu and T. Zhou, 2019. Seismic behaviour of a traditional timber structure: shaking table tests, energy dissipation mechanism and damage assessment model. Bull. Earthquake Engineering, 17, 1689-1714

第6章 连接天气和灾害：物理科学家在相关学科中的合作伙伴关系

Brian Golding, Jenny Sun, Michael Riemer, Nusrat Yussouf, Helen Titley, Joanne Robbins, Beth Ebert, Tom Pagano, Huw Lewis, Claire Dashwood, Graeme Boyce, Mika Peace

---

B. Golding (✉); H. Titley; J. Robbins
Met Offce, Exeter, UK
WMO/WWRP HIWeather project, Geneva, Switzerland
e-mail: brian.golding@metoffce.gov.uk

J. Sun
National Center for Atmospheric Research, Boulder, CO, USA
WMO/WWRP HIWeather project, Geneva, Switzerland

M. Riemer
University of Mainz, Mainz, Germany
WMO/WWRP HIWeather project, Geneva, Switzerland

N. Yussouf
Cooperative Institute for Mesoscale Meteorological Studies, University of Oklahoma, Norman, OK, USA
NOAA/OAR/National Severe Storms Laboratory, Norman, OK, USA
School of Meteorology, University of Oklahoma, Norman, OK, USA
WMO/WWRP HIWeather project, Geneva, Switzerland

B. Ebert
Bureau of Meteorology, Bushfre and Natural Hazards Cooperative Research Centre, Melbourne, VIC, Australia
WMO/WWRP HIWeather project, Geneva, Switzerland

T. Pagano
Bureau of Meteorology, Melbourne, VIC, Australia

H. Lewis
Met Offce, Exeter, UK

C. Dashwood
British Geological Survey, Nottingham, UK

G. Boyce
Flood Forecasting Centre, Exeter, UK

M. Peace
Bureau of Meteorology and Bushfre and Natural Hazards Cooperative Research Centre, Melbourne, Australia

摘要　为使天气预报与相关环境灾害预报保持一致,我们需要仔细设计预报系统。在本章中,我们将展示无缝隙灾害预报的优势,以及在多机构合作条件下实现无缝隙预报所面临的挑战。我们了解到,由于用户面对灾害的需求不同,不同的学科领域会使用不同的模式结构;随后我们也探究了天气预报如何满足各学科领域的要求,发现不同机构在需求和表述方面的差异是实现无缝隙数据处理的主要挑战,我们也尝试寻找应对这些挑战的办法。最后,以英国洪水预报和澳大利亚野火预报中的合作关系这两个例子来总结本章。

关键词　海洋,洪水,水文,野火,高温,寒冷,冬天,无缝隙,耦合模式,预报员,评估

6.1　引言

地球上有许多与天气相关的灾害,但其中只有少数独立发生在大气中,其他灾害则源自大气与自然环境其他组分的相互作用,包括海洋、河流和地表。本章中,我们将阐述:

· 天气导致的各种环境灾害;

· 灾害可以使用物理过程模型或统计模型来预报,并且这些模型可以与数值天气预报(NWP)模式相结合或被集成到其中;

· 部分天气系统会引发多种灾害,必须对其进行持续预测;

· 为满足科学和用户的需求,灾害预报的方法和术语也在不断演变,有时与天气预报的方法和术语大相径庭;

· 在将灾害模式与 NWP 模式相联系时,必须注意同一变量应当在每个模式中代表相同的事物,空间和时间尺度应相互匹配,偏差也应被消除;

· 观测是理解与核实灾害的基础,但仍存在着不够广泛、不易获得的问题;

· 成功的合作关系源于对不同灾害科学的不同方法、观点的共同理解,以及对共同目标的一致认同。

6.2　天气灾害预报

本节中,我们将着眼于可能需要预报的各种天气相关灾害。首先,我们简要介绍灾害预报中的一般性问题:模式构建,观测的可用性、一致性、及时性以及模式间接口。然后,我们依次研究河流洪水、沿岸海洋灾害、地表洪水、湿滑坡、气旋中的风、地形风暴、强对流风暴、野火、极端高温、空气污染、雾以及冬季天气。表 6.1 概述了每个研究领域的预报要素。最后,我们对多灾害预报及灾害预报评估进行了总结。

表 6.1　部分灾害预报涉及的天气变量、预报方法和辅助数据输入

灾害	主要天气变量输入	预报方法	其他变量输入
河流洪水	流域降水时空分布、土壤湿度分布、融雪分布	降水径流模式、水文模式	河道地形,土壤水力特性,水坝,堰等,河岸或河堤的高度与状况,河流植被与淤积情况

续表

灾害	主要天气变量输入	预报方法	其他变量输入
地表水/暴雨洪水	降水强度	洪水泛滥模式、排水系统模式	地表地形、排水地形、排水条件
海岸洪水	海盆内气压和风的时空分布	二维或三维海洋模式、表面波模式	海洋深度测量、沿海防洪设施的高度与状况、潮汐和洋流、海滩淤积情况
极端大风(阵风)	风速和风向、边界层稳定度	经验	局地遮蔽物和狭管效应等
火险天气	累积降水量、风速和风向、温度、土壤湿度	经验指数	植被类型和植被水含量
野火蔓延	风速和风向、湿度	耦合火灾模式	植被类型和植被水含量
极端高温	温度、辐射、风、湿度	基于百分位数或生理模型的指数	建筑地形、人类活动产热、空调的使用、建筑材料热性能
地表冰霜	地表温度、湿度	路面模式	道路结构、天空视域、道路养护情况
积冰	温度、湿度、降水强度、风速	积冰模式	基底热性能
雪	积雪、降雪强度、温度、风速和风向、地面温度		遮蔽物、表面特性、道路养护情况
低能见度	大气稳定度、湿度、降水强度和降水类型	经验	水源、气溶胶源
空气污染	大气稳定度、风速和风向	扩散模式、大气化学模式	污染源
滑坡	累积降水量、降水强度	经验模式	岩石/土壤结构、近期土壤运动、土壤湿度

6.2.1　灾害预测的一般问题

预报水文气象灾害首先要查明造成重大社会经济影响的环境状况,观测和预报此类环境状况是灾害监测与预警的基础。虽然对大气层的观测非常普遍,但对陆面状况以及海洋和大气污染的观测则要少得多,也更难获得,其中针对极端情况的观测更是尤其罕见。物理过程模式通常会使用外场实验数据进行开发和校准,但其中很少包含极端情况。遥感观测具有很高的时空分辨率,可以捕捉到这些罕见的极端事件,但也具有细节较少、准确性较低的缺点。未来,要改进灾害预报,尤其是使用到数据驱动技术时,就需要更清晰地定义所需的灾害变量、开发传感方法、制定统一的报告标准、开放数据交换与历史资料档案的访问渠道(图 6.1)。

为了形成数学模式,我们根据观测对涉及灾害形成的物理过程进行了描述。这些过程模式集中体现了我们对灾害如何发展的理解,并且可以考虑多种强迫的复杂相互作用。物理过程模式可以直接用于预报,也可以生成用于训练统计模型的模拟数据。当模式输出用于预报时,通常需要进一步的后处理和转换才能在预警中发挥作用,包括通过校准消除偏差、在特定地理位置降尺度以及转换为与社会经济影响相关的变量。

当对物理过程缺乏充分理解,或因物理过程过于复杂或不确定而无法建模时,基于物理过程的描述就将被由过往数据或模拟数据得出的统计或经验模式所补充或替代。从简单的线性回归到在深度学习框架中运行的卷积神经网络,这些技术规避了对过程本身建模的需要。它

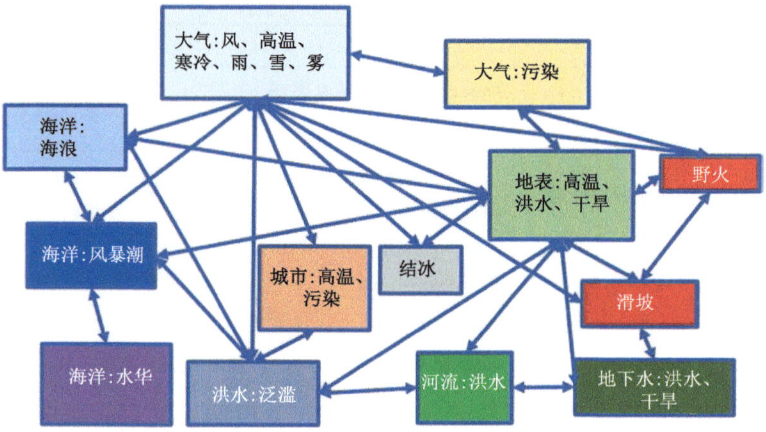

图 6.1　常用的基于过程的灾害预报模式的选择以及所涉及过程之间的部分联系

(© Crown Copyright 2021, Met Office)

们在设计上是无偏的,并且可以针对特定的地理位置或区域进行调整。统计模型的建立需要覆盖预报变量观测空间的大型训练数据集,以及用于评估的独立测试数据集。部分方法在模型设计中包含了人类的推理,如决策树、贝叶斯网络和模糊逻辑;而机器学习等数据驱动的方法则允许通过输入与输出数据之间的关系来确定模型,人类仅对模型结构提供一般性指导。得益于开源代码库以及可快速访问的多个数据源,机器学习在灾害预报中的应用正迅速增加(Lagerquist et al. ,2020)。

灾害预报的可信度和实用性取决于变量之间和产品之间在时间和空间上的一致性。洪水预报与降雨预报的集水区不同,结冰预报的时间早于相应的气温下降,诸如此类的不一致性都可能会破坏预报的可信度。虽然由同一个预报员发布的预报不太可能犯此类错误,但具有不同地点、不同时刻、不同时空分辨率的预报产品则很容易落入此类陷阱。另一方面,有一部分明显的不一致性是客观存在的,例如雨后几天才发生的洪水灾害,这种情况下的不一致性需要得到合理的解释。而不同专家之间的不一致是不可避免的,但这必须在发出预警之前得到解决,以避免如"气象预报员说会有洪水,但水文预报员说不会"这样的混淆。

时间对于灾害预警和应急响应至关重要。大多数灾害预报方法都必须等待天气预报结果的输入,最大限度地减少这种延迟是很重要的,但无论更新速度有多快,输入质量差的天气预报结果都会产生误导性的预警。如果每次更新都能提高预报水平,那么频繁快速的更新就可能会很有帮助,针对多个输出点位、满足多种需求的快速后处理也会成为一个优势。对于龙卷或山洪暴发等灾害,提前几分钟的预警可能就至关重要,但误导性预报比没有预报更糟糕,因此只有在获得一致的指导意见(来自观测、多类型预报以及集合预报)时才应发布或更改预警。

不同物理过程模式之间的接口可能是预报误差的来源,在偏差可能累积的情况下尤甚。例如,温度上 0.5 ℃的微小偏差可能会被气象学家忽略,但在土壤水分丢失模式的蒸发量计算中,持续存在的 0.5 ℃偏差就可能会使洪水和干旱的计算严重失真。

6.2.2　河流洪水

洪水是最常见的自然灾害类型,受其影响的人数(占 1994 年至 2013 年全球受灾总人数的

55%;CRED,2015)超过了其他所有类型灾害影响的总和。当大雨降至地面时,一部分雨水会渗入地下,而过量的雨水则可能直接淹没地表或排入溪水与河流,甚至漫过河岸。当大雨渗入透水岩层时,还可能产生过量的地下水,在较远的地方重新漫出地表,导致洪水泛滥。洪水也可能由积雪融化引起:在以雪为主的地貌中是季节性的,在雪地降雨等事件中是偶发性的(图 6.2)。

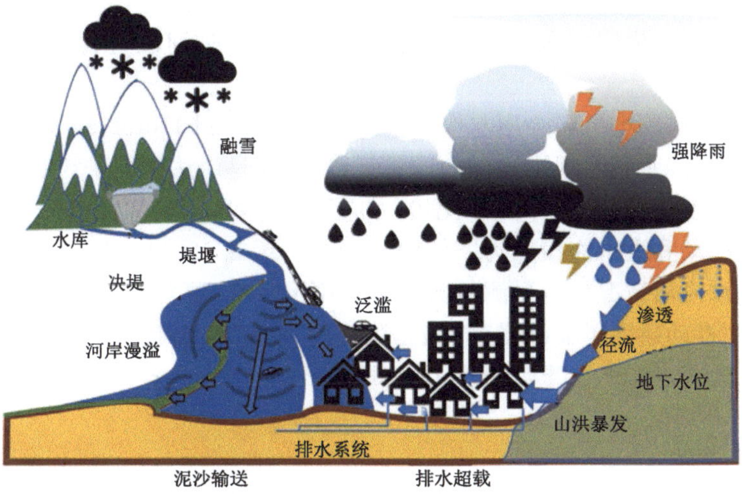

图 6.2 模拟陆地洪水所涉及的过程(© Crown Copyright 2021, Met Office)

洪水顺流而下的速度取决于流域地形陡峭程度以及水量大小。大洪水的速度也可能或快或慢,这取决于河道的横截面以及水流经不同质地河床产生的摩擦力。当河水溢出河岸时,洪水会蔓延到邻近的低洼地区。在某些大陆上最平坦的地区,洪水可能会蔓延数千平方千米并持续数周之久(Sajjad et al.,2019)。

自然系统会与人造系统在整个景观中相互作用(Sene,2008)。建筑环境通常由防渗透的不透水材料制成,这会导致径流增加,而增加的径流将由运河和管道进行疏导。闸门和堤坝被用于控制洪水的流向,水库则可以提供防洪储水空间,虽然在特殊情况下大坝溃坝反而会加剧洪水。森林砍伐和野火也会影响径流、蒸散和渗透之间的平衡。

洪水预报员面临的五个主要的建模挑战(Pagano et al.,2014; Adams and Pagano,2016):

(a)估计集水区或流域的前期条件,通常通过计算历史降水量来完成。

(b)预报未来降水,通常使用数值天气预报模式来完成。

(c)将降水划分为径流和下渗两个去向。

(d)追踪洪水沿地势顺流而下的过程。

(e)将关键地点的河流流量与河流深度和/或河流范围联系起来。

对于大型河流,最简单的方法是观测上游位置的河流流量(或水位),然后将其与后来在关键地点观测到的流量或水位建立统计关联。如果有足够的观测,这种方法就可以提供准确的洪水预报,但也只能应用于有测量的地点,并且经常需要重新校准上下游关系。

对于河流上游以及能迅速响应流量变化的河流,降水径流模式会将河流流量与集水区的降水联系起来,并对降水下渗和土壤水分蒸散进行简单的表示。传统上,此类模式是很基础的,它将系统视作"漏斗"的集合(Perrin et al.,2003),通过调整参数在历史模拟与河流流量观测之间得到最好的估计(Duan et al.,1993)。模式的空间维度可以用以下三种方式之一表示(Khakbaz et al.,2012):集中式的集水区,用集水区平均降水的单个时间序列来驱动模式;半分布式的集水区,以形状不规则但水文特征均匀的区域为代表;分布式的集水区,以规则网格标示区域(例如在数值天气预报模式中)为代表。在后两种情况下,会通过路由方法将径流汇集到集水区出口。传统上,径流和路由分量都需要进行调整(Duan et al.,1993; Overton,1966)。

对于河流的下游,河道及其周围的形状、河床的组成以及附近植被都是重要的特征,需要运用水动力学模式进行描述。河流过去也曾被表示为一系列河段,横截面形状和河床摩擦力沿河段长度变化。

情况适当时,洪水预报员还会用水作业模式(Klipsch and Hurst,2007)模拟水库的蓄水和溢出,其中许多模拟按照固定规则运行,有时运行规则还是由法律或条约制定的。

目前的研究正朝着应用三维网格模型的方向发展,这些模型采用基于物理过程的水流描述,将径流、河水流动和洪水淹没融为一体(Yamazaki et al.,2011),其中一些模式还包含地下水地质流动。洪水淹没情况的卫星测量数据也被用于校准、更新和验证这些模式(Wu et al.,2014)。这些方法推动建立了能够覆盖整个国家的扩展模式,而且洪水预警机构现在也可以免费获取全球洪水模式(例如 the ECMWF GLOFAS model, Alfieri et al.,2013)的输出结果了。

6.2.3 沿海海洋灾害

海岸侵蚀灾害和洪水灾害影响了许多主要城市。这些灾害可能是由局地风驱动的海浪、远程产生的涌浪或风暴潮引起的(图 6.3),这里我们没有考虑地震引发的海啸。风浪中的能量可以摧毁自然和人为的沿海防洪设施,而风暴潮和风暴浪的共同作用则可以抬升水面,将大量的水浇到剩余的防洪设施上并淹没后面的土地。如果不修复损坏的防洪设施,海岸防御系统的破坏就可能导致随后的常规涨潮进一步引发洪水。

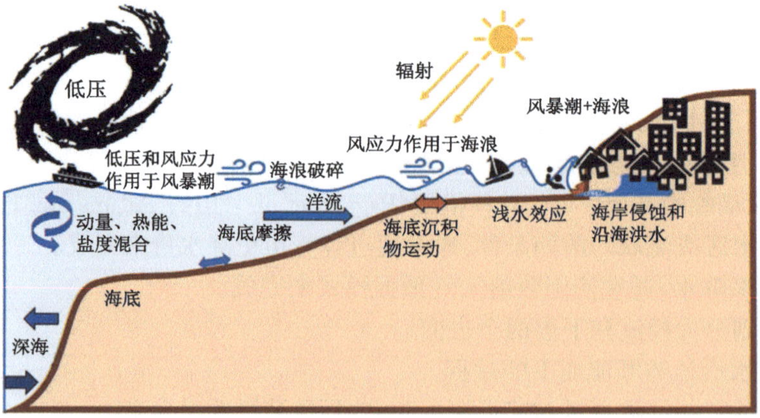

图 6.3 模拟沿海洪水灾害所涉及的过程(© Crown Copyright 2021, Met Office)

海浪的现场观测是通过船只和浮标进行的,其中浮标会停泊在固定位置进行观测。海浪的基本测量量是平均波高(通常是对最高 1/3 的波浪计算平均值)和波浪间平均时间间隔。现代浮标可以将波浪结构解析成频谱和方向谱。风暴潮是在移除天文潮汐分量后通过潮汐仪测量的。在这两种情况(船只和浮标测量)下,测量结果相比于被测现象的变化都是非常稀疏的。

而卫星虽然也能够提供有关海浪和潮汐的信息,但应用这些信息则是相当大的挑战。

洪水预报的主要气象输入量是上游海洋区域的风场和气压场分布,但准确的预报还会依赖于对精细水深测量(尤其是在海岸附近)以及对自然或人造海岸防洪设施的了解。

利用波高和波长/周期与局地风速、持续时间和/或海面性质的统计关系,可以得到简易的深水海浪预报。在风暴影响范围之外,涌浪在到达浅水区之前几乎不会损失能量,而是沿着大圆圈传播。

当前的最佳业务预报使用第三代海浪模式(Komen et al.,1994),其中包含不同波长之间的能量转移。虽然从风到波浪的能量转移过程已得到广泛理解,但对于依赖特定高度平均风与波能谱间简化关系的波浪预报模式而言,其细节还是过于复杂了。波浪破碎过程也以简化的方式表达,这些模式中最先进的一部分还包含了洋流以及浅水折射和衍射的影响(Booij et al.,1999)。

作用于海洋上的低压和风会引起风暴潮,产生大尺度的波浪。波浪传播到浅水区高度增加,造成涨潮加剧,潮水可能越过海岸防洪设施,引发严重的洪水(Pugh and Woodworth,2014)。在某些地方,风暴潮沿海岸传播,人们可以通过观测或建模得出的不同位置潮汐高度之间的统计关系,借此通过上游观测获得简易的预报。借助海洋特定区域的前期气压以及风速/风向模式与观测到的浪涌之间的统计关系,也可以获得简易的预报。然而,此类关系的应用有限,目前最优做法还是使用垂直整合的二维海洋模式(Flather,2000)。由于风暴潮和天文潮汐间存在相互作用,再现天文潮汐对海洋模式而言十分重要。浪涌的近岸增强对小尺度地形很敏感,因此我们需要高分辨率的局地模式。

使用风暴潮模式计算平均水深以及使用海浪模式计算波高后,无论是沿海模式还是近海模式,都必须经常进行侵蚀情况以及超过防洪限度水量的统计估计,或基于历史数据,或使用调整到特定地理位置的离线模式。洪水预报的地点选择很重要,通常当地历史记录所指示的地点就是最先出现海水涌入的。一旦预报出海水溢出量,就可以像处理河流决堤一样模拟洪水的范围和深度。

目前的研究方向是使用三维海洋模式进行风暴潮预报,以及将其与海浪和数值天气预报模式耦合(Cavaleri et al.,2018)。这样做有助于更好地实现能量收支平衡,特别是在波流相互作用方面。使用可变的近海分辨率能够改进近海物理过程的表述,但可能需要引入潮汐和浪涌引起的随时间变化的水域范围。

模式计算仍然面临着重大挑战,特别是在模拟近海物理过程方面,例如风暴期间的海床和海滩沉积物迁移过程(Carniel et al.,2011)。波浪与海岸防洪系统相互作用的精细建模仅适用于简单的几何形状,而估计防洪系统失效所需的常规观测则根本不可用,特别是对于天然防御工事。因此,在可预见的将来,计算防洪失败可能性以及海水溢出量的最后一步,似乎仍将继续基于统计关系。

其他可能需要预警的海岸灾害包括危害游泳者的离岸潮以及有潜在致毒可能的藻华(赤潮)生长。预报藻华需要了解海洋、陆地以及大气过程之间更加广泛的相互作用,其中温度、富营养化以及生物过程是关键因素(Pettersson and Pozdnyakov,2012; Zohdi and Abbaspour,2019)。

6.2.4　地表洪水

河流中的洪水可以追踪到下游,但尚未进入河道或从排水沟、沟渠以及其他小水道溢出的强降水所造成的洪水则不然，预报此类洪水更具有挑战性，需要对降水强度分布有详细的了解。一旦有水出现在地面上，预报水流的走势就需要极高分辨率的地表描述，还需要了解当流动的水裹挟、运输、沉积物质或侵蚀新通道时地表可能出现的变化。预报还必须考虑到地表对水的吸收，需要了解自然地表的土壤湿度以及城市地区的排水能力(Bach et al.,2014)。

地表洪水预报的简易方法依赖于降水深度和持续时间的统计分析阈值，超过阈值意味着特定地点会观测到洪水发生。运用这种方法时，应考虑地表的雨水吸收，以此调整降水量，为洪水是否发生提供"有效降水"阈值。更复杂的方法也已经开发出来了，可能适用于特定的应用场景(Shaw et al.,2011)。对于小型的村庄和高地集水区，降水径流模式可用于将水引导至次级水道，以便进行山洪预报。对于城市地区，各种复杂的水动力模式可用于模拟地表和/或地下排水网络(Bach et al.,2014)。更一般地来说，分布式洪水模式现在可以输入网格化降水时间序列数据，对流过地表和河道的水流进行建模(Bates et al.,2004)。这些方法都对地表分辨率精度非常敏感，在城市地区需要米级水平方向分辨率和厘米级垂直方向精度。鉴于有限的局地强降水可预报性，以及随之而来的对快速预报的需求，人们正采用预先计算洪水情景的方法来替代实时计算(Aldridge et al.,2020; Birch et al.,2021)。

未来，实时计算将与关键城区水流路径的实时更新相结合。

6.2.5 湿滑坡

滑坡的空间分布反映了一个地区地质、地貌以及水文条件的变化。滑坡可能由强降水、融雪和地面振动(如地震)引发，也可能由人为引起的应力条件变化引发，例如道路建设和采石。滑坡事件清单概述了一个地区内滑坡的时空范围，还可能包含有关当前发生过程类型的宝贵信息。补充清单可以采用直接地图映射的方式(地面观测或遥感观测)，或者通过查看档案材料以及收集社交媒体数据和新闻报道。

降水是滑坡最常见的触发因素之一，全球因滑坡死亡的人数集中在南亚、东南亚和东亚，与夏季风、台风以及拉尼娜事件有关(Froude and Petley,2018; Petley,2009)。滑坡的危害范围非常广泛，不仅会剥夺人的生命，还会在许多社区破坏人们的谋生资料以及交通网络和基础设施。

滑坡类型受降水强度、频率、持续时间以及前期条件的强烈影响。大范围而愈深的地质破坏对水文条件变化的反应愈慢，而浅层滑坡和泥石流则最常由短时高强度的降水事件触发(Martelloni et al.,2012)。浅层滑坡是大多数早期预警系统的预警对象，可能速度极快且具有破坏性，其诱因通常是降水快速渗透导致的孔隙水压力升高和剪切破坏，或者地表水径流中的沉积物夹带(Baum et al.,2010; Godt and Coe,2007; Wieczorek,1996)(图 6.4)。

滑坡的预报空间范围可以从全国到局地坡面。在坡面尺度下，通过监测坡面形变以及水文地质和气象参数，可以确定有关于形变率和地下水位变化的坡度尺度阈值，并突显包括不稳定的地下水压力积累在内的地质破坏前兆。

在区域到局地范围，滑坡通常是通过估计导致滑坡的降水阈值来预报的。人们基于对当地历史降水记录的统计分析以及过去详细的滑坡事件清单得出经验阈值，这一做法得到了广泛的应用(Caine,1980; Guzzetti et al.,2008; Brunetti et al.,2010)。应用最为广泛的降水变量是累积降水持续时间、强度持续时间或前期雨量。降水数据主要来自雨量计，但也有部分来自雷达和卫星。阈值选取的质量和可靠性取决于降水数据的质量、站点密度、时间分辨率(每

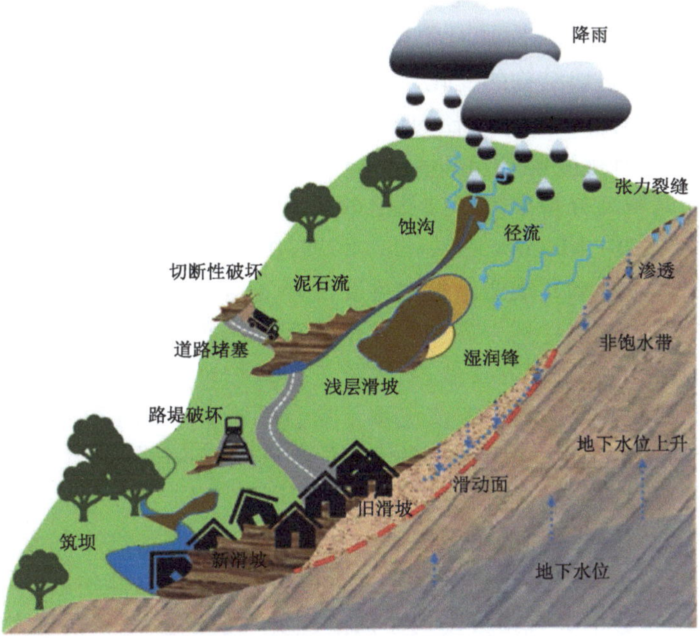

图 6.4 模拟滑坡灾害的过程
(© Crown Copyright 2021, Met Office with input from BGS © UKRI 2021)

小时、每日或更长时间尺度)和准确性,也取决于滑坡事件历史记录(Gariano et al.,2020; Nikolopoulos et al.,2015)。

通过设置水文阈值而非降水阈值,可以将先决条件纳入滑坡预报(Reichenbach et al.,1998)。挪威水资源和能源局就开发了一个针对降水和融雪引发滑坡的预报系统,该系统能将实时数据(水流量、地下水位、土壤含水量)与水文气象模拟条件结合起来(Krøgli et al.,2018)。

为实现滑坡时空预报,结合了斜坡稳定性与水文模式的物理过程模式已经开发完成,其空间尺度往往是坡面或流域尺度(Montgomery and Dietrich,1994; Baum et al.,2002; Salvatici et al.,2018; Guzzetti et al.,2020)。然而,应用这种方法还需要大量的岩土工程、机械和水文数据。

6.2.6 气旋中的强风

破坏性大风与热带和温带气旋有关,这些移动的风暴通常在为其提供主要能源的海洋上形成或加强,但随后也可能会在陆地上移动。

从热带海洋蒸发的水汽被风暴云中的上升气流抬升并凝结,为热带气旋提供能量。热带气旋与最具破坏性的大风密切相关,在热带气旋的眼墙附近,风速可能高达 300 $km \cdot h^{-1}$,眼墙就是一圈包围着热带气旋环流中心的强降水和强风带。强风和龙卷也可能发生在远离风暴中心的地方,就是伴随着螺旋雨带和雷暴。风的预报和预警通常基于地表或海表观测(包括船舶和浮标)、多普勒雷达(仅当目标在探测范围内时)、卫星数据(图像与散射计测风)以及飞机观测(仅当条件允许时),并运用统计模式、统计—动力模式以及数值天气预报模式的输出结果

(Cangialosi et al. ,2020)。对于热带气旋影响的临近预报来说,热带气旋结构、路径以及强度的观测至关重要(Leroux et al. ,2018),尤其是卫星和飞机观测可以及时提供有关最强风位置和强度变化的信息,例如眼墙结构的变化。

数值天气预报模式对热带气旋路径的预报已经有了很大的改进,但直到最近人们才证明强度预报的改进才更具有挑战性(Yamaguchi et al. ,2017)。尽管关于热带气旋快速增强的预报仍然具有挑战性,区域高分辨率模式以及全球数值天气预报模式现仍用于提供实用预报指导(Short and Petch,2018; Magnusson et al. ,2019; Knaff et al. ,2020)。卫星提供了风暴初始条件的重要观测,以及影响其演变的更大尺度的环境信息。来自各种数值天气预报模式的预报得以被广泛共享,并被整合到为各大洋发布的官方预警中。

为得到可靠的热带气旋发展的模拟,需要改进模式物理过程和动力过程以及模式不确定性的表述。在热带气旋预报和预警中,改进基于集合预报的不确定性信息运用也具有很大的潜力(Titley et al. ,2019)。通过提高模式分辨率、改进大气-海洋耦合以及海面动量交换的物理过程描述,应该都可以进一步改善强度预报。

温带气旋从热带和极地之间的温度梯度中获取能量,并以水汽冷却凝结所释放的潜热作为补充。这种风暴所覆盖的区域比热带气旋要大得多,因此确定哪些区域将受到破坏性大风的影响尤为重要。通常数值天气预报模式在预报此类气旋的强度和轨迹方面非常准确,但直到最近几年才充分捕捉到气旋结构的细节,例如刺状急流(Clark and Gray,2018)。在城市地区以及复杂地形地区,尽管超高分辨率模式在直接预报方面表现出一定的潜力,但破坏性大风往往与嵌入气旋的对流相关,通常还是会借助客观经验方法和预报员的主观经验来进行预报。

6.2.7 山地风暴

破坏性大风常发生在风越过山脉时,上层大气的温度结构会阻碍山前的上升运动,从而引发大幅度的大气波动或水跃现象(Whiteman,2000)。此类风暴在世界各地有多种不同的名称(图 6.5)。

图 6.5 模拟山地风暴所涉及的过程(© Crown Copyright 2021, Met Office)

传统的预报方法通过分析观测到的风向以及垂直温度廓线来确定有利于风暴发展的条件。数值天气预报模式在很多情况下都提供了良好的预报指导,但由于对温度结构的垂直分辨率和山脉的水平分辨率有所要求,很难准确预测风暴开始和消亡的临界条件,因此预报员通常会综合使用多种方法来完善风暴的时间和强度。提高数值天气预报模式的分辨率将继续提高预报水平,全球和区域数值天气预报中心可以免费提供这些预报结果。

6.2.8　强对流风暴中的强风、闪电和冰雹

与强对流风暴相关的天气灾害包括强降水、破坏性直线大风和龙卷、大冰雹以及闪电。对流云中的垂直运动由凝结过程的潜热释放驱动，形成由低层水汽和高层冰晶组成的深对流云（Yau and Rogers，1996），其特征是强烈的湍流和结冰过程。大多数破坏性大风是下击暴流或龙卷导致的出流引起的（Church et al.，1993）。冰雹和闪电则是雨滴冻结和融化过程所导致的（Mason and Mason，2003）（图 6.6）。

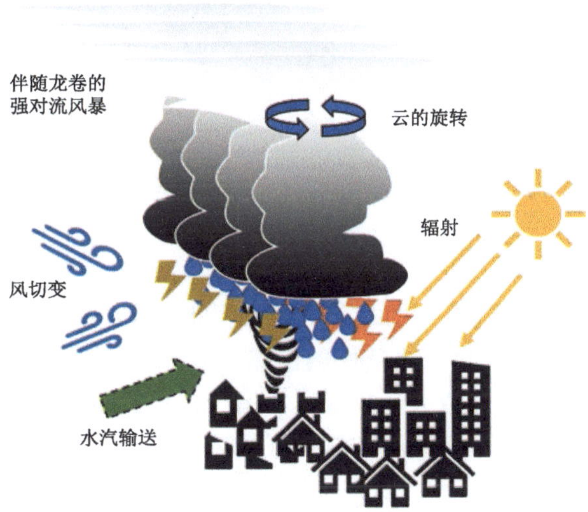

图 6.6　模拟对流产生的恶劣天气所涉及的过程（© Crown Copyright 2021，Met Office）

预报员会监测多普勒雷达扫描的大风或强冰雹指标，其他遥感工具如卫星、闪电监测网络和/或观察者提供的信息也会被用到。他们也会寻找强雷暴环境指标，例如对流有效位能、对流抑制势能或螺旋度。

对流尺度的数值天气预报模式为极端大风、闪电和冰雹的预警发布提供了实用的指导。准确分析初始条件下的风暴及其周围环境是目前的挑战之一，雷达和卫星数据的同化对其有至关重要的作用。由于此类天气在预报中不确定性会快速增长，人们需要用集合预报系统来生成概率预报（Wheatley et al.，2015）。随着分辨率、资料同化以及集合预报在对流解析尺度上的改进，数值天气预报将在预报这些天气灾害的过程中占据主导地位。

6.2.9　野火

随着气候变化以及人们向城市周边地区迁移的过程，野火预报变得越来越重要（NAS，2020；Ubeda and Sarricolea，2016）（图 6.7）。野火预报的主要气象输入是温度、风速和风向、相对湿度、闪电和降水（包括影响可燃物湿度的前期降水）；环境输入则包括植被类型、燃料负荷以及水汽含量。近期历经的野火焚烧会对区域内的可烧毁植被产生很大的影响，而地形则会通过风洞效应、边界层结构以及增雨区/雨影区等气象因素影响火势蔓延。猛烈的大型火灾可以改变周围的气象环境，可能导致不可预测的危险火势。冷锋的经过伴随着风向的显著变化，可将野火前部火力转变为更广泛的两侧火力和更长的火力锋面。野火预报的一个重大不确定性是起

火源，虽然通常是由闪电引发的自然源，但也可能是由无意或故意的人类活动引起的人为源。

图 6.7　模拟野火灾害所涉及的过程（© Crown Copyright 2021，Met Office）

火险天气预报发生在多个时间尺度。季节尺度和多周尺度的耦合建模能够基于结合多个天气和环境变量的指标给出火险天气条件的前瞻（Bedia et al.，2018；Dowdy，2020）。在中短期时间尺度下，集合和确定性数值天气预报通常用于预报火险天气条件，对预测重大风向变化尤其重要。当火灾正在发生或预计发生时，预报员就需要针对消防机构指定的地点提供详细天气状况的预报。

简单统计模式可用于表示简单条件下的线状（顺风）火势蔓延，例如平坦地形上的草地野火。火势蔓延模式以气象和环境要素作为输入，计算火势蔓延的速度和方向，可能还会提供火焰高度、火焰辐射功率等其他参数。此类模式可以表示与上下坡方向相关的变化，还可能包含飞火的描述。模式输出结果对风向非常敏感。在集合预报模式下运行时，概率预报结果可以体现天气、可燃物输入以及野火灾情过程的不确定性。

现在可以使用超高分辨率的野火—大气耦合模式，模拟导致火灾爆发性发展，并最终形成不可预测的极危险火灾的反馈过程（Filippi et al.，2018；Jiménez et al.，2018）。此类模式可以模拟余烬输运引发新火灾的过程，以及下坡气流水跃过程中的风加速现象。一部分模式还可以表示由火灾引起的雷暴（火积雨云），由空气向着野火辐合而产生，可以引发闪电和阵风下击暴流。一般而言，这些模式的业务运行成本仍然太高（Peace et al.，2020）。

通过成功应用最优的火险火情模式，有可能实现更有效的防火和灭火，减少生命和财产损失。然而，仍有一系列挑战有待应对：在次千米尺度上实现可燃物状态和风的可靠观测；在各个尺度上准确预报天气和环境输入量（包括可燃物状态）；对复杂火情实现有效建模；为验证和改进模式对火情进行更完整的观测。鉴于最近有证据表明气候变化会导致野火活动增加，未来几年我们预计将更加重视应对这些挑战（Dowdy，2020）。

6.2.10　极端高温

极端高温通常与在空间和时间上变化缓慢的气象条件有关。温度是我们关注的主要变量，但湿度、风速和太阳辐射也与预报热应激对健康的影响有关。由于城市热岛效应，城市特别容易受到极端高温的影响,沥青和混凝土表面对辐射的吸收和再辐射以及工业设施和其他热源的集中分布导致热量被保留下来(图 6.8)。建筑物内外温度间的关系对于某些健康影响也很重要。界定热浪的阈值通常是根据当地气候观测和模拟来决定的(Nairn and Fawcett,2014)。

图 6.8 模拟高温和污染灾害所涉及的物理过程(© Crown Copyright 2021,Met Office)

耦合数值模拟系统现在能够提前一周以上预报热浪状况,并提前几周预报热浪相关天气状况的发生概率(Marshall et al.,2014)。城市热岛效应可以通过卫星遥感和城市传感器网络进行估计,并用于以预报次公里网格的热应激条件为目的的后处理过程中。精准描述局地热应激需要详细了解社区和街道尺度的条件,包括阳光/阴影分布、绿叶树冠面积、建筑物周边气流以及建筑物内通风。目前,这样的精细建模水平已经超出了业务气象服务的常规预报能力。统计模型可用于将局地效应与大尺度气象和环境条件联系起来,或许可以在城市冠层模式的指导下运行。

未来的"智慧城市"将利用新的传感器、通信技术和物联网,使用数据驱动的方法来预报热应激及其影响。

6.2.11 严重空气污染

当工业和运输排放物在稳定的边界层中积累时,以及当野火烟尘被输送到人口稠密的地区时,就会产生有害的空气污染。一次污染物导致的空气质量下降,还可能会因光化学反应产生的二次污染物而恶化。

空气污染的定量测量与预报是一门相对新兴的学科,其中对天气预报进行了大量的借鉴。城市结构中地面暴露情况的变化是空气污染的重要影响因素。空气质量监测依赖于稀疏的(并且主要是城市内的)空气质量监测地面站网络,辅以有限的卫星遥感功能(EEA,2020)。最近,廉价的细颗粒($PM_{2.5}$)传感器投入使用,推动了空气质量监测以及预报初始化和后处理过程的改进(Lewis et al.,2018b)。

对于直接排放的化学物质,如硫和氮的氧化物,主要的预报不确定性在于确定排放源以及污染物在源地附近的扩散情况。来自工厂和其他人为源的静态排放清单需要人们付出大量努力来不断更新,否则就常常会随着工业环境和实际监管的发展而过时。简单的被动或化学传输和扩散模型的建模方法能够提供有价值的高水平浓度预报,可用于污染预警(WMO,2020)。

对于预报 $PM_{2.5}$、臭氧以及其他污染物的近地表污染浓度，最先进的方法是使用高分辨率的有限区域数值空气质量模式。这种模式的特点是可以进行“离线”预报，即气体和气溶胶化学过程在化学传输模式中进行计算时使用气象条件作为输入量；也可以进行“在线”预报，即气体和气溶胶也可以影响天气模式的辐射、温度以及云微物理属性（Wang et al.，2020）。在线模式虽然预报结果更准确，但也更复杂、更昂贵。

所有方法都非常依赖污染物排放和风的准确性，对于区域模式，必须准确指定边界处污染物的向内输送。从卫星观测的气溶胶光学厚度和地面观测污染数据可以提高预报的准确性。

6.2.12 雾

雾主要危害人们的交通安全。雾预警的关键能见度阈值因用户需求而异，具体取决于他们的移动速度以及行驶区域的复杂程度。对于在山区快速驾驶军用喷气式飞机的飞行员来说，安全驾驶所需的清晰视野可能意味着几千米的能见度，而对于在平直公路上行驶的汽车驾驶员，通常 100 m 就足够了（Call et al.，2018）。区分这些能见度阈值对观测和预报而言都富有挑战性。能见度变化可发生在非常小的空间尺度上，可能与局地水汽和/或污染源有关。在海洋上，海表温度的微小变化也会有相同的效果（Isaac et al.，2020；Fallmann et al.，2019）。浓雾带一旦形成，便可能会持续存在，直到气团发生变化。然而，用户想要知道的是雾何时会消散，这可能与雾何时会出现一样难以预报。

当前的预报方法大多会使用来自观测或模式预报且具有代表性的温度垂直探空，在垂直空气柱中应用特定站点的局部热量与水汽精细收支模型，同时考虑由于风引起的任何混合变化（Gultepe et al.，2007）。此外，超高分辨率（网格长度为 100 m）的数值天气预报模式所展现出的高准确性具有实用价值，该种模式可能会成为未来十年的首选预报方法（Price et al.，2018）。

6.2.13 霜、结冰、雪和冻雨

表面结冰的预报对于危险道路和人行道预警、道路和飞机的除冰处理以及建筑结构和电缆上积冰的预警而言是必需的。液态水冻结、凝华霜冻、冻雨或积雪及其他水凝物的压实过程都可能会形成冰。冻雨（Changnon and Creech，2003）是危及道路交通、树木以及信号塔的主要灾害（图 6.9）。

虽然数值天气预报模式的常规产品已经可以提供实用的预警指导，但预警还需基于对低层大气热力条件以及道路或其他表面暴露情况的仔细分析（Karsisto et al.，2017）。道路结冰通常会通过一维热平衡模式进行预报，该模式综合了影响局地短波和长波辐射的一系列因素，包括白天太阳的局部阴影，墙壁和树木等局部热源对夜间冷却的抑制，以及道路热性能的详细表述。模式的大尺度环境条件则来自数值天气预报。建筑结构和电缆上的积冰预报还需要模拟水分供给和热量收支（Fikke et al.，2006）。

数值天气预报还可以为冻雨提供预报指导，但由于人们对云物理认知有限以及模式低分辨率限制，其准确度仍然很低，因此预报员的预报通常还是依赖于对观测和预报的低层垂直温度结构进行分析。即使是少量雪或冰，在未经处理的道路上也可能很危险，因此有必要判断道路上的积雪量，同时要考虑到风、树荫、建筑物和树篱形成遮挡的影响，以及地形驱动的局地对流增强和变化带来的影响。

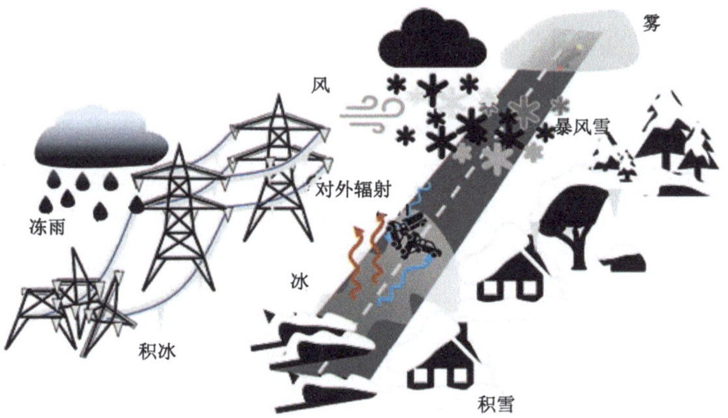

图 6.9　模拟冬季灾害所涉及的物理过程(© Crown Copyright 2021, Met Office)

6.2.14　多重灾害

单个天气系统也可能引发多种灾害,每种都有不同的预警要求,这可能会使预警变得非常复杂。为了能够给出最有用的建议,灾害预报员需要有关不同灾害及其相互作用的准确信息。表 6.2 给出了天气系统中多重灾害的一些示例,为对其进行说明,我们将更加详细地研究其中最极端的情况——热带气旋。

表 6.2　与部分天气系统相关的复合灾害

天气系统	主要灾害
热带气旋	极端大风;海岸,河流和地表洪水;滑坡;龙卷;闪电
中纬度气旋	极端大风;海岸,河流和地表洪水;滑坡;暴风雪;冰风暴
反气旋	热浪/寒潮;空气污染;雾
强对流风暴	极端大风;龙卷;闪电;冰雹;强降水;河流和地表洪水;滑坡

热带气旋是最具破坏性的天气系统之一,它与多种不同的灾害相关,可能对生命和财产造成重大影响(WMO,2017)。除了破坏性大风,风驱海浪与低压的联合作用还会产生沿海风暴潮,破坏沿岸防洪设施并导致沿岸洪水。与热带气旋相关的特大暴雨可能导致山体滑坡和严重的洪涝。龙卷和闪电通常也与热带气旋有关。不同的灾害可能在同一地区或邻近地区同时发生,给应急准备、响应和恢复方案的实施带来困难。强风在靠近气旋眼壁的登陆位置处影响最大,但最高风暴潮却在风向朝向陆地的一侧,而降水和河流洪水则可以从登陆位置向内陆延伸。仅基于轨迹和峰值强度的预警并不能提供多重和级联危险的完整图像。例如,在计划从强风区疏散时,确保疏散中心不在洪区非常重要。热带气旋的影响还取决于其移动速度(影响强风持续时间和累积降水量),以及受影响地区的土地特征、脆弱性和暴露程度。对整个多重危害事件中的所有危害及其相关不确定性进行准确预测,可为更有效地传达生命和财产所面临的多重风险奠定基础。

6.2.15　评估

本节一开始,我们就讨论了如何获得可靠的灾害观测数据这一难题。在评估灾害预报系统的性能时，我们采用了两种不同的方法来克服缺乏观测数据的问题。对于任一物理过程模式，可以假设普通情况下的准确预报是极端情况下准确预报的必要条件。对于某些灾害，例如海浪和风暴潮、河流水位或能见度，在非灾害条件下，有足够的观测可用于进行统计验证。当充足观测能良好定义极值分布时，也就有可能确定预报的渐近情况是否与观测到的一致。如果超过危险阈值的频率满足统计显著性要求，则可以使用各种二进制评分来测试超过或不超过阈值的预报能力(Jolliffe and Stephenson，2012)。第二种方法使用案例研究来评估预报效果。通过多个案例的研究，就有可能推断出在什么条件下预报会更接近或更偏离实际情况。

6.3 天气预报能力

第 7 章中，我们会详细介绍天气预报过程。在这里，我们简要介绍三种主要预报方法：数值天气预报、快速更新临近预报以及统计预报，并将介绍预报员在关联这些预报来源与人类关注的灾害方面发挥的作用。然后，我们会总结天气预报的普遍功能，并分别总结各个灾害相关主要天气变量的预报能力。最后我们将以简短的评估内容作为本节结尾。

6.3.1 数值天气预报模式/集合

数值天气预报模式是灾害预报的主要定量气象输入来源，由气象服务部门定期运行，构成了公共天气预报的基础。世界气象组织的全球资料处理和预报系统(WMO，2019)搭建了信息平台，少数国家能够借此共享全球集合数值天气预报系统的信息，每个地区也有几个国家共享区域数值天气预报系统的信息，该系统还会为气象服务部门提供预报指导。

数值天气预报模式包含大气中一系列复杂的物理过程(Coiffier，2011)以及地气和海气相互作用，这将在第 7 章中进一步详细说明。各个过程的数学描述都是对真实过程的近似描述，含有不确定性参数。若将这些过程整合到预报模式中，这些参数就必须在长时间的试验中相互调整，以求准确再现观测到的天气情况。

天气预报是一个初值问题，这意味着预报结果取决于模式的初始状态。由于初始状态具有不确定性，因此预报结果也会具有不确定性。当可预报性达到极限时，不确定性最终会淹没预报结果。在达到这种状态之前，预报的质量主要取决于模式的初始状态。因此，观测的可用性以及通过数据同化(见第 7 章)将其纳入模式有着至关重要的意义。许多灾害与部分区域大气能量快速释放有关，正是在这些区域中，不确定性的增长也最快。数值天气预报的一个重要部分就是评估这种不确定性，而通过采用初始条件略有不同的集合预报就可达此目的。

物理制约也限制了高影响天气预报的准确性。计算机的计算能力急剧增强，但预报的准确性，尤其是灾害天气的预报，仍会受到分辨率的限制。空间分辨率每提升一倍，就需要计算机能力增加十倍以上，通信带宽增加四倍。目前最好的数值天气预报模式的全球网格间距约为 10 km，区域模式的网格间距约为 1 km。集合预报系统的分辨率往往略低一些。网格间距大于 4 km 左右的模式由于无法直接描述深对流系统(除非是在统计意义上的研究)，通常不适合于预报以对流为主要能源的天气系统，包括热带和中纬度夏季的天气系统。即使是网格间距为 1 km 的模式，也无法表示雾和野火演变过程中发生的精细近地表过程，无法确定城区建筑物之间的热量和污染变化。生成预报的速度也会影响从观测初始状态到发布预报所需的时间。对于全球模式而言，从世界各地收集观测数据需要一定的时间，而相对长的预报时效还会增加所需的计算时间,因此最终可能需要长达6 h才能发布预报。

通信限制的存在意味着只有有限的集合数值天气预报变量能够得到共享,通常还只具有较低的时空分辨率和有限的概率信息。因此,仔细选择满足用户需求所需的信息非常重要。在许多情况下,人们感兴趣的变量并非模式中直接控制大气演化的变量,因此必须通过后处理步骤从模式输出中将所需变量推导出来(Vannitsem et al.,2021)。最先进的系统允许用户远程定义所需的处理过程,并且仅接收所需的结果,这种操作正在通过“云储存”完整的数据库(即将数据库储存在通过互联网连接的共享存储设施中)逐渐成为现实。

最先进的预警链会谨慎权衡及时性和准确性。为了充分描述灾源天气的特征,预报的分辨率必须足够高,但鉴于预报中也存在很大程度的不确定性,概率信息也至关重要。

在未来,扩充灾害预报员的可用信息也将成为一项挑战,可用信息应包含更多相关变量,具有更高的分辨率,更好地描述不确定性,但也要针对所关注的区域和阈值实现精准定位。

6.3.2 临近预报方法

如前所述,使用集合数值天气预报指导灾害预报需要较长的运行时间。对于发展非常迅速的灾害,人们需要对当地观测所得的新信息做出更快的响应。在此需求影响下应运而生的一系列技术被统称为临近预报(Browning,1982),可提前几分钟到几小时产出预报,提前时长具体取决于灾害性质。

为了实现响应速度最大化,临近预报系统通常采用有限的观测源和简化的预报模式,专注于单个变量,例如降水、大风或强冰雹。最初的预报系统基于雷达反射率观测,对超过临界阈值的区域位置进行线性外推(Wilson et al.,1998)。大多数当前使用的预报系统仍然是基于雷达和/或卫星的,因为这些观测系统能够为单个变量的时间序列提供详细的空间覆盖情况。预报也仍将继续以外推法为基础,但变量和方法的选择会更复杂。

临近预报严重依赖于初始状态输入,为消除误差,对观测输入进行前处理尤为重要。集合临近预报如今也在使用,特别适用于确定输出结果对不同趋势估计(无论是地理位置还是强度)的敏感性。临近预报工具通常只产出单个变量的预报,因此避免不同临近预报工具之间,或临近预报与数值天气预报给出的预报指导之间的不一致性是十分重要的。例如,结合基于卫星图像的云临近预报和基于雷达的降水临近预报,很有可能会得出晴空预报区域产生强降水的预报结果差异。如果要建立和维持预报的可信度,就必须避免产生这种差异。有效结合临近预报和数值天气预报方法是目前许多研究的主题(Atencia et al.,2020)。

6.3.3 统计模型和机器学习算法

统计模型有助于改进天气预报,既可以纠正数值天气预报输出的偏差(Vannitsem et al.,2021),也可以替代因过于复杂或计算耗时太长而无法纳入数值天气预报模式的物理过程,包括边界层和强对流风暴的极短期预报。统计方法的设计是无偏的,并且可以针对各个地点进行调整,因此非常适合用于将数值天气预报输出结果转化为特定地点的预报。然而,如果时空相关性起到了重要作用,则可能还需要运用保留时空相关性的方法,例如相似集合法(使用与当前情况相似的历史案例中的观测,例如Clark等(2004))。

如前所述,统计模型受限于训练和测试数据的可用性,而训练和测试数据又涵盖了所需输出的全部范围。灾害通常与极端事件相关,因此需要特别注意确保模式在极端条件下能够给出合理的模拟结果。数据的非平稳性(例如气候变化引起的非平稳性)也是一个挑战,这需要我们经常重新校准模式或准备辅助模式。如果可以使用足够接近真实的模式生成数据,就可能克服这些困难。

可用的统计方法有许多,从涉及多种人工输入量的决策树方法,到纯数据驱动方法(例如多层神经网络)。然而,在开源代码库的推动下,机器学习技术也正在迅速得以应用(Lagerquist et al.,2020)。评估表明,这些方法可以与人类判断和物理建模相媲美。

6.3.4 专业天气预报员

预报员会结合一系列预报工具的输出结果以及经验和专业知识,判断未来天气的发展,尤其是灾害天气(Pagano et al.,2016)。预报的输出结果受限于预报员的信息处理能力,信息处理能力不足可能会使他们只关注预期出现灾害或具有特定防御缺陷的区域。若应急响应取决于对成本与收益的精细判断,则对灾害概率分布给出可靠估计的能力就会成为关键,只有最优秀的预报员才能实现这一目标。

私营部门的天气预报员提供的是有偿服务,可能是由广告资助的一般媒体信息服务的一部分,也可能是为具有天气相关脆弱性的特定行业提供的咨询服务。在媒体中,预报员主要是一个传播者,利用他们的专业知识和判断力来解释来自模型和/或气象服务专业人员的一般预报,为公众创造可操作的信息。该部门面临的挑战是了解其投入资源的优势和劣势,并将收到的信息与受众关注的问题联系起来。第 4 章对这一角色进行了更详细的探讨。

顾问预报员通常侧重于特定地点的特定客户,他们有特定的需求和脆弱性。将来自模式和预报员的一般信息转化为客户所需的建议,这要求他们选择相关数据并应用针对特定灾害的预报技术。他们可以自己预报灾害及其影响,或者生成定制的天气信息供其他人使用。为了实现这一目标,他们会使用临近预报和机器学习工具,针对客户的需求进行调整。这一行业面临的主要挑战是权衡他们所获取的数值天气预报数据的准确性和成本,以及预报工具的可靠性与准确性。预报工具通常来自学术研究,但维护这些工具则需要定期购买升级或是由顾问预报员投入大量努力完成。由于不同顾问预报员使用不同的工具、不同的基础数据源或有不同的判断,有多个顾问预报员的用户可能会面临一致性问题。

6.3.5 评估天气预报

为了有效地使用气象预报进行灾害预报,需要对其性能有透彻的了解。对中期预报而言,概率预报和确定性预报的标准分数为大型天气系统预报提供了实用的评估。在这样的尺度上,由于相关变量变化平稳,其统计性质也会表现得较好。随着灾害天气事件逐步逼近,其细节也会得到更好的解析和预报,天气尺度下的风暴、冷锋、热带气旋以及其他系统的预报时间和预报位置就可以使用基于目标的验证方法进行评估。地面变量和高空变量的标准观测也可用于验证针对灾害天气环境条件的预报。除了降水和温度等地表变量外,大气稳定性、风切变以及边界层深度等垂直要素如果是灾害预报模式(例如空气污染、雾、冻雨)的直接输入量,则也应予以评估。

在灾害尺度上直接评估天气预报更加困难,因为标准观测网络的密度不足以捕捉到重要的细节,对极端事件的观测也可能很少。雷达和卫星的遥感观测在空间覆盖上是完备的,但仅能提供人们感兴趣变量(例如降水和风)的估计值。在高分辨率下,传统评分受到“双重惩罚”

的影响，即预报特征中微小的时间或位置错误，会导致事件既在实际没有发生的地方错报，又在实际发生了的地方漏报。空间验证方法则可以适应这种情况（Mittermaier and Roberts, 2010；Raynaud et al. ,2019），但对于某些灾害，空间背景信息很重要（例如河流流域、沿海城市），因此正确预报灾害位置至关重要。

6.3.5.1　分辨率

许多灾害的发生空间尺度小，时间尺度短，例如山洪暴发或狂风，在天气预报模式中解析这类小尺度灾害是一项艰巨的挑战。最新的局域数值天气预报模式所使用的网格间距约为 1 km，而研究模式所使用的网格间距则低至 100 m（Lean et al. ,2019）。这种高分辨率模式极大地提高了预报精度，但在小尺度细节方面仍具有相当大的不确定性。

对业务预报的评估表明，缩短网格长度可以提高模式预报的大尺度性能，并使解析小尺度问题成为可能。在 50～200 km 的空间尺度下提高精度，有助于预报员更好地解释观测结果，并给出更加精细的预报。

高分辨率模式最能显著提高那些对大气下边界条件（地形、城市结构、土地利用类型变化等）可代表性敏感的天气现象的预报准确性。对于那些对大尺度流场敏感的小尺度天气现象，高分辨率的优势则可能被更大尺度的不确定性所掩盖。

6.3.5.2　精确度和准确度

用于灾害预报的天气预报，可能既要精确，又要准确。预报的精确度是指其在空间、时间以及其他由灾害决定的属性上的“预报精细程度”。例如，如果预报中的 38.4 ℃达到了某个热应激阈值，那么灾害预报员会希望知道这会发生在何处、何时以及是否会发生，而不仅仅是它是否“非常热”。同样，区分大雨会发生在户外庆祝活动期间还是之后也可能非常重要。

准确性是指预报与观测的匹配程度。在评估准确度时，预报和观测的空间和时间尺度必须通过放大或缩小来相互匹配。选择更精细还是更粗略的验证取决于后续灾害模式所需的精确度。除了在特定位置进行验证外，一些验证方法还可以评估风暴系统和锋面等气象特征的地理位置误差和时间误差（Dorninger et al. ,2018）。

预报误差由系统误差（偏差）和随机误差组成。当预报结果被输入到使用观测结果开发的灾害模式时，有偏预报会尤其具有破坏性，因此我们建议要尽可能消除偏差。随机误差可以通过集合或平均来减少，例如在空间上计算集水区或取水区平均值，或在时间上计算累积值或平均值，但这类方法的代价则是预报精确度的部分损失。如果仪器误差或可代表性误差（例如对流降水中的雨量计测量）导致观测具有很大的不确定性，也就可能需要对观测结果进行汇总和平均。

6.3.5.3　可靠性

在进行风险评估时，可能性与强度的重要程度相当。集合预报系统用于提供概率预报，例如预报在特定位置和特定时间段内降雨累积量超过阈值的概率。集合预报系统概率预报的可靠性在过去 25 年中得到了极大的提高（Bauer et al. ,2015），尽管仍然需要对其进行后处理和校准（Williams et al. ,2014）。概率预报必须作为预报集合的一部分进行验证，而不是单独进行验证。概率验证措施，例如布莱尔评分（Jolliffe and Stephenson, 2012），评估的是以下特性：(i)可靠性，即预报概率和观测频率之间的一致性；(ii)清晰度，即预报概率接近 0%或 100%的趋势，而非集中在平均值附近的数值群；(iii)分辨率，即预报将事件分解为具有不同特征结果的子集的能力。

6.3.6 灾害相关变量的可预报性

大气由于有尺度间相互作用和混沌的性质，其可预报性存在内在限制，即使是合乎物理的最优预报系统也无法克服这些限制。这些限制在不同的灾害相关变量之间存在很大差异，可以视为灾害相关天气系统的函数。可预报性的内在极限是一个理想概念，因为并不存在“最优”预报系统。然而，这个概念也很重要，因为它支持了概率预报框架的使用，同时也能够指导最先进的预报系统的改进。从概念上讲，存在潜在的“分岔”时可预报性会受到最严重的限制(Keller et al. ,2019)，例如在热带气旋路径预报中就可能出现这种情况。更一般地来说，当大气条件接近特定阈值时就可能发生分岔，例如在地面温度接近 0 ℃时发生冻雨，或者对流强迫接近超出对流抑制能量时对流就启动。下面，我们用几个与灾害相关的变量和典型的天气状况来概述可预报性的实际限制，即在当前最先进的系统中所能观察到的可预报性限制。

降水。极端降水是持续时间和降水区域的函数。对于大面积地区，长期的极端情况可能会占据主导地位。全球集合数值天气预报在预报产生此类长周期极端事件的持续性天气系统方面能力相当强大，但由于模拟降水存在偏差以及缺乏足够的数据集进行重新校准，这种方法的使用受到了限制。对于较短的持续时间，我们可以确定三种主要的极端降水:大气河或大气传送带与地形相互作用形成的降水，通常持续数天(Shearer et al. ,2020)；有组织的雨带，往往与嵌入式对流一同出现，持续时间一般至多一天；强对流降水，持续一小时左右。大气河流可以提前几天预报，但直至发生前几小时空间精度都十分有限。有组织的雨带可以提前一天左右预报，但要确定其强度和持续时间的细节则会更晚。强对流通常只能提前几个小时预测其组织形态，而个别的风暴目前是不可预测的，除非在发生前一小时内使用临近预报方法(Wang et al. ,2019)。未来，千米级模式中风暴数据同化方面的发展，应当会为预报模式带来新的改进。

风。虽然目前的预报方法可以很好地预报未来几天的平均风场，但极端的局地风场预报仍是一个尚未解决的挑战。最新一代的千米级预报模式开始能够至少提前一天有效地捕捉热带气旋风场。尽管在公里级预报中对云的结构、旋转的诊断更接近真实情况，最多可以提前几个小时直接预报，但对龙卷以及其他强风暴相关极端大风的预测，在很大程度上只能通过使用大气结构预测指数的统计推断来实现，尽管对千米级预报中的云结构与旋转预测进行诊断还能使我们更接近于直接预测(Wang and Wang,2020)，最多可以提前几个小时。在能够充分解析地形的模式中，如果垂直分辨率足以捕捉到大气的垂直结构，就有可能提前一天实现地形风预测。然而，由于尺度太小，陡坡和建筑物附近的极端大风目前无法预测(除非在统计意义上)。可以预见，分辨率的提升将为短期预报带来重大进展。

冬季降水。雪和雨的边界是模糊而难以确定的，但这种相态变化会在地表产生深远的影响。其他种类的冻雨和固态降水也是如此。液态和固态降水的范围通常可以提前一天预报，但其边界的准确位置和时间，尤其是在缓慢移动的天气系统中，可能直到发生前几个小时才能预报。由于十分敏感地依赖于高度，预测需要针对特定地点，因此需要对模式的网格化输出进行后处理。

温度。未来几天内的大气温度总体结构是绝对可预测的。然而，模式还难以处理边界层结构的细节，尤其是在从白天到黑夜或反之的转换过程中(Lapworth,2006; Papadopoulos and Helmis,1999)。在夜间逆温等低湍流情况下，地表的细节描述可能很重要。这些气流的不可预测性可能导致即使预报周期非常短也无法进行确定性预测，这会对雾和霜冻的预警产生影响。在城市地区，城市结构的粗略表征限制了可预报性。

大气边界层。与空气污染和雾等边界层灾害相关的主要气象变量是平均风(决定输送)以及风的变化或湍流(决定扩散)。由于湍流不是基本变量,污染模式通常会根据边界层总体特征(例如边界层深度和平均温度梯度)间接推断湍流。此方法难以适用高架污染层的稳定边界层。数值天气预报模式在一定程度上可以预测大范围、持续性雾,但密度和出现(或消失)时间方面存在很大的不确定性,即使在只有几个小时的提前量的也会如此。受限于湿度、稳定边界层的湍流结构以及地表重要特征的分辨率,局地雾目前没有可预报能力,除非是泛泛而谈的普遍预报(McCabe et al. ,2016；Fallmann et al. ,2019；Ducongé et al. ,2020)。

6.4　天气与天气灾害之间的桥梁

在本节中,我们探讨各方面阻碍灾害预报员和天气预报员之间沟通的难题:学科语言物理过程、时间尺度、文化、组织层次结构、不同的思维方式和技术能力。

6.4.1　制度障碍

人们越来越多地认识到,专家机构之间的合作关系对于有效的灾害预报是必要的,例如国家气象服务与洪水或其他灾害机构之间的合作关系(Demeritt et al. ,2013)。为了使这种合作关系发展壮大,必须克服各机构之间的障碍。其中一些障碍来自政府的政治和经济决策,例如某些决策促进了公共机构之间的资金或实力竞争。障碍也可能来自根深蒂固甚至可能还被纳入立法的制度程序,尤其是那些历史悠久的制度(Pagano et al. ,2001)。这类程序可能已经根据部分客户在历史传承和管理结构方面的习惯进行了调整,尤其是当这些客户是主要的资金来源(例如民航或军队)时。在继续建立合作关系之前,需要认识到这些障碍并制定将其克服的战略。

在建立多方合作关系时,每一方都贡献了他们的科学和技术专长,整合后会变得非常强大。合作伙伴之间的成功沟通首先需要将合作目的翻译成每个合作伙伴的语言,然后确定互惠互利的目标。尽管合作伙伴拥有加强群体安全的共同目标,但是他们不同的任务和责任领域可能会导致具有不同的优先关注重点。国家气象服务部门通常在国家范围内运作,而灾害主管部门通常在州、地区或城市范围内运作。如果不同地区的灾害主管部门之间对气象信息的操作实践和要求不同,那么为多个用户提供相似但不相同数据的复杂性可能会拖累天气和灾害预报的有效整合。服务水平和操作方法的标准化可以提高一致性,促进建立更广泛、更强大的合作关系。

在开发预报系统时,气象机构可以选择开发自己的系统或植入外来的系统。虽然数值天气预报模式对陆地和海洋表面的表述很粗糙,但气象科学家将现有知识纳入其中是正常的。随着复杂性的提升,现在可以选择引入专家意见(例如水文学家团队)、引进模式(例如海浪模式)或与专业知识中心建立合作关系。例如,欧洲中期天气预报中心通过聘请水文学家参与,用引进模式开发了其全球洪水预报系统 GLOFAS(Alfieri et al. ,2013)。

将气象学家纳入负责灾害预报的业务机构,或者反之将灾害预报员纳入气象机构,正变得越来越普遍(Uccellini and Ten Hoeve,2019;另见下文野火案例研究),对灾害模式的集成起到了补充作用。专家们通过合作可以解释和整合灾害情况的重要细节,并就灾害的演变(或可能的轨迹)形成共识。如第 4 章所述,这种更加统一的观点通常会带来更好的决策,并在合作伙伴之间建立宝贵的信任。

6.4.2 共享态势感知

在实时业务运行响应中，无论多么熟练的个人都无法为每一个灾害提供专业解释。但是，一旦职责被拆分，即使共享相同的模式指导，也存在解释不一致的可能性。因此，需要在合作的运作结构中建立维持信息一致性的机制。这可能涉及共享观测数据和指导声明，或共享多灾害面板(NOAA，2021a)。该机制还应包括预报员之间的频繁会议，以便讨论对预报指导的不同解释，并商定一个通用版本。借助现代技术，可以使用诸如“聊天室”之类的日常通讯工具(NOAA，2021b)来缩短此类会议之间的时间间隔。当所有合作伙伴都使用通用工具套组查看相同的数据时，所有这一切都会方便许多。将数据置于“云”中将更容易实现这一目标。

6.4.3 连接不同的学科文化

6.4.3.1 水文和气象

准确的天气预报对于大多数洪水预报系统至关重要。虽然确定蒸发或融雪等方面的应用需要气温预报，但主要受关注的变量还是降水。

众所周知，降水难以预报，因为数值天气预报具有相对粗糙的分辨率、较大的偏差以及有限的预报水平(Cuo et al.，2011)。然而，最近在模式分辨率的提升和集合预报的使用方面的进展使模式输出与洪水预报应用变得更加相关。从历史上看，大多数降水径流模式都是基于20世纪70年代开发的参数化概念(Pagano et al.，2014)。我们需要继续致力于改进此类模式的校准。此外，数值天气预报的大部分改进源于更好的遥感观测同化，而对水文资料同化的研究(Chen et al.，2013)几乎没有得到应用。

这些例子反映了气象学家和水文学家在使用模式方面存在文化差异(Pagano et al.，2016)。通常，数值天气预报系统是在超级计算机上运行的，在自动后处理之后，输出结果由气象学家审查以决定是接受、调整还是替换。根据具体情况，河流预报可能需要更多迭代，轻量级模式会迭代运行，直到水文学家满意。尽管这建立了结果的可信度，但它阻碍了更客观的技术运用，例如数据同化和统计后处理。因此，并行河流预报系统的运用日趋增加，即同时运行复杂且客观的预报系统以及简单且可调整的预报系统。

气象学家越来越倾向于生成概率形式的降水预报产品(例如降水量超过15 mm的概率为25%)。概率预报尽管更好地体现了预报的不确定性，但仍缺乏观测的空间协方差和相关性表述。鉴于降水和径流之间的关系是高度非线性的，此类空间信息对于准确的径流预报至关重要。对此，水文学家开发了一些方法，主要通过历史观测的采样将概率降水预报(包括不同模式在不同提前期的预报)转换为无缝的、物理真实的集合(Clark et al.，2004；Bennett et al.，2017)。其中一些方法需要数值天气预报模式的客观回报，与当前的开发成本很高的业务版本一致。

6.4.3.2 海洋学和气象学

表面上看，海洋学家和气象学家应该能够轻松沟通，因为两个学科都是以地球表面为研究范围、以物理学为基础的地球物理流体科学。然而，这两种科学的发展历史导致了其学科的某些方面具有完全不同的研究方法。海洋学主要侧重于研究而非业务应用，侧重于基于船舶的外场实验研究而非模式模拟；而气象学自19世纪以来就一直专注于业务预报。事实上，气象学历史的主导是天气图——一种对大面积多个地点同时采样所得环境变量进行的分析。海洋学家很少将全球海洋作为一个整体进行研究,而是专注于单个大洋区;而气象学家则自然而然地从全球角度分析问题。另一方面,天气预报的对象通常是单个点,而海洋中的点则很少受到关注,除非在已经建造了海上生产设施的大陆架上。海岸线对海洋学家非常重要,因为近岸区域中的过程非常复杂,而海水的边界也就是模式边界。虽然海岸对气象学家也很重要,但相比陆地上的其他地方,往往不会更详细地考虑海岸。直到最近,海洋学家一直不得不使用极少的观测数据,而气象学家的资料来源要好得多——即使在海洋上也是如此。在数学上,海洋的大尺度运动在沿海岸的横向方向和沿海床的垂直方向都受到边界的强烈限制,而它的运动则是由风的动量传递驱动的。另一方面,小尺度运动是内力驱动的,其尺度比典型的天气扰动要小得多。在大气中,内部动力驱动了大部分大尺度运动,而局地强迫在小尺度上可能更为重要。浮力在两者中都很重要,但不同于海洋中由温度和盐度驱动,在大气中浮力是由温度和湿度驱动的。

在海洋天气预报中,大气和海洋的互动由来已久,然而由此产生的交叉学科往往与核心的海洋科学相分离。随着气候研究中全球耦合模式的发展,真正的海洋与气象合作关系最近得到了发展,这种合作关系往往不关注沿海灾害。然而,耦合模式在天气预报中得到了越来越广泛的应用(Pullen et al.,2017),因此通过该接口进行耦合模式工作的气象学家和海洋学家数量有所增加。

6.4.3.3 气象学和其他学科

中长期的气象模式在全球网格上运行,而较短期的模式则通常会划定某区域以实现高分辨率网格。气象模式会定期更新,灾害模式则往往由用户自己按需运行,气象输入资料可能不如预期的那么新。灾害建模人员经常在辖区(州、县或地方政府)层面开展工作,因此有必要对天气模式输出进行插值或"区域分割",以便为灾害模式获取适当的输入场。集合预报的后处理可以为后续模式提供"最坏情况""最佳情况"和"预期"天气输入。然而,成熟的用户越来越趋向于使用逐个集合成员来生成洪水、火灾、空气质量等项的集合灾害预报。

不同的灾害模式使用天气信息的方式完全不同,因此天气模式建模者和预报员必须灵活地为灾害模式提供必要的天气信息。天气模式提供的信息比许多灾害模式需要获取的信息要丰富得多。随着天气和灾害模式的耦合变得更加紧密,气象学家需要更加仔细地处理对准确灾害预报至关重要的部分物理属性和过程,例如植被、土壤水分和气溶胶。

6.4.4 技术限制

6.4.4.1 数据和标准

机构内部的数据通信带宽往往比机构之间的大几个数量级。因此,下游的合作伙伴可能会收到高度降级的输入数据,例如时间和空间分辨率降低、区域范围缩小以及概率分布的分辨率降低。增加带宽不仅需要更快的数据链路,还需要更大的数据库、更昂贵的处理过程和更复杂的接口,因此选择最佳的方案很重要。

天气模式的输出符合世界气象组织制定的标准(WMO,2019)进行输出,而灾害建模机构按照不同的(通常是当地的)标准运作,因此要使天气和灾害模式"对话",需要付出努力。最先进的数值天气预报模式计算强度高,需要高性能计算机(WMO,2013),而灾害模式的计算需求通常强度较小。当灾害模式更紧密地与天气模式耦合时,灾害模式可以转移到气象中心,在那里,数值天气预报输出可以直接输入到 ECMWF GLOFAS 系统中的灾害模式(Alfieri et al.,2013);或者可以将数值天气预报输出转移到灾害模式中心,供本地灾害建模者使用;或者可以让其中一个或全部两个模式都在共享云环境中运行。每个方案在计算效率、模式升级控制和操作速度方面都面临着挑战。

6.4.4.2　空间和时间尺度

评估灾害影响所需的尺度必须处于主导地位。灾害管理机构为满足这些要求而使用的精细程度可能是天气数据的分辨率所无法达到的。在这种情况下,可能需要对天气预报进行降尺度处理。这样做的好处需要明确评估。

灾害影响往往发生在小范围内,因此,灾害预测经常对作为输入的气象信息提出很高的要求。在1天的预报中,分辨率极高的有限区域NWP可能能够满足这一要求。对于某些减灾行动所需的几天到一周或更长时间尺度的灾害预测,大尺度气象环流的影响和局部细节的不确定性,决定了必须使用全球模式,因此其空间分辨率更加粗糙。对于更长期预报来说,灾害事件发生的时间预测也同样失去了精确性。这可能无法满足灾害机构对高精度信息的需求。然而,大气层固有的不可预测性决定了这一点,耦合预报系统必须加以协调解决。

6.4.4.3　不确定性和偏差

天气预报员和灾害建模人员以不同的方式使用数值预报。气象学家能够对数值天气预报中高影响天气位置及时间的预报误差进行调整,他们尤其关注大尺度模式(中期预报)或对流模式(短期预报)的预报,并运用经验来解释预报结果。灾害模式则通常不太能够适应某些误差,例如"轻微"地理位置误差导致降水落入不同的集水区、"轻微"时间误差导致潮水出现在不同的潮汐时段或者"轻微"温度误差导致降雪未能落到地面。集合预报提供了将天气预报中的不确定性转化为灾害预报中的不确定性的方法。然而,集合预报虽然擅长捕捉不确定性,但仍可能存在偏差。因此,在将天气模式输出引入灾害模式之前,通过统计后处理来纠正模式输出中的系统误差非常重要(Gascon et al.,2019)。

6.4.4.4　不确定性

由于大气的混沌行为,大气预报本质上是不确定的。有效的合作关系将认识到这不是灾害预报数据输入的缺陷,而是一定会反映在灾害预报系统中的基本限制。某些灾害,例如与强雷暴相关的灾害,会加剧基本气象学的不确定性,必须以概率的方式进行预报;而其他灾害,例如对大型河流系统的洪水预报,则可能会减少这种不确定性。灾害预报系统开发的一个重要部分,就是决定如何将不确定性纳入气象输入和灾害输出中。

6.4.4.5　热量、水、大气和动量通量的一致性

许多灾害发生在大气与陆地或海洋的交界处。目前对这一界面建模的能力很薄弱,一个模式的输出通量通常与另一模式的接收要求不一致。在陆地上,对地表(包括建筑物、树木、岩石等)的描述以及对发生相互作用的湍流过程的描述都非常简化;在海上,海表通常被认为是水平的,忽略了波浪的湍流效应和飞沫引起的水汽交换。想要进一步理解这些过程,就需要在昂贵的外场测量支持下进行细致而艰苦的研究。

6.4.5　模式集成

从20世纪70年代的第一代耦合气候模式开始,对十年到百年时间尺度的模拟而言,考虑大气物理和化学状态之间的长期相互作用以及大气、陆表、海洋和冰冻圈之间的反馈就是十分

必要的了。从那时起,地球系统耦合的范围得到了扩展,因而变得更加复杂和真实,包含了气溶胶化学、动态植被和冰盖动力学等过程(Jones et al.,2011; Cornell et al.,2012)。

将这种"整体系统"思维转化为天气预报时间尺度的方法尚不成熟,但已成为不断扩展的研究和应用领域(Belair,2015;Rabier et al.,2015)。通常,数值天气预报会做简化假设,忽略或参数化地球系统的相互作用,最大限度降低预报系统的计算成本和复杂性,同时充分认识到这些过程对预报技巧的贡献通常是次要的。例如,假设模拟周期开始时的海面温度分析场在天气预报期间持续有效,这一方法在大多数业务数值天气预报中心都被认为是足够充分的。如今这种情况正在发生变化,因为大气—陆地—海洋耦合集合数值天气预报系统的应用越来越普遍,这些系统在以几天到几周的时间尺度对全球尺度系统进行预报(Harrigan et al.,2020)。这种改变已被证明可以提高热带地区的预报水平,包括更好地表征热带气旋的演变和强度。其余挑战还包括将这种"整体系统"方法扩展到数据同化和集合预报领域。虽然大气和海洋变量的资料同化方法与能力非常先进,但对于大气化学或水文状态等其他变量,其资料同化方法与能力的发展却较为迟缓。由于海洋和大气变量初始化所需的时间尺度不同,大气—海洋数据耦合同化也面临着挑战(Frolov et al.,2016)。为了捕捉相互作用对不确定性的影响,还需要进一步设计耦合集合系统中具有代表性的初始条件和模式不确定性。

对于较短期的区域预报系统,人们同样越来越能认识到提升模式复杂程度的潜在价值,包括区域耦合环境预报系统(Lewis et al.,2018a; Fallmann et al.,2019)。在千米尺度上,要通过改进区域的差异性表征来提高模式水平,尤其是在海岸线和城市环境周围,地球系统过程的相关性起到了重要的作用。对水文气象预报,采用更综合的集水区解析方法也成为可能。至关重要的是,集合数值环境预报所取得的进展,为多种灾害模拟提供一致的输出框架。一般而言,环境灾害会受到很强的气象驱动,例如风暴对沿海环境的复杂影响:强风造成的浪涌和水漫堤坝引发内涝,强降水和地表径流饱和导致河水高流量、河水越岸泛滥以及潜在的山体滑坡和其他相关灾害。当前目标是实现多种危害可能性的表示,并考虑到不确定性在相互关联的系统中的传播。在这些尺度上,物理和生物地球化学系统与建筑环境和人类系统的相互作用也变得越来越相关,并为跨社区、跨学科以及跨建模能力的合作指明了前进方向。

集成建模需要注意每个领域所关注的尺度。将数值天气预报与地表水文集成,应当认识到准确的水文预报需要更精细的水平分辨率(尤其是在城市地区)(Cuo et al.,2011),以及对热通量和蒸散的敏感性。海洋模式需要以精细的水平分辨率运行,以便充分描述近岸海洋,尤其是潮间带,而热量和动量的垂直通量则取决于波浪和洋流的建模。河口的情况尤其复杂,需要考虑近岸海洋、河流和洪水之间的相互作用,而且这些区域通常具有复杂的气象条件。河水的温度和成分可能会影响近岸海域的温度和生物,从而影响任何沿海的大气环流。将空气成分耦合到天气模式中需要同时考虑气溶胶的辐射和云微物理影响,并且获得准确的地面污染物浓度。化学成分模式通常包含大量物种以及它们之间的化学反应,从而导致预报程序包含了许多参数,体量大大扩展(Freitas et al.,2011)。这种模式还需要指定污染物来源,但来源可能会因各种原因而改变,其中一部分可能在时间和空间上具有规律的模式,一部分可能与天气有关,而另一部分可能与特定事件(如节日)有关。

6.4.6　面向用户的验证

为了在整个合作关系中建立可信度,对于每个合作伙伴所提供的输入变量,应当根据其他合作伙伴的使用情况以及支持其内部发展的条件来衡量(Ebert et al.,2018)。对于灾害预报而言,天气预报质量的重点可能包括风暴和锋面等特征的位置和时间、大气的结构和变化以及幅度和极端性等特征。例如,验证洪水预报中的降水量,需要评估降水是否位于该集水区上方,以及是否具有正确的强度分布,从而产生与观测一致的径流和洪水高度。热浪预报中的温度验证则会评估预报的温度是否足够极端以及持续时间是否足以影响健康。这种诊断评估对传统预报准确性指标形成了补充。如果有合适的灾害观测资料,运用于业务气象中的常规客观预报验证学科就可以扩展到灾害预报领域。

确定灾害预报缺陷产生的根本原因十分重要,需要各方通力合作。如果预报误差的产生与气象输入场的偏差有关,情况就很简单。然而,如果过程复杂,可能就需要详细探讨,确定直接原因存在于物理过程或输入气象场还是其他地方。实际上,原因可能是多样的,模式调整通常会导致误差抵消,其负面影响只有在极端条件下才会变得明显。联合外场观测计划可能是探索此类问题的宝贵机会。

验证应面向预报系统中与预警链末端决策者最相关的方面。知悉为何在更长的预报时效下预报会变得不那么准确,有助于决策者了解根据预报采取(或不采取)应急行动的风险,因为所依据的预报最终可能是误报或漏报。正如第4章中所讨论的,验证社会经济影响的预报和预警是极其困难的。对灾害影响事实和预报进行直观比较,可以提供更多信息,有助于说明问题。衡量可以客观验证的预报要素的性能也很重要。当决策者掌握基于预报采取应急行动的阈值时,验证受关注地点的预报是否超出阈值,可为用户提供所需的质量信息,以建立适当的信心水平。

6.5 合作关系案例

案例6.1 洪水预报中心案例研究

Graeme Boyce,英国洪水预报中心

在2007年夏季发生毁灭性洪水之后,英国政府决心制定一种更加联合的方法来准备和应对洪水灾害。Pitt Review(Pitt,2008)强调,一方面,所有相关组织都需要具有共同努力和共享信息的意愿;另一方面,实现有助于应急计划人员和响应者降低洪水风险和影响的预报和预测至关重要。它的建议很明确——作为英格兰和威尔士主要洪水风险管理机构的环境署(随后威尔士的职责被移交给威尔士自然资源部),以及提供全国气象服务的英国国家气象局,应通过建立联合中心来协同工作,提高所有来源洪水的预报、建模和预警的技术能力。2009年4月,洪水预报中心开始运行,它建立了英格兰和威尔士的国家预报功能,通过向法定负责应对洪水的组织提供每日洪水指导服务,提前通知所有自然洪水源(河流、沿海、地表水和地下水)的潜在洪水风险。自始至终,洪水预报中心最重要的职责一直是为应急响应部门提供洪水预报指导;然而更具有先见之明的是,该中心的业务范围还包括直接与用户接触以及根据使用服务者的反馈持续改进服务。

洪水预报中心自成立之初就将水文气象科学置于核心位置。他们招募了一个由英国国家气象局的气象学家和英国环境署的水文学家组成的小团队,并且对其进行交叉培训,使他们更加深入地了解彼此的学科和客户的需求——最终创建了一支专业过硬的业务水文气象

学家骨干队伍。由于所受培训、机构背景以及聘期不同，建立信任成为了最初的挑战，但最终也通过建立开放性和集中相结合的方式克服了这一挑战。然而，与上级机构相连的双 IT 系统的复杂性问题仍然存在，并且难以解决。

洪水预报中心的设立目标是预报自然源洪水的影响，并尽可能地延长预报提前期。为此，人们认识到需要将可能性和不确定性的概念纳入指导信息，洪水预报中心的主要产品“洪水指导声明”应运而生，其中的风险矩阵在呈现未来 5 天的洪水可能性方面发挥了核心作用（图 6.10）。

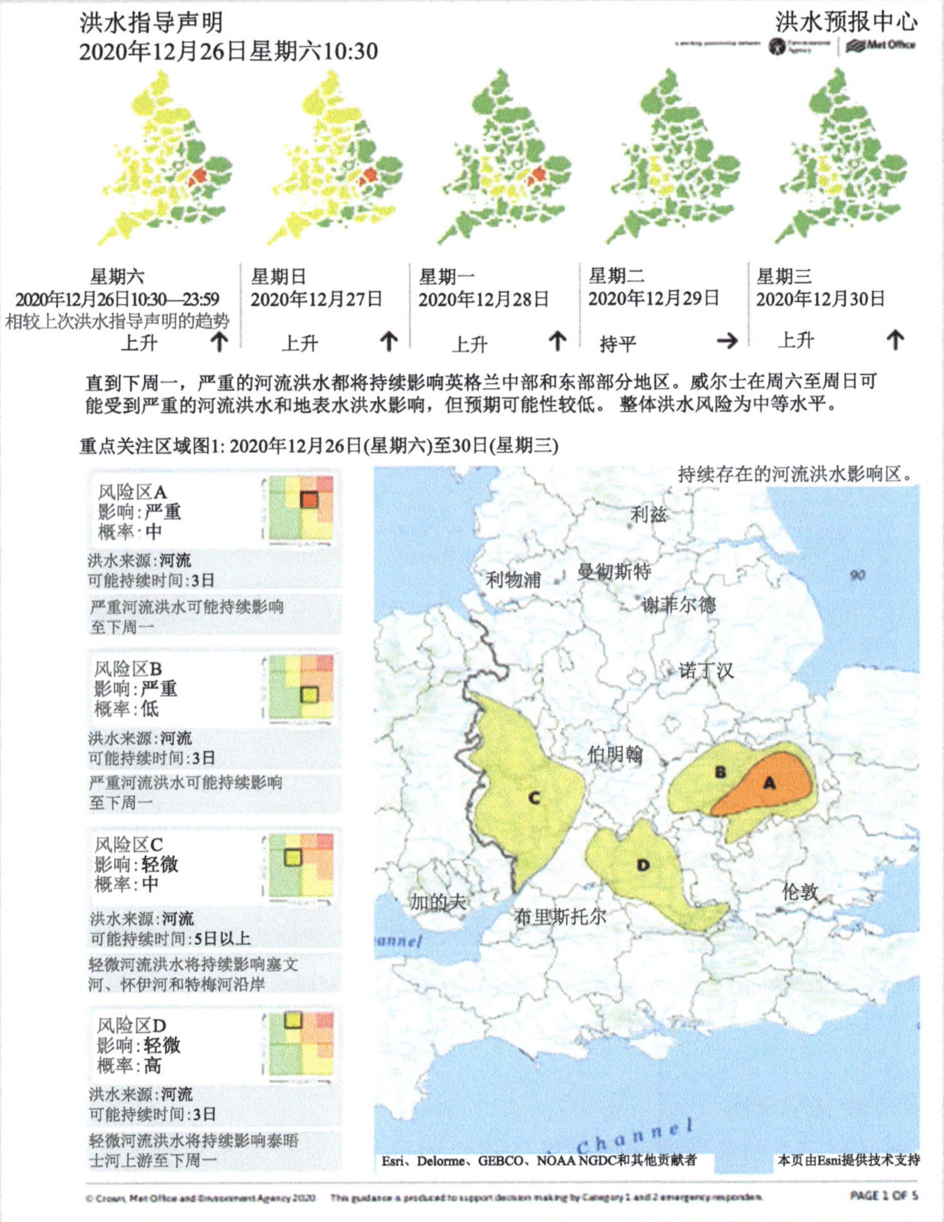

图 6.10　2020 年 12 月 26 日发布的英格兰和威尔士洪水指导声明

（© Crown Copyright 2020, Flood Forecasting Centre）

风险矩阵是与英国国家气象局国家强天气预警服务中心共同研发的，确保了两者使用一致的概念和术语，有助于促进与应急响应部门的联合服务。合作和协同关系是风险矩阵最初能够融入洪水风险事件管理结构并助其成功的关键。洪水指导声明是与环境署/威尔士自然资源部的当地预报团队和气象局的业务气象学家共同制定的。在洪水风险加剧的时候，洪水预报中心的负责人会定期向中央政府和环境署高级行政人员通报全国范围内的洪水风险，以支持战略决策。在洪水风险加剧期间，为了支持洪水事件管理决策，整个洪水预报中心合作项目付出了相当大的努力来保持洪水风险信息发布的权威性和一致性。在计划提升面向客户产品的预报能力时，仍然维持着这种协作水平。常规工作则是尽可能维护常规预报和可视化系统，并与英国国家气象局和环境署/威尔士自然资源部同事合作以求改进，实现互惠互利。洪水预报中心架起了从英国国家气象局到环境署/威尔士自然资源部洪水管理当局的“桥梁”，提高了将科学转化为业务应用的能力，并缩短了实现这一目标所需的时间。在 2009 年之前，英格兰和威尔士所提供洪水预报的提前期通常以小时为单位；在过去的 10 年里，洪水风险指导通常会提供未来 5 天的预报；而现在，洪水预报中心正在扩大其 30 天洪水预报服务的用户群(图 6.11)。

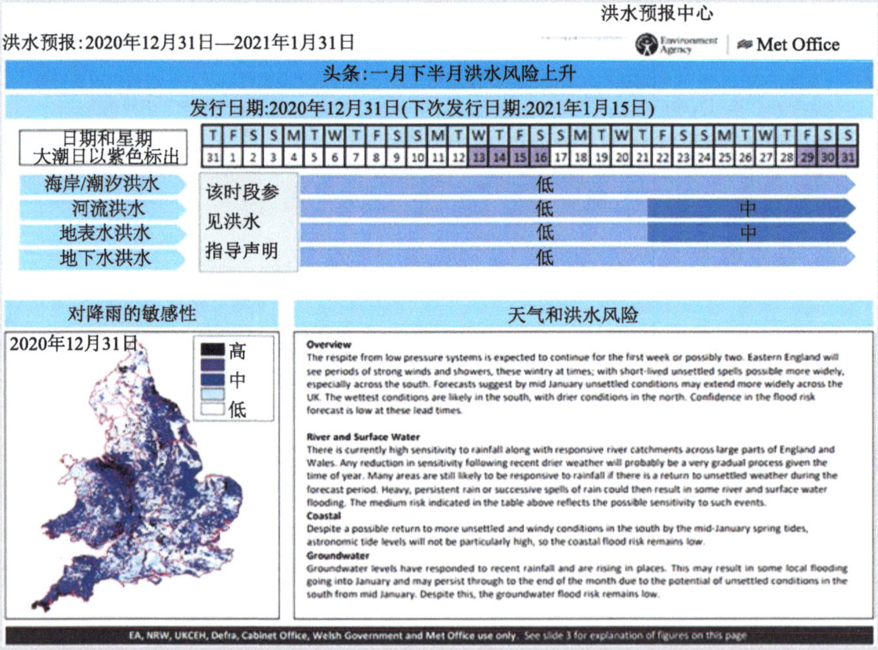

图 6.11　2020 年 12 月 30 日发布的英格兰和威尔士洪水预报

(© Crown Copyright 2020，Flood Forecasting Centre)

图 6.11 中文字概述

低压系统对洪水的缓解作用预计将持续一到两周。英格兰东部地区将出现强风和阵雨，偶有风雪天气；更广泛的地区可能出现短暂的不稳定性天气，尤其是南部地区。预报显示，到 1 月中旬，不稳定的天气状况可能会在英国更广泛地蔓延开来。南部地区可能最为潮湿，而北部则较为干燥。在此预报时效下，洪水风险的预测信度很低。

河流洪水和地表水洪水

目前,英格兰和威尔士大部分地区的河流集水区对降雨非常敏感。受近期干燥天气影响,任何敏感性的降低都可能是一个非常缓慢的过程。如果在预报期内出现不稳定性天气,许多地区仍可能对降雨做出反应。大雨、持续降雨或连续降雨都可能引发部分河流洪水和地表水洪水。上表所示的中等风险反映了对这类事件可能的敏感性。

海岸洪水

尽管到1月中旬的大潮时,南部可能会出现更加不稳定和多风的天气状况,但天文潮汐水平不会特别高,因此沿海洪水的风险仍然很低。

地下水洪水

受最近降雨的影响,部分地区的地下水位正在上升。这可能会导致部分局地洪水持续到1月,甚至可能持续到1月底,因为从1月中旬开始,南部地区可能会出现不稳定性天气状况。尽管如此,地下水洪水的风险仍然很低。

在整个合作关系当中,与洪水应急响应部门的接触也得到了协调,有助于预报当局提出更加综合的方法,增加了从预报和预警信息中获得的收益。所有这些改进都由英国国家气象局、环境署和威尔士自然资源部的代表组成的联合指导小组监督,并由来自洪水应急响应部门的大量成员组成的用户小组指导,这使得这种前所未有的合作关系和协作方法能够维持。

洪水预报中心拥有超过10年的运营经验,提供洪水指导服务,包括严重洪水时期的服务(例如2013/2014年冬季、2015/2016年冬季和2020年2月)。洪水预报中心可以自信地宣布它已经形成了非常成功的合作关系,汇集了世界领先的气象和水文学家。自洪水预报中心成立以来,应急响应部门的客户每2年要对其提供的服务进行一次评分,2019年的总体满意度上升至91%,对每日洪水指导声明感到满意的用户达到92%。无论是在维持成功的合作关系方面,还是在持续提供对用户群有行动指导意义和价值的预报服务方面,信任都是至关重要的。也许这种信任最明显的例子就是环境局投资建造了40多千米长的临时障碍物,以帮助没有永久性防御设施的洪水风险社区进行防御。它们的成功部署有赖于对洪水的提前预报,而这是由洪水预报中心与气象局和环境局的预报员合作完成的。在过去的12年里,只有通过在治理和领导、科技发展以及业务交付等各个层面的持续合作,才有可能实现这一目标。

案例6.2 在极端火灾期间与消防机构合作的思考

Mika Peace,澳大利亚气象局和森林火灾与自然灾害合作研究中心

在最近几年的火灾季节,澳大利亚经历了前所未有的火灾。我在消防机构的州业务中心工作,为其中多次火灾提供了详细的简报和解释。

与其他恶劣天气现象不同,高火灾风险并不总能造成影响;这取决于是否发生点火。当极端火灾发生时,火势会迅速蔓延;因此,需要深刻认识情况的复杂性并做出快速反应。我的职责包括与火灾行为分析人员密切合作,因为火灾预测跨越了火灾科学和气象学的领域,

域，需要具有多学科知识的团队密切合作并进行持续的信息交流。随着情况的发展和每天新信息的出现，我需要掌握不断变化的情况。派驻到另一个机构还需要与原机构建立紧密的联系和沟通网络，这样，我就可以在需要的时候向外寻求更多信息。

我认为我的职责是确保在州级业务中心或火场"没有意外发生"。极端的火灾总会发生，但如果每个人都清楚火灾是何种类、将在何时何地蔓延，就可以调整应急响应并将风险降至最低。在分析数据时，我一直在思考"天气和火灾可能会产生什么情形的极端火灾，可能性又有多大"。这个过程并不像查看数值天气预报输出结果那么简单，而是需要更深层次的解释和模式识别。有时，充满信心地宣布"不会发生火灾"是非常有价值的，因为它避免了不必要的担忧分散精力。

州业务中心对气象信息的需求巨大，但其价值在于解释天气将如何影响火灾行为。海量数据一应俱全，而开发和交付信息则要困难得多。在忙碌的日子里，需要向不同的受众发布大量简报，通常需要在短时间内将复杂的信息提炼成易于理解且立即相关的信息。我在合作组织中的经验是，简报和对话比预报产品更有价值。

应急管理需要政治领导人参与决策和响应过程，他们依赖于容易沟通且可信的科学家的专业建议。政客们能够迅速地从整个房间的人员之中确定谁拥有深厚的专业知识、能提出可信的建议，还会提出需要掌握综合知识才能回答的敏锐问题，这都让我感到惊讶，并留下了深刻的印象。

极端火灾事件会带来巨大压力，房间里挤满了事关民众生死的各种负责人时尤其如此。到目前为止，我已经有能力在发布简报时保持冷静的举止和清晰的思路。当我特别担心某一天的火警时，我能意识到我的担忧会在发布简报时表现出来，并且已经见识到了我在传递简报信息时的这种情绪会被听众接收，就像发布的科学内容一样得到清晰的回应。在火灾期间，我会从科学简报发布者转变为倾听者，去拥抱承受压力的同事。

在事后汇报中，我多次听到我们的合作伙伴强调他们对个人信任关系的重视。我所听到的反对意见则是，我们的程序应该足够稳健，以至于信任关系是无关紧要的。然而，人的天性就是重视人际关系，应急管理往往会吸引具有利他意图的善解人意之人，所以我相信在极端事件中，人际关系仍然很重要。

让像我这样的研究人员参与业务运行具有双重受益，因为这终将在研究与应用之间建立更强的连接，从而加速研究成果的吸收和采用。这还将使研究工作把重点放在产出解决现实问题的高影响成果上。我很幸运能在运营和研究领域担任一个非常有价值的角色。然而，我所走的职业道路并不符合气象机构的传统定义，其好处是内在的，因此难以衡量，只有在高影响事件中才能完全实现。建立跨学科能力并在事件发生之前发展合作关系需要长期投入，这样我们才能准备好"随时开始行动"。

我们不可能为未来可能出现的所有情景做预报，为所有突发事件做预案。最坏的情况可能超出我们的想象，串级和重叠事件不可避免地会带来应急响应挑战，造成超负荷的资源使用。建立一个支持有机响应的结构，使关系良好的人在面对预测和不断升级的情况时能够寻求任何可用的援助，这样才能对新出现的灾害作出最佳响应(图 6.12)。

图 6.12　Mika(左)在 2019—2020 年火灾季节在农村消防服务运营中心(“the room”)向新南威尔士州农村消防服务专员(中)和新南威尔士州州长(右)做简短汇报。

Mika Peace 博士是澳大利亚气象局的火灾气象学家。10 年来,她在澳大利亚各地担任业务预报员。在过去 10 年中,她一直担任火灾气象学研究职务。她通过研究案例和使用火灾-大气耦合模式模拟极端火灾变化过程,来了解火灾能量释放与周围大气的相互作用,被公认为火灾-大气相互作用方面的专家。

6.6　总结

- 成功的灾害预报需要有效地应用各个学科的专业知识。
- 在灾害预报机构之间建立合作关系需要花费时间和精力,来消除机构间的障碍并建立共同目标。
- 灾害相关学科有不同的术语和文化。成功的灾害预报需要每个学科的成员学习其合作伙伴的术语和文化。
- 对灾害的观测是了解灾害的重要性及其发生原因的基础,但这种观测仍存在不够广泛或不易获得的问题。
- 将灾害模式与天气模式联系起来需要谨慎,要了解每个模式中相关变量的不同作用。
- 将灾害模式与天气模式联系起来需要对数据标准、时间和空间分辨率、更新频率、预报时效、不确定性表示和质量衡量标准做出选择。在可能的情况下,应根据用户需求作出妥协。
- 综合模式日益成为未来灾害预报的基础,其实施应基于对用户有益的明确证据。
- 灾害预报应根据观测结果进行验证,采用的方法应反映预报在预警中的作用。
- 灾害预报将与天气预报同时使用,并应与天气预报保持一致。共享的态势感知工具可以促进一致性的达成。

参考文献

Adams, T. E. and T. C. Pagano, (eds)., 2016. Flood Forecasting: A Global Perspective. Academic Press.

Aldridge, T., O. Gunawan, R. J. Moore, S. J. Cole, G. Boyce and R. Cowling, 2020. Developing an impact library for forecasting surface water flood risk. J. Flood Risk Man, 13, e12641. doi:https://doi.org/10.1111/jfr3.12641

Alfieri, L., P. Burek, E. Dutra, B. Krzeminski, D. Muraro, J. Thielen and F. Pappenberger, 2013. GloFAS-global ensemble streamflow forecasting and flood early warning. Hydrol. Earth Syst. Sci., 17, 1161-1175, doi:https://doi.org/10.5194/hess-17-1161-2013

Atencia, A., A. Kann, Y. Wang and F. Meier, 2020. Localized variational blending for nowcasting purposes. Meteorol. Zeit., 29, 247-261

Bach, P. M., W. Rauch, P. S. Mikkelsen, D. T. McCarthy and A. Deletic, 2014. A critical review of integrated urban water modelling Urban drainage and beyond. Env. Modell. & Software, 54, 88-107. doi: https://doi.org/10.1016/j.envsoft.2013.12.018

Bates, P. D., D. Mason, S. Neelz, G. Pender, G. Villaneuva and M. D. Wilson, 2004. A frame-work for flood inundation modelling, in Flood risk assessment. Reeve, D. (ed.). Institute of Mathematics and Applications, Southend-on-Sea, 169-178

Bauer, P., A. Thorpe and G. Brunet, 2015. The quiet revolution of numerical weather prediction. Nature, 525, 47-55

Baum, R. L., W. Z. Savage and J. W. Godt, 2002. TRIGRS—A FORTRAN program for transient rainfall infiltration and grid-based regional slope-stability analysis, U. S. Geol. Surv. Open-File Rep. 02-0424, 35pp

Baum, R. L., J. W. Godt and W. Z. Savage, 2010. Estimating the timing and location of shallow rainfall-induced landslides using a model for transient, unsaturated infiltration, J. Geophys. Res., 115, F03013, doi: https://doi.org/10.1029/2009JF001321

Bedia, J., N. Golding, A. Casanueva, M. Iturbide, C. Buontempo and J. M. Gutiérrez, 2018. Seasonal predictions of Fire Weather Index: Paving the way for their operational applicability in Mediterranean Europe. Clim. Serv., 9, 101-110

Belair, S., 2015. Regional Environmental Prediction Systems. In Seamless Prediction of the Earth System: from minutes to months, Eds G. Brunet, S. Jones & P. M. Ruti. Geneva: World Meteorological Organization. WMO-No. 1156. ISBN 978-92-63-11156-2

Bennett, J. C., Q. J. Wang, D. E. Robertson, A. Schepen, M. Li and K. Michael, 2017. Assessment of an ensemble seasonal streamflow forecasting system for Australia. Hydrol. Earth Sys. Sci., 21, 6007-6030

Birch, C. E., B. L. Rabb, S. J. Böing, K. L. Shelton, R. Lamb, N. Hunter, M. A. Trigg, A. Hines, A. L. Taylor, C. Pilling and M. Dale, 2021. Enhanced surface water flood forecasts: User-led development and testing. J. Flood Risk Man., 14, e12691. doi:https://doi.org/10.1111/ jfr3.12691

Booij, N., R. C. Ris and L. H. Holthuijsen, 1999. A third-generation wave model for coastal regions-1. Model description and validation. J. Geophys. Res.-Oceans, 104, 7649-7666

Browning, K. A., 1982. Nowcasting. Academic Press Inc (1 Aug. 1982). 256pp, ISBN-10: 0121377601 ISBN-13: 978-0121377601

Brunetti, M. T., S. Peruccacci, M. Rossi, S. Luciani, D. Valigi and F. Guzzetti, 2010. Rainfall thresholds for the possible occurrence of landslides in Italy. Nat. Hazards Earth Syst. Sci., 10, 447-458. doi:https://doi.org/10.5194/nhess-10-447-2010

Caine, N., 1980. The rainfall intensity-duration control of shallow landslides and debris flows. Geografiska Annaler, 62, 23-27. doi:https://doi.org/10.1080/04353676.1980.11879996

Call, D. A., C. S. Wilson and K. N. Shourd, 2018. Hazardous weather conditions and multiple-vehicle chain-reaction crashes in the United States. Meteorol. Appl., 25, 466-471. doi:https://doi.org/10.1002/met.1714

Cangialosi, J. P., E. Blake, M. DeMaria, A. Penny, A. Latto, E. Rappaport and V. Tallapragada, 2020. Recent Progress in Tropical Cyclone Intensity Forecasting at the National Hurricane Center, Wea. Forecast., 35, 1913-1922

Carniel, S., M. Sclavo and R. Archetti, 2011. Towards validating a last generation, integrated wave-current-sediment numerical model in coastal regions using video measurements. Ocean. Hydrobiol. Studies, 40, 11-20

Cavaleri, L., S. Abdallab, A. Benetazzoa, L. Bertottia, J.-R. Bidlotb, Ø. Breivikc, S. Carniela, R. E. Jensend, J. Portilla-Yandune, W. E. Rogersf, A. Rolandg, A. Sanchez-Arcillah, J. M. Smithd, J. Stanevai, Y. Toledoj, G. Ph. van Vledderk and A. J. van der Westhuysen, 2018. Wave modelling in coastal and inner seas. Prog. Ocean., 167, 164-233. doi:https://doi.org/10.1016/j.pocean.2018.03.010

Changnon, S. A. and T. G. Creech, 2003. Sources of data on freezing rain and resulting damages. J. Appl. Meteor., 42, 1514-1518, doi:https://doi.org/10.1175/1520-0450(2003)042,1514:SOD OFR.2.0.CO;2

Chen, H., D. Yang, Y. Hong, J. J. Gourley and Y. Zhang, 2013. Hydrological data assimilation with the Ensemble Square-Root-Filter: Use of streamflow observations to update model states for real-time flash flood forecasting. Adv. Water Resources, 59, 209-220

Church, C., D. Burgess, C. Doswell and R. Davies-Jone, (Eds), 1993. The Tornado: Its Structure, Dynamics, Prediction, and Hazards. AGU Geophysical Monograph Series Volume 79 Print ISBN: 9780875900384 Online ISBN:9781118664148. doi:https://doi.org/10.1029/GM079

Clark, M., S. Gangopadhyay, L. Hay, B. Rajagopalan and R. Wilby, 2004. The Schaake shuffle: A method for reconstructing space-time variability in forecasted precipitation and temperature fields. J. Hydrometeorol., 5, 243-262

Clark, P. A. and S. L. Gray, 2018. Sting jets in extratropical cyclones: a review. Quart. J. Roy. Meteorol. S., 144, 943-969

Coiffier, J., 2011. Fundamentals of Numerical Weather Prediction. Cambridge University Press. 368pp. ISBN-10: 110700103X ISBN-13: 978-1107001039

Cornell, S. E., I. C. Prentice, J. I. House and C. J. Downy, 2012. Understanding the Earth System: Global Change Science for Application. Cambridge University Press. ISBN 9781139560542

CRED (Centre for Research on the Epidemiology of Disasters), 2015. The human cost of natural disasters 2015: A global perspective. [Online] Available at: https://reliefweb.int/sites/relief-web.int/files/resources/PAND_report.pdf (Accessed 21 Jan 2021)

Cuo, L., T. C. Pagano and Q. J. Wang, 2011. A review of quantitative precipitation forecasts and their use in short-to medium-range streamflow forecasting. J. Hydrometeorol., 12, 713-728

Demeritt, D., S. Nobert, H. L. Cloke and F. Pappenberger, 2013. The European Flood Alert System and the communication, perception, and use of ensemble predictions for operational flood risk management. Hydrol. Proc, 27, 147-157

Dorninger, M., E. Gilleland, B. Casati, M. P. Mittermaier, E. E. Ebert, B. G. Brown and L. J. Wilson,

2018. The setup of the MesoVICT project, Bull. Amer. Meteorol. S., 99, 1887-1906. doi:https:// doi. org/10.1175/BAMS-D-17-0164.1

Dowdy, A. J., 2020. Seamless climate change projections and seasonal predictions for bushfires in Australia. J. Southern Hemisphere Earth Sys. Sci., 70, 120-138

Duan, Q. Y., V. K. Gupta and S. Sorooshian, 1993. Shuffled complex evolution approach for effec-tive and efficient global minimization. J. Optimization Theory Appl., 76, 501-521

Ducongé, L., C. Lac, B. Vié, T. Bergot and J. D. Price, 2020. Fog in heterogeneous environments: the relative importance of local and non-local processes on radiative-advective fog formation. Quart. J. Roy. Meteorol. S., 146, 2522-2546. doi:https://doi.org/10.1002/qj.3783

Ebert, E., B. Brown, M. Göber, T. Haiden, M. Mittermaier, P. Nurmi, L. Wilson, S. Jackson, P. Johnston and D. Schuster, 2018. The WMO Challenge to Develop and Demonstrate the Best New User-Oriented Forecast Verification Metric. Meteorol. Zeit., 27, 435-440. doi: https://doi. org/10.1127/metz/2018/0892

EEA, 2020. Air quality in Europe-2020 report. doi:https://doi.org/10.2800/786656

Fallmann, J., H. Lewis, J. C. Sanchez and A. Lock, 2019. Impact of high-resolution ocean-atmosphere coupling on fog formation over the North Sea. Quart. J. Roy. Meteorol. S., 145, 1180-1201. doi:https:// doi.org/10.1002/qj.3488

Fikke S., G. Ronsten, A. Heimo, S. Kunz, M. Ostrozlik, P.-E. Persson, J. Sabata, B. Wareing, B. Wichura, J. Chum, T. Laakso, K. Säntti and L. Makkonen, 2006. COST-727-Atmospheric Icing on Structures, Measurements and data collection on icing: State of the Art. MeteoSwiss, 75, 110pp

Filippi, J. B., Bosseur, F., Mari, C. and Lac, C., 2018. Simulation of a large wildfire in a coupled fire-atmosphere model. Atmosphere, 9, 218

Flather, R. A., 2000. Existing operational oceanography. Coastal Engineering, 41, 13-40

Freitas, S. R., K. M. Longo, M. F. Alonso, M. Pirre, V. Marecal, G. Grell, R. Stockler, R. F. Mello and M. Sánchez Gácita, 2011, PREP-CHEM-SRC-1.0: a preprocessor of trace gas and aero-sol emission fields for regional and global atmospheric chemistry models, Geosci. Model Dev., 4, 419-433. doi:https:// doi.org/10.5194/gmd-4-419-2011

Frolov, S., C. H. Bishop, T. Holt, J. Cummings and D. Kuhl, 2016. Facilitating Strongly Coupled Ocean-Atmosphere Data Assimilation with an Interface Solver. Mon. Wea. Rev., 144, 3-20. doi: https://doi. org/10.1175/MWR-D-15-0041.1

Froude, M. J. and D. N. Petley, 2018. Global fatal landslide occurrence from 2004 to 2016. Nat. Hazards Earth Syst. Sci., 18, 2161-2181. doi:https://doi.org/10.5194/nhess-18-2161-2018.21612181

Gariano, S. L., M. Melillo, S. Peruccacci and M. T. Brunetti, 2020. How much does the rain-fall temporal resolution affect rainfall thresholds for landslide triggering? Nat. Hazards, 100, 655-670. doi:https://doi. org/10.1007/s11069-019-03830-x

Gascon, E., D. Lavers, T. M. Hamill, D. S. Richardson, Z. B. Bouallegue, M. Leutbecher and F. Pappenberger, 2019. Statistical postprocessing of dual-resolution ensemble precipita-tion forecasts across Europe. Quart. J. Roy. Meteorol. S., 145, 3218-3235. doi: https://doi. org/10.1002/qj.3615

Godt, J. W. and J. A. Coe, 2007. Alpine debris flows triggered by a 28 July 1999 thunderstorm in the central Front Range, Colorado. Geomorphology, 84, 80-97

Gultepe, I., R. Tardif, S. C. Michaelides, J. Cermak, A. Bott, J. Bendix, M. D. Müller, M. Pagowski, B. Hansen, G. Ellrod, W. Jacobs, G. Toth and S. G. Cober, 2007. Fog Research: A Review of Past Achievements and Future Perspectives. Pure Appl. Geophys. 164, 1121-115. doi: https:// doi. org/10.

1007/s00024-007-0211-x

Guzzetti F., S. L. Gariano, S. Peruccacci, M. T. Brunetti, I. Marchesini, M. Rossi and M. Melillo, 2020. Geographical landslide early warning systems. Earth-Sci. Rev., 200, 102973. doi:https:// doi. org/10. 1016/j. earscirev. 2019. 102973

Guzzetti, F., S. Peruccacci, M. Rossi and C. Stark, 2008. The rainfall intensity-duration control of shallow landslides and debris flows: an update. Landslides, 5, 3-17

Harrigan, S., H. Cloke and F. Pappenberger, 2020. Innovating global hydrological prediction through an Earth system approach. WMO Bulletin, 69(1)

Isaac, G. A., T. Bullock, J. Beale and S. Beale, 2020. Characterizing and Predicting Marine Fog Offshore Newfoundland and Labrador. Wea. Forecast., 35, 347-365. doi:https://doi. org/10. 1175/WAF-D-19-0085. 1

Jiménez, P. A., D. Muñoz-Esparza and B. Kosović, 2018. A high resolution coupled fire-atmo-sphere forecasting system to minimize the impacts of wildland fires: Applications to the Chimney Tops II wildland event. Atmosphere, 9, 197

Jolliffe I. T. and D. B. Stephenson (eds.), 2012. Forecast Verification: A Practitioner's Guide in Atmospheric Science. 292 pp. John Wiley & Sons Ltd: Chichester, UK

Jones, C. D., J. K. Hughes, N. Bellouin, S. C. Hardiman, G. S. Jones, J. Knight, S. Liddicoat, F. M. O'Connor, R. J. Andres, C. Bell, K-O. Boo, A. Bozzo, N. Butchart, P. Cadule, K. D. Corbin, M. Doutriaux-Boucher, P. Friedlingstein, J. Gornall, L. Gray, P. R. Halloran, G. Hurtt, W. J. Ingram, J-F. Lamarque, R. M. Law, M. Meinshausen, S. Osprey, E. J. Palin, L. Parsons Chini, T. Raddatz, M. G. Sanderson, A. A. Sellar, A. Schurer, P. Valdes, N. Wood, S. Woodward, M. Yoshioka and M. Zerroukat, 2011. The HadGEM2-ES implementation of CMIP5 centennial simulations. Geosci. Model Dev., 4, 543-570. doi:https://doi. org/10. 5194/ gmd-4-543-2011

Karsisto, V., S. Tijm and P. Nurmi, 2017. Comparing the Performance of Two Road Weather Models in the Netherlands. Wea. Forecast., 32, 991-1006. doi:https://doi. org/10. 1175/ WAF-D-16-0158. 1

Keller, J. H. C. M. Grams, M. Riemer, H. M. Archambault, L. Bosart, J. D. Doyle, J. L. Evans, T. J. Galarneau Jr, K. Griffin, P. A. Harr, N. Kitabatake, R. McTaggart-Cowan, F. Pantillon, J. F. Quinting, C. A. Reynolds, E. A. Ritchie, R. D. Torn and F. Zhang, 2019. The Extratropical Transition of Tropical Cyclones. Part II: Interaction with the Midlatitude Flow, Downstream Impacts, and Implications for Predictability. Mon. Wea. Rev., 147, 1077-1105. doi:https://doi. org/10. 1175/MWR-D-17-0329. 1

Khakbaz, B., B. Imam, K. Hsu and S. Sorooshian, 2012. From lumped to distributed via semi-distributed: Calibration strategies for semi-distributed hydrologic models. J. Hydrol., 418, 61-77

Klipsch, J. D. and M. B. Hurst, 2007. HEC-ResSim reservoir system simulation user's manual version 3. 0. US Army Corps of Engineers, Davis, CA, 512

Knaff, J. A., C. R. Sampson and B. R. Strahl, 2020. A Tropical Cyclone Rapid Intensification Prediction Aid for the Joint Typhoon Warning Center's Areas of Responsibility. Wea. Forecast., 35, 1173-1185

Komen, G., L. Cavaleri, M. Donelan, K. Hasselmann, H. Hasselmann and P. A. E. M. Janssen, 1994. Dynamics and Modelling of Ocean Waves, Cambridge Univ. Press, 532pp

Krøgli, I. K., G. Devoli, H. Colleuille, M. Sund, S. Boje and I. K. Engen, 2018. The Norwegian forecasting and warning service for rainfall-and snowmelt-induced landslides. Nat. Hazards Earth Syst. Sci., 18, 1427-1450. doi:https://doi. org/10. 5194/nhess-2017-426

Lagerquist, R., A. McGovern, C. R. Homeyer, D. J. Gagne II and T. Smith, 2020. Deep Learning on

Three-Dimensional Multiscale Data for Next-Hour Tornado Prediction. Mon. Wea. Rev., 148, 2837-2861. doi: https://doi.org/10.1175/MWR-D-19-0372.1

Lapworth, A., 2006. The morning transition of the nocturnal boundary layer. Boundary Layer Meteorol., 119, 501-526

Lean, H. W., J. F. Barlow and C. H. Halios, 2019. The impact of spin-up and resolution on the representation of a clear convective boundary layer over London in order 100 m grid-length versions of the Met Office Unified Model. Quart. J. Roy. Meteorol. S., 145, 1674-1689

Leroux, M., K. Wood, R. L. Elsberry, E. O. Cayanan, E. Hendricks, M. Kucas, P. Otto, R. Rogers, B. Sampson and Z. Yu, 2018. Recent advances in research and forecasting of tropical cyclone track, intensity, and structure at landfall. Tropical Cyclone Res. Rev., 7, 85-105

Lewis, H. W., J. M. C. Sanchez, J. Graham, A. Saulter, J. Bornemann, A. Arnold, J. Fallmann, C. Harris, D. Pearson, S. Ramsdale, A. M. de la Torre, L. Bricheno, E. Blyth, V. A. Bell, H. Davies, T. R. Marthews, C. O'Neill, H. Rumbold, E. O'Dea, A. Brereton, K. Guihou, A. Hines, M. Butenschon, S. J. Dadson, T. Palmer, J. Holt, N. Reynard, M. Best, J. Edwards and J. Siddorn, 2018a. The UKC2 regional coupled environmental prediction system. Geosci. Model Dev., 11, 1-42. doi: https://doi.org/10.5194/gmd-11-1-2018

Lewis, A., W. R. Peltier and E. von Schneidemesser, 2018b. Low-cost sensors for the measure-ment of atmospheric composition: overview of topic and future applications. Research Report. World Meteorological Organization, Geneva, Switzerland

Magnusson, L., J.-R. Bidlot, M. Bonavita, A. R. Brown, P. A. Browne, G. De Chiara, M. Dahoui, S. T. K. Lang, T. McNally, K. S. Mogensen, F. Pappenberger, F. Prates, F. Rabier, D. S. Richardson, F. Vitart and S. Malardel, 2019. ECMWF Activities for Improved Hurricane Forecasts, Bull. Amer. Meteorol. S., 100, 445-458

Marshall, A. G., D. Hudson, M. C. Wheeler, O. Alves, H. H. Hendon, M. J. Pook and J. S. Risbey, 2014. Intra-seasonal drivers of extreme heat over Australia in observations and POAMA-2. Climate Dynamics, 43, 1915-1937

Martelloni, G., S. Segoni, R. Fanti and F. Catani, 2012. Rainfall thresholds for the forecasting of landslide occurrence at regional scale. Landslides, 9, 485-495. doi: https://doi.org/10.1007/ s10346-011-0308-2

Mason, J. and N. Mason, 2003. The physics of a thunderstorm. Eur. J. Phys. 24, S99

McCabe, A., R. Swinbank, W. Tennant and A. Lock, 2016. Representing model uncertainty in the Met Office convection-permitting ensemble prediction system and its impact on fog forecast-ing. Quart. J. Roy. Meteorol. S., 142, 2897-2910. doi: https://doi.org/10.1002/qj.2876

Mittermaier, M. and N. Roberts, 2010. Intercomparison of spatial forecast verification methods: Identifying skillful spatial scales using the fractions skill score. Wea. Forecast., 25, 343-354. doi: https://doi.org/10.1175/2009WAF2222260.1

Montgomery, D. and W. Dietrich, 1994. A physically based model for the topographic control of shallow landsliding. Water Resour. Res., 30, 1153-1171

Nairn, J. and R. Fawcett, 2014. The Excess Heat Factor: A Metric for Heatwave Intensity and Its Use in Classifying Heatwave Severity. Int. J. Env. Res. Pub. Health, 12, 227-53

NAS, 2020. Implications of the California Wildfires for Health, Communities, and Preparedness: Proc. Workshop. Washington, DC: The National Academies Press. https://doi.org/10.17226/25622

Nikolopoulos, E. I., M. Borga, J. D. Creutin and F. Marra, 2015. Estimation of debris flow trigger-ing rainfall: influence of rain gauge density and interpolation methods. Geomorphology, 243, 40-50. doi:

https://doi. org/10. 1016/j. geomorph. 2015. 04. 028

NOAA, 2021a. NWS SAFER Hazard Dashboard-Situational Awareness for Emergency Response. https://www. arcgis. com/apps/MapSeries/index. html? appid=ea8b0eeb2e9c45b790329c 0ed2fdc225

NOAA, 2021b. NWSChat. https://nwschat. weather. gov/

Overton, D. E. , 1966. Muskingum flood routing of upland streamflow. J. Hydrol. , 4, 185-200. Pagano, T. C. , H. C. Hartmann and S. Sorooshian, 2001. Using climate forecasts for water man-agement: Arizona and the case of the 1997-1998 El Niño. JAWRA J. Amer. Water Resources Assoc. , 37, 1139-1153

Pagano, T. C. , F. Pappenberger, A. W. Wood, M. H. Ramos, A. Persson and B. Anderson, 2016. Automation and human expertise in operational river forecasting. Wiley Interdisciplinary Reviews: Water, 3, 692-705

Pagano, T. C. , A. W. Wood, M. H. Ramos, H. L. Cloke, F. Pappenberger, M. P. Clark, M. Cranston, D. Kavetski, T. Mathevet, S. Sorooshian and J. S. Verkade, 2014. Challenges of operational river forecasting. J. Hydrometeorol. , 15, 1692-1707

Papadopoulos, K. H. and C. G. Helmis, 1999. Evening and morning transition of katabatic flows, Boundary Layer Meteorol. , 92, 195-227

Peace, M. , J. Charney and J. Bally, 2020. Lessons Learned from Coupled Fire-Atmosphere Research and Implications for Operational Fire Prediction and Meteorological Products Provided by the Bureau of Meteorology to Australian Fire Agencies. Atmosphere, 11, 1380

Perrin, C. , C. Michel and V. Andréassian, 2003. Improvement of a parsimonious model for stream-flow simulation. J. Hydrol. , 279, 275-289

Petley D. N. , 2009. On the impact of urban landslides. In: Culshaw M G, Reeves H J, Jefferson I, Spink T (eds) Engineering geology for tomorrow's cities, engineering geology special pub-lications, vol 22. Geological Society of London, London, 83-99. doi:https://doi. org/10. 1144/ EGSP22. 6

Pettersson, L. H. and D. Pozdnyakov, 2012. Monitoring of Harmful Algal Blooms. Berlin, Springer-Praxis

Pitt, M. , 2008. Learning Lessons from the 2007 Floods. Cabinet Office, London. http://webar-chive. nationalarchives. gov. uk/20100807034701/http:/archive. cabinetoffice. gov. uk/pittreview/ thepittreview/final_report. html

Price, J. D. , S. Lane, I. A. Boutle, D. K. E. Smith, T. Bergot, C. Lac, L. Duconge, J. McGregor, A. Kerr-Munslow, M. Pickering and R. Clark, 2018. LANFEX: A Field and Modeling Study to Improve Our Understanding and Forecasting of Radiation Fog. Bull. Amer. Meteorol. S. , 99, 2061-2077. doi:https://doi. org/10. 1175/BAMS-D-16-0299. 1

Pugh, D. and P. Woodworth, 2014. Sea-Level Science: Understanding Tides, Surges, Tsunamis and mean sea level changes, Cambridge University Press. 407pp

Pullen, J. , R. Allard, H. Seo, A. J. Miller, S. Y. Chen, L. P. Pezzi, T. Smith, P. Chu, J. Alves and R. Caldeira, 2017. Coupled ocean-atmosphere forecasting at short and medium time scales. J. Marine Res. , 75, 877-921

Rabier, F. , A. J. Thorpe, A. R. Brown, M. Charron, J. D. Doyle, T. M. Hamill, J. Ishida, B. Lapenta, C. A. Reynolds and M. Satoh, 2015. Global Environmental Prediction. In Seamless Prediction of the Earth System: from minutes to months, Eds G. Brunet, S. Jones & P. M. Ruti. WMO-No. 1156. ISBN 978-92-63-11156-2

Raynaud, L. , I. Pechin, P. Arbogast, L. Rottner and M. Destouches, 2019. Object-based verifica-tion metrics applied to the evaluation and weighting of convective-scale precipitation forecasts. Quart. J. Roy. Meteorol. S. , 145, 1992-2008. doi:https://doi. org/10. 1002/qj. 3540

Reichenbach, P., M. Cardinali, P. De Vita and F. Guzzetti, 1998. Regional hydrological thresholds for landslides and floods in the Tiber River Basin (Central Italy). Environ. Geol. 35, 146-159. doi: https://doi.org/10.1007/s002540050301

Sajjad, A., J. Z. Lu, X. L. Chen, C. Chisenga and S. Mahmood, 2019. The riverine flood catastrophe in August 2010 in South Punjab, Pakistan: potential causes, extent and dam-age Assessment. Appl. Ecology Env. Res., 17, 14121-14142. doi:https://doi.org/10.15666/ aeer/1706_1412114142

Salvatici, T., V. Tofani, G. Rossi, M. D'Ambrosio, C. T. Stefanelli, E. B. Masi, A. Rosi, V. Pazzi, P. Vannocci, M. Petrolo, F. Catani, S. Ratto, H. Stevenin and N. Casagli, 2018. Application of a physically based model to forecast shallow landslides at a regional scale. Nat. Hazards Earth Syst. Sci., 18, 1919-1935. doi:https://doi.org/10.5194/nhess-18-1919-2018

Sene, K., 2008. Flood warning, forecasting and emergency response. Springer Science & Business Media

Shaw, E. M., K. J. Beven, N. A. Chappell and R. Lamb, 2011. Hydrology in Practice, Routledge ISBN 9780415370424, 560pp

Shearer, E. J., P. Nguyen, S. L. Sellars, B. Analui, B. Kawzenuk, K. L. Hsu and S. Sorooshian, 2020. Examination of Global Midlatitude Atmospheric River Lifecycles Using an Object-Oriented Methodology. J. Geophys. Res.-Atmos. 125. doi:https://doi.org/10.1029/2020JD033425

Short, C. J. and J. Petch, 2018. How Well Can the Met Office Unified Model Forecast Tropical Cyclones in the Western North Pacific? Wea. Forecast., 33, 185-201. doi: https://doi. org/10.1175/WAF-D-17-0069.1

Titley, H. A., M. Yamaguchi and L. Magnusson, 2019. Current and potential use of ensemble fore-casts in operational TC forecasting: results from a global forecaster survey. Tropical Cyclone Res. Rev., 8(3) 166-180

Ubeda, X. and P. Sarricolea, 2016. Wildfires in Chile: A review. Global Planet. Change, 146, 152-161. doi:https://doi.org/10.1016/j.gloplacha.2016.10.004

Uccellini, L. W. and J. E. Ten Hoeve, 2019. Evolving the National Weather Service to build a weather-ready nation: Connecting observations, forecasts, and warnings to decision-makers through impact-based decision support services. Bull. Amer. Meteorol. S., 100, 1923-1942

Vannitsem, S., J. B. Bremnes, J. Demaeyer, G. R. Evans, J. Flowerdew, S. Hemri, S. Lerch, N. Roberts, S. Theis, A. Atencia, Z. B. Bouallègue, J. Bhend, M. Dabernig, L. De Cruz, L. Hieta, O. Mestre, L. Moret, I. O. Plenković, M. Schmeits, M. Taillardat, J. Van den Bergh, B. Van Schaeybroeck, K. Whan and J. Ylhaisi, 2021. Statistical Postprocessing for Weather Forecasts 1-Review, Challenges and Avenues in a Big Data World. Bull. Amer. Meteorol. S., 102, E681-E699. doi:https://doi.org/10.1175/BAMS-D-19-0308.1

Wang, K., Y. Zhang, S. Yu, D. C. Wong, J. Pleim, R. Mathur, J. T. Kelly and M. Bell, 2020. A Comparative Study of Two-way and Offline Coupled WRF v3.4 and CMAQ v5.0.2 over the Contiguous US: Performance Evaluation and Impacts of Chemistry-Meteorology Feedbacks on Air Quality. Geosci. Model Development Discussions, in review. doi:https://doi.org/10.5194/ gmd-2020-218

Wang, Y., J. Gao, P. S. Skinner, K. Knopfmeier, T. Jones. G. Creager, P. L. Heiselman and L. J. Wicker, 2019. Test of a Weather-Adaptive Dual-Resolution Hybrid Warn-on-Forecast Analysis and Forecast System for Several Severe Weather Events. Wea. Forecast., 34, 1807-1827. doi: https://doi.org/10.1175/WAF-D-19-0071.1

Wang, Y. and X. Wang, 2020. Prediction of Tornado-Like Vortex (TLV) Embedded in the 8 May 2003 Oklahoma City Tornadic Supercell Initialized from the Subkilometer Grid Spacing Analysis Produced by the

Dual-Resolution GSI-Based EnVar Data Assimilation System. Mon. Wea. Rev. 148, 2909-2934. doi: https://doi.org/10.1175/MWR-D-19-0179.1

Wheatley, D. M., K. H. Knopfmeier, T. A. Jones and G. J. Creager, 2015. Storm-scale data assimi-lation and ensemble forecasting with the NSSL Experimental Warn-on-Forecast System. Part I: Radar data experiments. Wea. Forecast., 30, 1795-1817, doi:https://doi.org/10.1175/ WAF-D-15-0043.1

Whiteman, C. D., 2000. Mountain Meteorology: Fundamentals and Applications. Oxford University Press. 376pp

Wieczorek, G. F., 1996. Landslide Triggering Mechanisms. In: Turner, A. K. and Schuster, R. L., Eds., Landslides: Investigation and Mitigation, Transportation Research Board, National Research Council, Special Report, Washington DC, 76-90. Oxford University Press

Williams, R. M., C. A. T. Ferro and F. Kwasniok, 2014. A comparison of ensemble post-processing methods for extreme events. Quart. J. Roy. Meteorol. S., 140, 1112-1120

Wilson, J. W., N. A. Crook, C. K. Mueller, J. Sun and M. Dixon, 1998. Nowcasting thunderstorms: A status report. Bull. Amer. Meteorol. S., 79, 2079-2100

WMO, 2013. Cascading Process to Improve Forecasting and Warning Services. WMO Bulletin 62 (2)

WMO, 2017. Global Guide to Tropical Cyclone Forecasting. WMO No 1194, 397pp

WMO, 2019. Manual on the Global Data-processing and Forecasting System: Annex IV to the WMO Technical Regulations. WMO-no. 485

WMO, 2020. Training Materials and Best Practices for Chemical Weather/Air Quality Forecasting. ETR-no. 26

Wu, H., R. F. Adler, Y. Tian, G. J. Huffman, H. Li and J. Wang, 2014. Real-time global flood estimation using satellite-based precipitation and a coupled land surface and routing model. Water Resources Res., 50, 2693-2717

Yamaguchi, M., J. Ishida, H. Sato and M. Nakagawa, 2017. WGNE Intercomparison of Tropical Cyclone Forecasts by Operational NWP Models: A Quarter Century and Beyond. Bull. Amer. Meteorol. S., 98, 2337-2349

Yamazaki, D., S. Kanae, H. Kim and T. Oki, 2011. A physically based description of floodplain inundation dynamics in a global river routing model. Water Resources Res., 47(4). doi: https:// doi.org/10.1029/2010WR009726

Yau, M. K. and R. R. Rogers, 1996. A Short Course in Cloud Physics 3rd edition. Butterworth-Heinemann 304pp. ISBN: 9780750632157 ISBN: 9780080570945

Zohdi, E. and M. Abbaspour, 2019. Harmful algal blooms (red tide): a review of causes, impacts and approaches to monitoring and prediction. Int. J. Env. Sci. Technol. 16, 1789-1806. doi:https://doi.org/10.1007/s13762-018-2108-x

第 7 章 预报天气：观测科学家与预报员的合作

Paul Joe, Jenny Sun, Nusrat Yussouf, Steve Goodman, Michael Riemer, Krishna Chandra Gouda, Brian Golding, Robert Rogers, George Isaac, Jim Wilson, Ping Wah Peter Li, Volker Wulfmeyer, Kim Elmore, Jeanette Onvlee, Pei Chong, James Ladue

P. Joe (✉)
Environment and Climate Change Canada (Retired), Gatineau, QC, Canada
WMO/WWRP HIWeather project, Geneva, Switzerland

J. Sun
National Center for Atmospheric Research, Boulder, CO, USA
WMO/WWRP HIWeather project, Geneva, Switzerland

N. Yussouf
Cooperative Institute for Mesoscale Meteorological Studies, University of Oklahoma, Norman, OK, USA
NOAA/OAR/National Severe Storms Laboratory, Norman, OK, USA
School of Meteorology, University of Oklahoma, Norman, OK, USA
WMO/WWRP HIWeather project, Geneva, Switzerland

S. Goodman
Thunderbolt Global Analytics, Owens Cross Roads, AL, USA

M. Riemer
Universität Mainz, Mainz, Germany
WMO/WWRP HIWeather project, Geneva, Switzerland

K. C. Gouda
Council of Scientifc and Industrial Research, Fourth Paradigm Institute, New Delhi, India
WMO/WWRP HIWeather project, Geneva, Switzerland

B. Golding
Met Offce, Exeter, UK
WMO/WWRP HIWeather project, Geneva, Switzerland

R. Rogers
National Oceanographic and Atmospheric Administration, Washington, DC, USA
WMO/WWRP HIWeather project, Geneva, Switzerland

G. Isaac
Weather Impacts Consulting Incorporated, Trail Barrie, ON, Canada

J. Wilson
National Center for Atmospheric Research, Boulder, CO, USA

P. W. P. Li
Hong Kong Observatory, Hong Kong, China

V. Wulfmeyer
University of Hohenheim, Stuttgart, Germany

K. Elmore; J. Ladue
Cooperative Institute for Mesoscale Meteorological Studies, National Severe Storms Laboratory, Norman, OK, USA

J. Onvlee
Royal Netherlands Meteorological Institute, De Bilt, Netherlands

P. Chong
China Meteorological Administration, Beijing, China

摘要 天气预报是发布气象预警的基础。要想得到有用的天气预报，首先要知道现在的大气状态。在本章，我们首先回顾了用于预报天气的各种方法以及由此产生的观测需求。然后，我们探讨了获取这些信息所使用的各种传感器和搭载平台。长久以来，传感器及其搭载平台的设计师与气象学家紧密合作，使预报准确性取得了惊人的进步。然而，最新的高分辨率模式需要新的观测数据获取方法，这需要崭新的合作方式。本章将举例说明为取得进展而在不同环境中开展合作的情况，这包括本文以加拿大的示范预报系统为例，一窥新型空间观测和航空领域的合作关系，并通过测试平台和观测平台的应用情况，来展示有益于天气预报发展的环境，以及试验台和观测站的应用。

关键词 数值天气预报，临近预报，卫星，雷达，激光雷达，传感器，观测平台，第三方数据，评估

7.1 引言

本章将讨论灾害天气预报所面临的挑战，重点关注为满足预报模式和预报员对当前大气状态观测需求的合作方式。图 7.1 概述了本章的内容。我们将对以下几点进行描述：

· 预报员在从模式预报中提取关键用户相关信息时的重要作用。

· 数据驱动的预报工具，包括临近预报和统计后处理。

· 数值天气预报（NWP）系统的结构和组成部分，重点是公里级 NWP 系统中的同化观测和集合预报。

· 现场和遥感观测网络的现状，以及正在开发的新观测手段。

· 有可能提高观测覆盖率及观测密度的新数据源。

· 为了建立有效的合作，提供预报所需的观测数据，需克服不同方法间的差异。

· 成功克服上述挑战的合作案例。

各种具有不同预报提前期和时空分辨率的天气变量都需要预报信息。对于预警来说，基于当地标准（如基础设施和建筑规范）和人们预期，相关的极端或异常情况的发生概率尤为重要。特别在人口稠密的城市环境中，预警尤其重要，因为灾害可能导致一系列的影响（Baklanov et al.，2010，2018；Grimmond et al.，2020）。明确起见，我们在本章中对下述两者进行区分：一是由 NWP 模型、临近预报系统或统计处理而生成的预测结果；二是预报员通过理解模式预测结果做出的预报产品（图 7.1）。同时人们也意识到前者正越来越多地被直接输入到灾害模型中。观测不仅是模式预测过程的关键输入，也是预报员进行预报和结果验证所需要的。先进的交互式人机软件使预报员能够更多地与观测和模式结果进行交流，并根据其对观测或模式结果的人工再解释创建数字产品（例如，交互式多传感器冰雪测绘系统（Matson and Wiesnet，1981））

7.2 高影响天气预报

7.2.1 多尺度预报

高影响天气涉及多尺度的过程，因此，对于从大（全球）到小（如城市郊区）各尺度的大气变

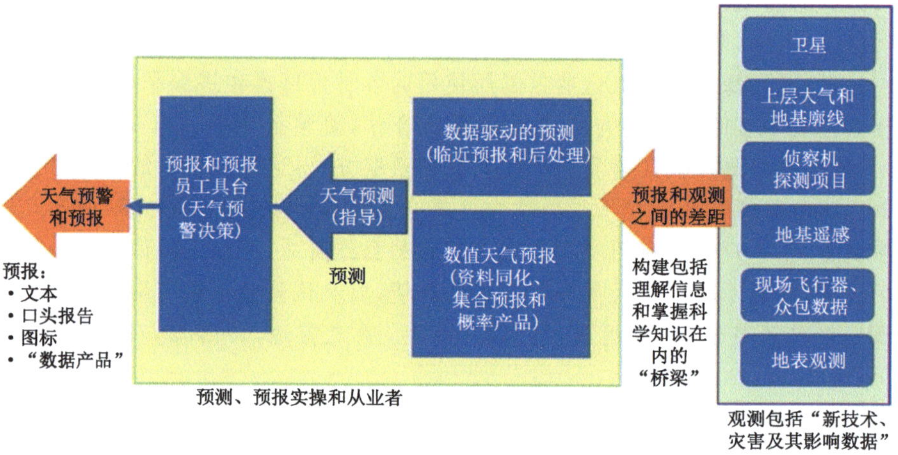

图 7.1　本章讨论的预报系统组成部分的简化示意图。橙色箭头表示天气和灾害预警/预报之间的联系（最左边的橙色箭头，在第 6 章讨论），观测人员和预报员/预报系统之间的差距（最右边的橙色箭头）是本章的主题

化过程，观测和预报都应对其进行覆盖。生成这些尺度的天气产品需要不同的预报信息源。表 7.1 按时间尺度描述了它们的部分特征。因为空间尺度与时间尺度相关，只有高时空分辨率模式才能分辨诸如对流性雷暴之类的小尺度特征。表中引用了我们正在使用的典型模式网格尺度，但应该记住，模式只能解析几倍（通常是 5～10 倍）于网格间距的大气特征（Lewis and Toth，2011）。尽管在理想情况下，模式应在不同的空间/时间范围内无缝衔接，但受计算条件的约束，它们需要在不同区域尺度内使用不同的分辨率，这可能意味着它们需要采用不同的参数化、数据同化、集合扰动或后处理方案。此外，模式预报的频率也随预报长度而变化。长期（季节性）预报可能每月输出一次或两次，而临近预报可能需要以小时乃至更短时间进行输出（表 7.1）。

表 7.1　各种时间尺度天气和气候预报系统的特征

预报时效	WMO 定义	典型特征	例子	应用
气候	2 年以上	网格点距离约 300 km	全球和区域气候模式（GCM/RCM）	气候变化（IPCC）和适应政策；场景和假设测试
气候均态	平均 30 年	基于气象观测站点资料	30 年“均态”	气候记录，气候变化监测，建筑/施工规范；保险金设置；风险分析
长期	30 天～2 年	约 10～20 km；全球；多种数据处理方式（如平均和集合产品）	全球模式，如 ECMWF 集合预报；历史事件的统计回归	年际的天气和季节预测（如厄尔尼诺）
中长期	10～30 天			热带气旋的季节和次季节预测；粮食品种选取，降低灾害风险
中期	3～10 天			针对大尺度特征（如，飓风路径和冷空气爆发）发布公告并警戒
短期	12 小时～3 天	区域，3～12 km	有限区域模式，如 HR-LAM	警戒并发布预警（如，完善大尺度预报从而准备行动信息；冬季风暴，东北风暴）
超短期	最长 12 小时	区域，2～3 km	高分辨率快速更新	警戒对流尺度事件（如，雷暴）；农作物农药决策
临近	0～2 小时	局地，100 m～3 km	研究/示例模型	预警对流尺度事件（如，雷暴、龙卷、风切变、城市的应用）

不同模式对于观测的要求存在相当大的差异。一般来说,观测需要比模式预报更准确、偏差更小,并且需要依据模式再现观测的能力(例如,依其不同的分辨率或所代表的过程)进行相应的质量控制。这可以用"甲之蜜糖,乙之砒霜"进行类比。高分辨率模式中所分辨的小尺度变化,可能成为低分辨率模式中的"噪声"。初始模式状态下的噪声在较长的预报时间内会迅速增长,从而限制预报准确度,因此,必须在观测的质量控制和同化过程中进行滤除。在预报的时间尺度内变化不大的变量(例如,短期预报中的海面温度),可以在该预报中设其为固定值,而在更长时间的预报中,则可能需要设其为预报变量。

局地的物理影响往往是驱动高影响天气的细节,因此,当前许多高影响天气研究的重点是开发高分辨率预报。它们不仅要捕捉局地环境的细节,还要捕捉与灾害相关的大气结构细节。准确分辨小尺度的物理结构(例如,地形或城市结构)有助于提高可预报性。然而,初始条件的不确定性、无法分辨的物理过程、数值解的不准确性,以及小尺度扰动的快速增长,均限制了可预报性的提高。也就是说,随着尺度的减小,可预报性也将变得更短。这种不确定性随着分辨率的提高而增加的悖论,可以通过集合预报生成概率预报的方法来克服。

在本节,我们将重点关注那些最高分辨率的、可用于极端天气预警的预报系统,来阐述它们在运行过程中的需求。尽管如此,它们的许多特征也与表 7.1 中列出的其他预报系统相关。

7.2.2　预报员与决策制定

7.2.2.1　预报员的预报过程

鉴于任务和参与者的多样性,生成预报的过程并非是单一的,但所有预报员都会使用一些通用的方法,例如,模式识别及其相关既定规则;与仪器、观测、模式、产品、社会影响和应急响应相关的理论知识;与组织内外的同行进行协作;以及信息传递的限制。

预报员会在轮班开始时接到天气简报并复查此前的预报,从而了解此前预报的背景信息,以及是否具有特殊的脆弱性,例如,该季节的首次降雪或罕见的天气灾害。在复查过程中,预报员不仅要考虑气象问题,还要考虑影响预报环境的外部因素,例如,硬件或人员问题。

预报员必须了解他们轮班的总体性质,以及预报所服务的用户群体,因为在发布季节性、每周或航空预报时,预报的方法和策略也应随之改变。预报目标取决于用户的需求,预报员应当根据信息类型和所传达气象风险的情况进行相应的调整。

接着,预报员将通过数据分析,形成对天气状况的四维(空间三维加上时间维度)理解。对大尺度天气状况的分析为理解更小尺度的气象结构奠定了基础。这个过程可以一直拓展到最小尺度,该过程也被 Snellman(1982)称为预报漏斗(forecast funnel)。与提前期较短的预报相比,提前期更长的预报通常更多地依赖于 NWP 信息。

NWP 产品的数量和复杂程度正在迅速增加。预报员根据以往 NWP 在这些天气类型中的表现,包括模式气候学统计和验证,来解释 NWP 产品。即使是对次小时级的局地强雷暴做预警决策,也会参考来自快速更新的对流解析模型提供的中尺度 NWP 分析(Weisman et al.,1997)。预报员首先将使用自动化的模式指导(automated guidance),包括温度或风等基本天气变量,但也可能获取能见度、强阵风和冬季降水量等天气灾害变量的信息。

现在,预报员可以获得的观测数据和模式数据越来越多,类型也越来越丰富,预报员既从中受益,也深受其害。随着数据量的增长,预报员越来越依赖计算机系统来组织和呈现数据,以便于访问浏览和交互,从而避免数据过载导致的预报性能下降(Hoffman et al.,1995)。预报员工作站必须从以人为中心而非以系统为中心的角度进行设计(Andra et al.,2002; Heizenreder et al.,2015),因为人体工程学、人为因素、系统架构、带宽和呈现速度对于预报员的效率都很重要。自动化产品可以提供有价值的指导,但如果不能有效地对数据进行审查、核定以及评估,仅提供"答案"是无法为决策制定保驾护航的(Joe et al.,2002; Stuart et al.,2007)。预报员必须保持对潜在天气过程的概念性理解,有能力查看 NWP 预报与概念模型以及观测结果的匹配情况,从而合理解读可能相互矛盾的不同信息。例如,如果短期模式未能预报出对流,而观测数据显示对流发生的条件已然具备,预报员就需要提出质疑并有可能放弃采用模式的指导。

预报员必须与服务于相同或邻近地区的其他用户的同事进行合作,无论他们是位于隔壁办公桌还是身处另一个国家。这种合作在预报大尺度天气系统时尤为重要,例如,冬季风暴或热带气旋。在较小尺度上,来自单一仪器的信号可能是至关重要的,解释这些信号需要技术专家的协助。预报员还必须考虑到他们的预报将被如何使用,他们必须成为预警生产链中一个有效的团队成员。

随着新观测、NWP 和预报系统的引入或升级,专业预报员不仅要了解天气,还必须了解每项创新的能力和局限性,以便评估和评价其效力。为此,系统和产品培训必须不断迭代更新。

7.2.3 数据驱动的预报

7.2.3.1 后处理产品

数值天气模式系统通过在三维网格上使用流体力学连续方程的离散形式,来预报平均的动力学和热力学天气变量,例如,温度、压力、风和湿度;对未解析的过程(例如,云内或近地面发生的过程),则以各种参数化的方式来代表。高影响天气预警需要了解这些模式不可分辨过程的基本变量(如阵风)和其他变量(如能见度或雪深)。这些可以使用统计或经验后处理模式(empirical post-processing models)来进行估计。次网格阵风需要使用统计关系进行估算。模式中使用的地形经过了平滑处理,可能无法还原城市的细节。但通常来说,细节对于预警十分重要。例如,观测点和最近的模式点之间的高度可能存在相当大的差异,无论是使用过去的观测结果,还是采用梯度估算的方法,都应通过后处理来调整模型数据,以解决这些差异。在某些情况下,模式输出会按小时进行调整(Landry et al.,2004)。偏差校正对于强风暴预报而言相对不是问题,因为其目标是直接模拟灾害现象(例如,冰雹和龙卷)。

与用户相关的预警产品需要结合相关的天气要素进行后处理,例如,暴雪或沙尘暴预警需要结合近地面风,来预测雪或沙在地表的状况。为生成这些面向用户的产品,可以应用各种统计、人工智能和模拟技术,将模式数据与历史数据以及实时观测相结合(Burrows and Mooney, 2018)。例如,"ProbSevere"将模式预报与高度处理的实时卫星数据相结合,为预测恶劣天气创建了基于多传感器的预警指导产品(Cintineo et al.,2018)。

7.2.3.2 临近预报

临近预报的定义是,通过任何方法对未来 6 小时内的天气状况进行详细的预报(Sun et al.,2014; WMO, 2017)。传统上,临近预报侧重于强雷暴预警,但它已经应用到了更多地方。

夏季。临近预报在夏季侧重于预报对流风暴及其灾害,包括暴雨、山洪、龙卷、冰雹、破坏性大风和雷电，预报过程主要使用的是基于观测的识别和外推方法。临近预报支持对突发性灾害的预警（这类灾害发生时，需立即采取行动来拯救财产和/或生命），预报时效通常为 0～1 小时（NWS，2021）。自动外推可基于不同尺度的二维雷达衍生降水图的空间相关性（例如，Bellon and Austin，1978；Rinehart and Garvey，1978）或雷暴特征的追踪（Dixon and Wiener，1993）。

美国商业航空公司机场的微下击暴流（microbursts）自动预警，可能是最成功的临近预报案例（参见本章的示例）。这些预警避免了喷气式飞机在起飞和着陆时由微下击暴流导致的坠毁，可能挽救了数百人的生命。通过美国大多数机场附近的终端多普勒天气雷达获取的数据，航空管制员和飞行员可以得到基于自动算法的微下击暴流预警（Wilson and Wakimoto，2001）。

临近预报的最大挑战是在强对流风暴形成之前对其进行预报。这需要观测对流层低层的三维对流环境。遗憾的是，尽管长期证据表明边界层辐合线和边界层顶部上升运动是动力预报的关键（Wilson and Schreiber，1986），且需要水汽和温度廓线的观测来预报云和降水。目前这个问题在地球系统科学中还是一个未知数（Wulfmeyer et al.，2015）。高分辨率地面站网（间距 5～20 km）对于识别风、温度和水汽分布的强梯度带十分有效，这些强梯度带体现了中尺度边界，并可能成为风暴发展的基础。包括多普勒激光在内的多种雷达具有观测辐合边界的能力，而地球静止卫星可以检测边界层的发展以及云在这些边界处的后续发展（Purdom，1976；Weaver and Purdom，1995）。初期风暴的增长潜力取决于整层大气的稳定性和风切变，这可以从无线电探空仪、垂直廓线仪，以及被 NWP 模式同化的卫星探测中获得（WMO，2017）。然而，目前的观测能力不足以获取温度和水汽在对流层低层风的高时空（水平和垂直）分辨率廓线，这些正是需求所在。新一代多普勒、拉曼（Raman）和差分吸收激光雷达系统能够使此类观测成为可能。

一但风暴形成，地球静止卫星不同通道的数据差异可用于识别风暴现象，例如，强对流和冲顶对流。还可以使用闪电检测来跟踪风暴强度和移动，这包括利用地面网络和基于卫星的闪电成像传感器。尽管如此，最有价值的观测源还是多普勒雷达。在风暴内，雷达反射率信息可以识别发展和衰减区域，以及风暴的移动方向，而多普勒测风信息可以在龙卷发展之前精准呈现风暴旋转的发展情况和强烈的上升、下沉气流。

灾害的定量信息（例如，来自龙卷、微下击暴流）的获取难度要大得多，因为它的空间分辨率通常比业务雷达所能提供的还要精细。因此，强对流天气预警通常是基于雷达衍生的风暴结构和降水强度等代理信息（proxy information）而发布。为了验证预警，需要对天气灾害进行直接观测，这些观测通常来自观测人员（包括专业人士和志愿者）以及灾后损失调查。如今，这些报告越来越多地通过社交媒体获得，并具有实时自动处理的可能性，以用于预警。

冬季。冬季的临近预报侧重于降水类型、极寒、大风和能见度。这其中的许多变量都缺乏良好的观测，这使预报的验证变得困难。例如，现场降雪测量会受到风的影响，而雷达遥感又不够精确（WMO，2018；Boudala et al.，2017）。冻雨尤其难以观测和预报（Strapp et al.，1996）。常规的气象观测站并不会观测霜冻。降雪还是降雨取决于 0 ℃层附近的微小变化，这使得模式预报水平很容易被模式地形高度与现实的差异所限制。将实地观测与高分辨率模式相结合是一种新兴技术（Huang et al.，2012；Bailey et al.，2014）。然而，高质量的实地高分辨率观测很少，因此，对遥感技术（例如雪深）的验证研究也很少见。冬季天气临近预报的国际项目已经汇总了一些类似的问题(Isaac et al.，2014b；Kiktev et al.，2017)，并确定了对高时间分辨率(1 min)观测和高分辨率模式(<2 km)的需求。

7.2.3.3　台风/飓风的临近预报

热带气旋(TC，包括飓风和台风)对生命和财产安全造成了重大威胁，特别是在热带和亚热带沿海地区。对热带气旋轨迹预报的准确性不断提高，但对其强度(地面最大风速和风暴尺寸)、结构(对称和垂直结构)、降水及相关的洪水和风暴潮的预报仍然是巨大的挑战。应急和救援响应在很大程度上依赖于快速更新的观测和临近预报。这就需要使用多普勒天气雷达和地面雨量计，提供实时更新的预估降水量和预报，起到辅助决策的作用。在公海上，地球静止和极地轨道多光谱卫星的观测和产品是用于监测、分析，以及全球/区域 NWP 模式同化系统的主要数据。海量的资源被投入了对海洋表面风、大气不同层结云导风矢量、云高、降雨率、大气稳定性等物理量的反演(EUMETSAT，2021)。随着雷达和卫星数据融合等最新进展，降水预报已延长至未来 6 小时，同时在更大的区域内提供更长的预报提前期，从而实现早期准备和决策。虽然我们已经取得了长足的进步，但在检测 TC 的快速增强上，仍面临着重大挑战(图 7.2；Kaplan et al.，2010；EUMETSAT，2021)。

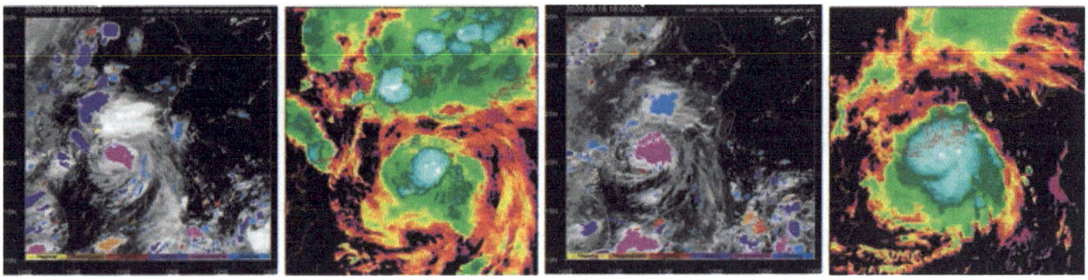

图 7.2　从"热塔"卫星产品看到的台风"海高斯"(Typhoon Higos，2020 年 8 月)迅速增强并在西北太平洋上空逼近中国海岸。中间的粉红色代表快速发展雷暴产品显示的上冲云顶现象；浅灰色代表热塔算法所检测到的区域。两张图片之间只有 6 小时的时间差(来源：香港天文台，基于日本气象厅 Himawari-8 卫星)

目前，几种现有的观测平台在 TC 的业务临近预报中缺乏充分利用。例如，快速扫描短波雷达、多光谱地球静止卫星图像、地基或星载闪电测绘、侦察飞行的下投式探空仪、飞机实地测量(即 AMDAR/ACARS 高空风、温度、湿度)和全球定位系统卫星倾斜路径上可降水量的测量。我们需要研究如何更好地利用这些信息来快速分析大气状态。海洋观测(浮标、石油钻井平台 AWSs)、海面波和海流测量、潮位测量、风暴潮建模、水文建模、洪水建模，以及这些平台的综合应用仍需要进一步的研究，以便用于 TC 灾害的临近预报、预警和对生命财产的保护(图 7.3；WMO RSMC，2021)。

这些临近预报应包括置信度或校准后的概率信息，以帮助用户进行风险评估。使用集合置信度信息可由当前的计算机通过集合方法高效生成。概率信息需要与涉及整个价值链的终端用户/决策者的影响参数相关联。

7.2.4　数值预报

与灾害相关的高影响天气大多发生在非常小的范围内(例如，单体对流风暴和城市热岛)。

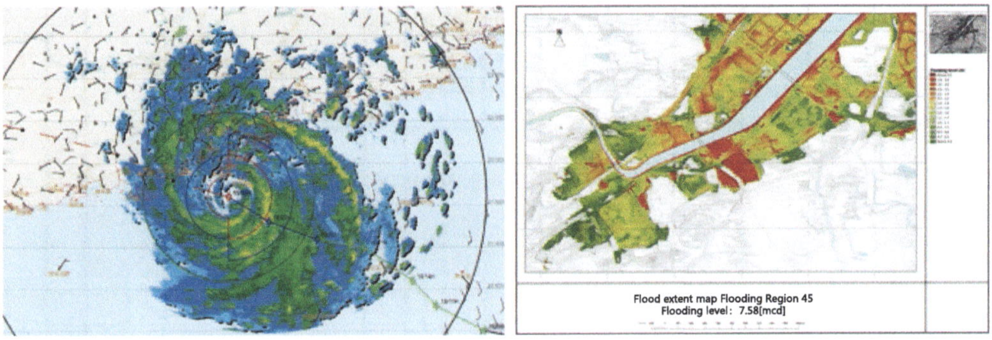

图 7.3　基于大气/海洋观测综合平台的 TC(左)结构和强度的实时分析，所用数据来源于最新型雷达、散射仪、自动气象站、石油钻井平台、浮标、闪电观测等(资料来源：香港天文台)

我们在基于 NWP 的一些高影响天气事件(例如，热带气旋和灾害性冬季天气)的预警方面已经取得了相当大的进展，但直到最近，由于业务 NWP 模式在提供这些尺度的准确预报方面存在局限性，精细的高影响天气预报仍主要基于仪器探测和/或目视确认。有技巧的概率预报对于提供及时、准确的预警至关重要，这需要我们获得相关尺度的大气动力学和热力学观测资料，并将其同化进公里尺度的集合数值天气预报模式中。尽管在开发、运行公里级 NWP 系统，并通过后处理，将大量输出变为有用的决策指导信息上，我们仍然面临着诸多挑战，但其潜在的益处是巨大的。

7.2.4.1　千米级数值预报

公里级 NWP 模式可以显式地描述多尺度过程，包括不同尺度之间的动态相互作用和不同类型高影响天气的组织形式。与较粗分辨率的模式相比，它们可以更详细地表述地表异质性，并使用更复杂的云微物理、边界层混合、湍流夹卷和辐射参数化方案。这使得模式对恶劣天气事件的预报更为真实和准确。然而，这些复杂的方案仍然存在不确定性，需要使用集合预报系统进行描述，例如使用随机的参数化方案。目前，对于该问题，科学家们正致力于提高基础的科学认知并制定相应的参数化方案。

准确的模式初始场是公里级 NWP 最具挑战性的难点之一，这包括对精细尺度大气运动(包括云)的描述。为了显式地分辨多尺度过程(包括深对流)，频繁初始化模式至关重要。我们可以利用数值同化方法，对一段短时预报进行调整，使其符合高时空分辨率的观测数据，从而能够高频次更新高影响天气事件及其相关危害的预报。这里存在一个基础问题，即变分、集合或混合数据同化方法能否生成最佳的公里级分析结果和预报产品。目前的研究表明，混合系统(hybrid systems)可能会提供最好的结果，基于集合的背景误差协方差具有施加平衡约束的能力，从而生成更好的分析结果。所有这些考量的核心是如何能最好地表示初始条件中的大量不确定性，以及需要多大的集合才能可靠地描述这种不确定性。为了最大限度地发挥千米级 NWP 模式和风暴尺度观测(例如，雷达和卫星)对用户的效用和影响，我们需要在初始化后的几分钟内生成来自集合系统的数百个后处理概率预报产品。图 7.4 显示了快速更新预报系统的简单概念型时间流程，该系统建立在公里级模式和集合数据同化之上。它使用复杂的过程模式，从频繁更新的初始扰动状态开始，生成一组集合预报，我们可以从中估计未来的灾害概率分布。连续的预测对灾害的可能性和严重性的估计应该趋于一致。

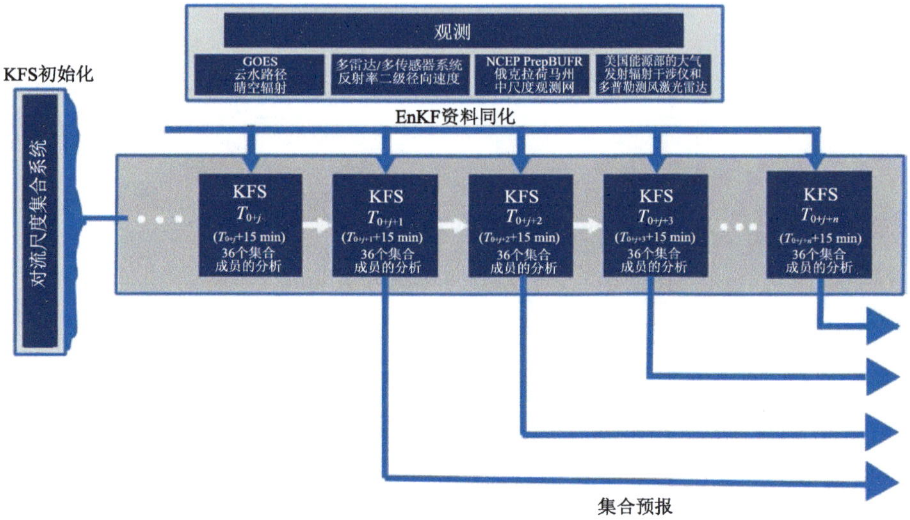

图 7.4　一个简单的千米级集合数据同化的时间流程。这种高频次更新的公里级概率预报系统(KFS)可以帮助预报员更早、更准确地传达灾害天气的威胁

这个系统在概念上很简单,但在科学上非常具有挑战性。由于公里级预报系统旨在生成从几分钟到几天的预报,它不仅突破了 NWP 模拟和数据同化技术的极限,还突破了高性能计算的极限。其他挑战包括缺乏高密度观测和需要优化多个空间尺度的初始状态。

7.2.5　概率预报

与灾害相关的天气变化多端,决定了预报具有概率性。这要求我们使用集合预报,无论是对初值和/或其他方面进行扰动。然而,集合预报并不能包含所有可能的结果,因此,有几种后处理方法可以用来估计概率分布。我们在这里对其中的一些进行描述。

1. 邻域法

尽管公里级集合系统采用了相对精细的水平网格间距,但由于地理位置的不确定性,通常没有网格尺度的概率预报产品。例如,即使每个集合成员都预测到了中尺度气旋,由于不同的集合成员中的小尺度特征(如中尺度气旋)的位置微小差异,可能会导致该特征在某一区域内的网格尺度上出现的概率较低,在对流可分辨尺度上应用传统的预报验证方法时,同样的小位移误差会导致“双重惩罚”。为了克服这个问题,邻域方法通常用于概率预报产品的生成(Schwartz et al.,2010)和验证(Ebert, 2009; Gilleland et al.,2009)。

2. 集合超越概率和百分位数产品

集合概率分布函数可用于度量事件的可能性或严重性,例如,给定位置的可测量降水量;同时可以提供有关事件严重性的部分信息,例如,螺旋度大于 200 $m^2 \cdot s^{-2}$ 的概率意味着强中尺度气旋的可能性。然而,对于预报员来说,一个具体的严重性数值比宽泛的集合预报结果更有参考价值(Novak et al.,2008; Evans et al.,2014)。我们可以使用集合分布中固定位置的值(以百分位数表示)来确定具体的严重性数值,而非使用超过特定值的集合的比例。通常情况下,我们选用某一百分位数(例如,上十分位数和下十分位数)来代表“合理范围内的”最佳/最坏预报个例,使其作为集合最大值的补充(Novak et al.,2014),从而避免异常值导致的过度预报。

3. 集合统计和概率匹配均值

集合的统计平均值可能是我们最熟悉的集合产品,当对多个预测进行平均时,它提供了比单个集合成员更具参考价值的预测(Leith, 1974)。统计平均值带来的技巧改进来自于平滑了预报中的低置信度事件,同时,保留了更高置信度或更高频的特征。然而,公里级集合的主要目的是为可预报性有限、罕见且高影响的事件提供预报指导,而非日常的平均状态。局部的概率匹配平均值(probability matched mean,PMM)是一种后处理技术,可将集合成员的特征幅度恢复到统计平均场(Ebert, 2001)。

4. 准确定性产品

虽然概率指导产品有效地浓缩了集合中的信息,并提供了不确定性的度量值,但它们却只涵盖了非常有限的物理过程信息。然而,正是这些可用于模式解析的物理过程信息决定了模式的结果。这一限制可以通过"邮票"图来克服,即每一张小图代表一个集合成员的结果,组图则可以总览整个集合。邮票图提供了每个集合成员的预测结果以及连续预报场中所有的可用信息,但却牺牲了可读性,不常在大型集合中使用。一个替代方案是使用基于 Web 的集成查看器,它在快速查询单个集合成员预报结果(Roberts et al. ,2019; Schwartz et al. ,2019)的同时保持了输出的可读性。

第二种确定性集合预报的展示方法是提取每个集合成员的部分信息,并在单个图表上展示。此类可视化方法消除了完整确定性产品的复杂性,使预报员能够快速评估感兴趣特征的集合离散度。这些基于特征的可视化图中,我们最熟悉的是"意大利面条图"(Obermaier and Joy, 2014; Rautenhaus et al. ,2018),它为每个集合成员绘制了指定场的填色图(Sivillo et al. ,1997)。"意大利面条图"通常用于提供连续场中某特征的集合离散信息,例如,500 hPa 位势高度场中的短波或 2 m 露点温度场中的气团边界。与特定现象相关的特征自动检测方法可用于制作类似的可视化产品,如锋面边界(Hewson and Titley,2010)、热带气旋轨迹(Hamill et al. ,2012)或雷暴(Schwartz et al. ,2015)。具体来说,公里级集合经常使用基于特征的"彩球" 图在模拟反射率和上升气流螺旋度预报中,显示雷暴和中尺度气旋各自位置的集合信息(Schwartz et al. ,2015; Roberts et al. ,2019; Schwartz et al. ,2019)。

7.2.6 预报评估

我们必须定期对模式的预测和预报员的预报进行评估,从而确保其内容对用户是有价值的,并了解预报的不足,以便进一步研究和改进。标准验证技术可用于比较全球 NWP 模式的性能,但这些技术与理解天气相关灾害预测的关联十分有限。传统的灾害相关验证方法依赖于命中率和误报率等统计数据,这些验证方法与预报的使用相匹配,但当使用它们对不同方法进行评比时,可能会产生具有误导性的评估结果。此外,所有的评估都取决于高质量的观测数据,这可能是验证灾害相关天气现象的最大障碍。

7.3 用于高影响天气监测和预报的观测

观测是科学的核心和语言,它描述了环境的结构特征,促进了我们对关键物理过程的理解,这些过程控制着大气系统轨迹、强度、结构和影响。它们在控制预报模式的不确定性方面发挥着重要的作用,通过直接对大气初始状态进行采样,或间接为过程研究和机器学习方法提供数据来改进对物理过程的描述能力。它们也为模型性能的评估提供数据集。观测必须经过处理以适应 NWP 模式结构。同时了解仪器误差和 NWP 模式分别与观测代表性之间的差异特征是非常重要的。

目前，由地面气象站和高空探测组成的现场观测网是为天气尺度或约公里级短期预报而设计。预报系统仍高度依赖于这些按照 WMO 标准运行的气象站网。出于现实和成本的原因，此类观测网中的地面数据观测站通常相距几十千米，而探空站则相距数百千米。

多年来，基于观测的预报已经发展成为一种实用的方法，用于对快速变化的小尺度现象（如雷暴）进行临近预报，并调整与观测结果有偏差的模式预报。通过使用从其他机构获取的额外数据、社交媒体/公众科学，以及针对特定天气参数（如偏远地区的卫星降水）的混合技术解决方案，高分辨率模式在预报准确性和预报范围上均有所进步。大量不同质量或未知质量的观测数据要求科学家们展开新的合作，从而有效地利用这些数据。如何以正确的时间尺度和可用的格式来访问数据，并获取所需的误差特征信息，是当前的一大挑战。此外，如何更好地处理高容量、低质量与低容量、高质量的混合数据来实现最佳预报，也将是一大挑战。

创新和采用新观测需要政府的投资和长期规划。新技术的开发需要时间，需要在不同的任务和资金来源之间进行有效且高效的协调。在本节，我们从现场观测（包括来自社交媒体的观测）到遥感技术，探讨满足高影响天气高分辨率观测需求的创新能力和创新局限性。

7.3.1　现场观测

高影响天气预报所需气象观测的时空密度远高于目前国家气象水文部门（NMHS）监测网。这也是为什么我们需要研究如何应用第三方数据（TPD）的原因。这些第三方数据通常并不服务于天气预报，但其包含的气象信息仍具有可观的价值。近年来，随着大气传感器可靠性的提高和成本的降低，“物联网”的出现以及机器学习技术的引入，为大气精细尺度的演化提供了大量新的、非常有用的、近地面的大气数据。那么，如何将这些信息应用于高影响天气预报就成为了一个巨大的挑战。虽然我们很容易获取与“大数据”和“人工智能”相关的工具和分析方法，但要保证数据的准确性、确保能够长期可靠地获取数据、正确地解释并进行数据质量控制，还需要科学和应用两方面的专业知识。

第三方数据中最著名和最成功的例子可能是商用飞机的气象观测。几十年来，NMHS 通过将 AMDAR（飞机气象数据中继）仪器安装在一部分飞机上，获得了飞机在飞行高度上以及起降路径上的风、温度和湿度观测。事实证明，这些数据对提升天气预报的质量具有非常的意义（Petersen，2016；ECMWF，2020）。但由于成本原因，目前接受改装用以携带 AMDAR 仪器的飞机数量仍然相对较少。不过最近，我们通过处理飞机的位置信息（Mode-S）可以生成风和温度数据，其数据量可以达到 AMDAR 观测的 100～1000 倍，且在成本显著降低的基础上，其数据质量仍与无线电探空仪观测相当。

对于高分辨率降水数据来说，手机网络可能成为一个新的数据来源（Overeem et al.，2011）。由于降水造成的微波信号衰减，信号塔之间的微波通信存在短时间延迟。已有研究证实，手机信号塔网络可以提供准确详实的降水量及其空间分布信息。然而，如何获取这些数据是一个问题，因为电信运营商认为这些数据是私有的。

观测传感器和其搭载平台正变得越来越便宜、可靠且普遍，同时，它们的质量也越来越好。例如，(i)配备气象和/或空气质量传感器的无人机可以飞越难以进入的区域，(ii)来自风能涡轮机的观测和(iii)来自私人或慈善机构(van de Giesen et al.,2014 ;Kucera,2017)气象站的近地表观测。这些近地表数据通常能以较少的成本,通过天气观测网站(Weather Observations Website,2021)等众包计划获取。多项研究表明,通过使用机器学习技术进行仔细的质量控制和偏差校正,这些数据(例如,温度、压力和降水)可以发挥显著的作用(Nipen et al.,2020; de Vos et al.,2019; Meier et al.,2017)。

对于高度局地化的恶劣天气事件的监测,具有更大观测密度、代表性和覆盖范围的TPD更具优势。标准地面气象站往往位于没有障碍物的开阔地带,这使得它们的数据能代表理想化的均质地面状态,但对非均质地面的代表性不足。尤其是在城市地区,这类区域往往是人类聚居地,也是最需要高影响天气预报的地方。多来源的TPD数据集可以为NMHS地面观测系统提供强有力的辅助(de Vos et al., 2019; Fenner et al.,2019)。通过数据共享,NMHS以低于自有观测网运维的成本,就可以获得此类数据。当然,互联网服务供应商或风能农场等合作伙伴也可能出于竞争关系拒绝共享数据。而对于来自智能手机的众包数据,还需要考虑法律、道德和隐私上的问题。为了让人们无法通过这些数据追溯到原始提供者,我们需要仔细剥离气象信息以外的一切数据,并对它们进行匿名化或聚合处理。

单一TPD源往往无法达到官方气象站的观测水平,需要去除复杂的系统误差。但许多研究表明,结合专业的实地气象观测网,通过仔细的质量控制,它们也可为NWP预报的同化和后处理提供助益。使用机器学习算法在提供TPD全自动质量控制方面日益成熟;不过,仍需结合预报系统的背景、尺度和目的对其进行解释。

如何在全球层面协调TPD的获取、使用和交换,以用于气象工作,将会是一个长期的挑战。通过创建和培养全球气象TPD专家社区、交流经验和最佳实践,可以在全球范围内推广这些新数据类型的应用。同时,也需要诸如世界气象组织的协调,以规范化数据使用协议、元数据、数据格式和TPD数据的交换机制。

现在,许多与天气相关的数据都来自智能手机和汽车等移动平台。科学家也正在研究此类数据的价值。实验证明,来自智能手机的气压数据对天气预报有一定价值(Mass and Madaus, 2014; McNicholas and Mass, 2018),这些传感器的移动特性使质量控制面临着特殊的挑战(Hintz et al.,2019)。激光雷达和雷达已用于车辆防撞,但还未用于天气预报。

有关灾害性天气的众包信息可以通过常见的社交媒体(Twitter和Instagram)或专门的众包应用程序获取。鉴于移动设备无处不在,此类数据往往具有很高的即时性,根据人口密度的不同,此类数据还可能具有很高的时空精度,这一特性在目前观测稀疏的地区尤其鲜明。这些数据以各种方式应用于预警发布、临近预报和验证,并提供了对整个高影响天气预警链的反馈,这是任何其他方式都无法实现的。天气专用应用程序(如mPing, Elmore et al., 2014)可以获取特定天气现象(例如,龙卷、水龙卷、冰雹及冰雹大小、风暴损害和低能见度)的信息,并实时生成分布图或时间序列产品。关于这些天气现象的报告频率和空间分布信息可以为科学研究提供重要的参考。例如,对破坏性冰雹等小尺度灾害,可以生成高时空分辨率时(5~10分钟,次公里级)的分布信息,以便了解风暴演变,进行灾情调查,以及验证并检验雷达和NWP产品。尽管此类应用程序在全球范围内都可被使用,但仍受限于社交媒体环境的市场渗透率。随着时间的推移,通过同行经验、应用内部或在线培训,此类数据报告的质量应该会不断地发展和提高。可用统计或人工智能技术进行质量控制。这些数据极大地扩展、完善并补充了那些来自训练有素的观测志愿者的报告,而观测志愿者的报告又可以对大众报告进行质量控制。

7.3.2　地基遥感

地基遥感系统可以观测从陆—气交换、大气边界层(ABL)发展、辐合带形成和演化，以及对流触发，到云、降水和其他灾害形成、演化和衰减的整个过程。这种观测能力取决于遥感方法，例如，被动或主动遥感，以及使用怎样的波长。为了观测对流前的大气环境，需要利用从紫外(UV)到红外(IR)的波长，而观测云和降水，则需要使用微波波段。在被动遥感中，我们往往使用大气的发射光谱，或者，使用太阳或月亮的传输光谱。由于这些观测往往间接地包含了我们所感兴趣的大气变量，例如，水汽和温度的相关信息，因此有必要对此类观测数据进行反演。反演往往需要一些先验假设，且对垂直分辨率和准确性都有所要求。对于使用声波或电磁波的主动遥感，通常可以对变量进行直接推算，这从本质上提高了结果的准确性和时空分辨率(详情可参考 Wulfmeyer et al.，2015)。

7.3.2.1　陆—气交换

对晴空大气的观测精度往往需要达到米和亚秒级的垂直及时间分辨率，才能解析从大气层顶到大约 100 m 高度的近地表大气廓线，包括湍流波动。遗憾的是，这正是被动和主动遥感所不能及之处。近来，对近地面风、温度和湿度廓线的观测已经能达到足够高的分辨率和精度(Wulfmeyer et al.，2015；Späth et al.，2016)，这使我们能够研究近地面通量与梯度之间的关系，并与现存理论进行比较，例如，莫宁-奥布霍夫相似性理论(Monin-Obukhov similarity theory)。

7.3.2.2　对流发生前的环境

云高仪和后向散射激光雷达是获取对流发生前环境信息最简单的方法。这些仪器通常以垂直指向模式运行，可用于云高观测和火山灰监测(Adam et al.，2016a)。不过，单一的后向散射激光雷达只能提供有限的大气动力学和热力学信息。对于对流发生前的大气环境研究而言，以分钟和百米量级的时空精度来观测对流层低层风、温度和湿度是至关重要的。遗憾的是，由于遥感监测系统的可用性和覆盖率不足，该领域目前还是地球系统科学中的未知之地。由于需要进行晴空测量，必须使用远红外光谱仪(FTIR)、微波辐射计(MWR)、全球导航卫星系统(GNSS)和激光雷达技术进行此类观测。对于热力学剖面，Wulfmeyer 等(2015)进行了综述。对于风测量，目前最先进的技术是使用多普勒激光雷达系统或晴空雷达风廓线仪。如果使用扫描模式，风廓线观测的时间分辨率可达 1 min，空间分辨率则可达 50 m，在 ABL 中，观测精度为 0.5 $m \cdot s^{-1}$。而相干多普勒激光雷达的观测能力则取决于观测范围内气溶胶粒子的含量，因此，它通常能实现对大气边界层非常高分辨率和精度的观测，但对更高层大气的观测能力会显著降低。扫描多普勒激光雷达现已应用于机场风切变(Chan and Lee，2012；Nechaj et al.，2019)和边界层风廓线的监测。

对于垂直温度和湿度的测量，可以使用 FTIR 和 MWR 等被动遥感系统。不过，它们的垂直分辨率相当有限：在 2000 m 高度，FTIR 的分辨率约为 1000 m，MWR 则约为 2000 m，该分辨率还会随着高度的增加进一步降低。若要使水汽和温度廓线观测的时间分辨率达到分钟级，垂直分辨率达到百米级，则可以使用拉曼激光雷达(Raman lidar)和差分吸收激光雷达(DIAL)(Turner et al.，2002；Späth et al.，2016；Weckwerth et al.，2016)。新一代拉曼激光雷达能够全天候对整个对流层进行温度测量(Lange et al.,2018)。水汽拉曼激光雷达白天的测量范围仅限于对流层低层,而在夜间则能覆盖整个对流层。水汽 DIAL 测量的昼夜观测范围变化不大,在对流层中上层,其时间精度为几分钟,垂直分辨率为几百米,具体数值取决于大气的水汽含量。目前,业务上已经能够使用低功耗、紧凑型 DIAL 系统对水汽进行业务上的观测(Weckwerth et al.,2016)。

7.3.2.3 云和降水

以垂直剖面为主的综合观测已被用于各种气候和天气研究(Kollias et al.,2007a, b)。风廓线仪、气溶胶、多普勒和水汽激光雷达、辐射计、云高仪和短波雷达(W 和 Ka 波段)都是用于测量边界层和对流层中部的成熟技术,并已被证实可以改善高影响天气预报(Benjamin et al.,2004; Loehnert et al.,2007)。

雷达是为快速变化的灾害性天气提供预警的基本工具。它能对降水进行三维观测,空间和时间分辨率分别高于 1 km 和 5 min。雷达可以“看到”远处(250 km 或更远)的降水。它们向大气中的雨滴和其他散射体(包括飞机、地面和昆虫,如果足够敏感的话,还有云)发射微波能量,并接收反射回来的能量。最新一代的多极化雷达具有更好的质量控制和降水粒子识别能力。此外,一些高灵敏度的现代雷达还可以观测到来自晴空(由于昆虫或布拉格散射)或由于折射率波动造成的反射(Wilson et al.,1994; Knight and Miller,1998; Fabry,2004; Fabry et al.,1997),并由此反演低层风和湿度场,从而提升预报员捕捉对流触发前兆特征的能力,进而可能提前雷暴预警的时间(Wilson and Schreiber,1986)。为了生成有关降水(Zhang et al.,2016)、风场(Knight and Miller,1998; Wilson et al.,1994; Fabry,2004; Fabry et al.,1997)或降水类型(Park et al.,2009)的产品,需要进行大量的数据处理。在进行资料同化前,必须对雷达数据进行质量控制,去除一些无法在 NWP 模式中表示的特征。因此,为了提供基于应用场景且经过质量控制的雷达数据产品,雷达专家、预报员和同化科学家之间必须要建立合作关系。例如,地面杂波通常被视为气象预报的干扰因素而被去除,但有证据表明,它实际上可用于监测数据校订过程中的变化,从而提高降水产品的质量(Wolff et al.,2015),此外,它们也有助于湿度数据的反演(Fabry,2004)。

由于地球曲率和波束的传播路径,在观测低层天气现象,如龙卷、风切变和近地面降水类型时,雷达观测范围是有限的(～50 km)。受限于雷达观测网络,尤其是其背后高昂的成本,雷达站点的间距通常为 150～400 km,这导致低层(<1 km 高度)大气监测数据存在大量的空白。局地障碍物或复杂地形对电磁波的阻碍加剧了这些情况。为些,提出了构建密集的小型雷达观测网以探测大气低层的方案(Mclaughlin et al.,2009),并已在多个城市进行部署使用(Cifelli et al.,2018; Misumi et al.,2020; Chandrasekar et al.,2018)。

将不同机构、不同观测目的、不同国别、使用不同观测技术的、具有差异性的雷达网结合起来,可以扩展并改善雷达观测的覆盖范围。这需要大量的雷达数据交换并共享数据质量信息,以更低的成本,更高的效率和更好的数据质量,为 NWP 数据同化带来查处(Lopez,2011)。

天气雷达是对流风暴临近预报预警的主要基础。具有高灵敏度的 S 波段极化、多普勒、毫米波雷达是首选。C 波段雷达是第二选择,这是由于在相同的脉冲重复频率下,它速度清晰度小,信号衰减更强。使用 C 波段雷达可显著减少布拉格散射的影响。X 波段雷达的信号在高降雨率地区衰减严重,只能用于间隔约为几十千米的局地观测网中。开发、运行、维护并维持可运行的雷达网络成本高昂,在初始建设前,必须考虑这些持续的花费。

商用地基闪电监测网已经得到了广泛应用。闪电对火灾天气、人身安全和基础设施构成了严重的天气危害。它与对流天气有关，因此，利用其与强降雨、冰雹和大风的统计关系，可以生成对流风暴降水的代用产品。闪电资料也已被纳入 NWP 同化系统，以改进公里级预报(Dixon et al.，2016)。“闪电跃增”是指表现为闪电频率的突然增加，这种现象往往与恶劣天气的出现有关(Chronis et al.，2015)。尽管其中的物理机制仍需要进一步研究，但这种现象已被用于气象预警(Holle et al.，2016)。

7.3.3　卫星遥感

气象卫星是全球气象观测系统的支柱(图 7.5)。主要的卫星轨道包括地球静止轨道(GEO)和低地球轨道(LEO)，它们能对大气和地球进行不同视角的观测(WMO，2020)。GEO 卫星位于地面上方 35786 km 处，绕地公转时间与地球自转时间相同，因此，可以对地球的同一区域及大气进行连续监测。对于快速发展的高影响天气临近预报和监测来说，GEO 卫星是近实时图像的主要数据来源(Goodman et al.，2018，2019；Schmit et al.，2017，2018)。LEO 卫星在地表上方约 800 km 处运行，以不同的路径对整个地球提供每天两次的观测，每次都在当地的同一时间经过。这些卫星是 NWP 大气温度和湿度剖面的主要资料来源。LEO 和 GEO 卫星为天气预报和分析提供了大量的大气、陆地和海洋测量资料(表 7.2)。

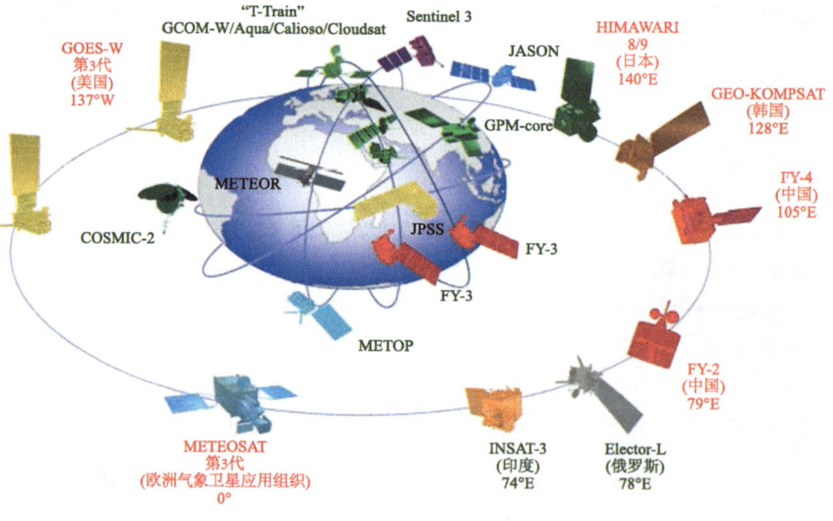

图 7.5　全球观测系统的天基部分(来源：WMO)

表 7.2　特定轨道配置和测量方法的卫星框架

仪器	地球物理变量和现象
地球同步轨道核心卫星星座，包含至少五颗覆盖全球的卫星	
具有快速重复周期的多光谱可见光/红外图像	云量、类型和云顶高度/温度；风(由云和水汽轨迹特征推算)；海洋/陆地表面温度；降水；气溶胶含量和物理性质；积雪；植被覆盖；反照率；大气稳定度；火灾特征；火山灰；沙尘暴；对流触发(将多光谱影像与红外测深仪数据相结合)

续表

仪器	地球物理变量和现象
红外高光谱测深仪	大气温度；湿度；风(由云和水蒸气特征推算)；快速演变的中尺度特征；海洋/陆地表面温度；云量和云顶高度/温度；大气成分(气溶胶、臭氧、温室气体和痕量气体)
闪电图像	总闪电(特别是云闪)、对流触发和强度、对流系统的生命周期、氮氧化物的生成
紫外/可见光/近红外测深仪	臭氧、痕量气体、气溶胶、湿度、云顶高度
位于三个轨道平面的太阳同步核心卫星星座(上午、下午、清晨)	
红外高光谱测深仪	大气温度和湿度；海洋/陆地表面温度；云量、含水量和云顶高度/温度；降水；大气成分(气溶胶、臭氧、温室气体、痕量气体)
MW 探测仪	
可见光/红外图像；昼/夜波段的实现	云量、类型和云顶高度/温度；风(高纬度，由云和水蒸气特征的追踪推算)；海洋/陆地表面温度；降水；气溶胶特性；雪和(海)冰覆盖；冰流分布；植被覆盖；反照率；大气稳定度；火山灰；沙尘暴；对流触发
MW 图像	海冰范围、浓度以及衍生参数(如冰运动)；整层大气水汽含量；水汽剖面；降水；海面风速(和风向)；云液态水；海洋/陆地表面温度；土壤湿度；陆地雪量
散射计	海面风速和风向；表面应力；海冰；土壤湿度；积雪范围和 SWE
在另外三个轨道平面的太阳同步卫星，用以提高耐用性和改进时间采样(主要应用于降水监测)	
低地球轨道上其他卫星上的仪器	
宽幅雷达高度计和高空、倾斜、高精度轨道高度计	海洋表面地形；海平面；海浪高度；湖泊水位；海陆冰特征，海冰上的雪
红外双角度成像仪	海面温度(气候监测质量)；气溶胶；云属性
地表温度的 MW 图像	海面温度(全天候)
低频 MW 图像	土壤湿度、海洋盐度、海面风、海冰厚度、积雪范围和雪水当量
MW 交叉轨道平流层上层和中层测深仪	平流层和中间层的大气温度剖面
紫外/可见光/近红外测深仪、星下点和翼部	大气成分(臭氧、气溶胶、反应性气体)
降水雷达和云雷达	降水(液体和固体)、云相、云顶高度、云颗粒分布、数量和剖面、气溶胶、灰尘、火山灰
MW 测深仪和倾斜轨道上的图像	整层大气水汽；降水；海面风速(和风向)；云液态水；海洋/陆地表面温度；土壤湿度
绝对校准的宽带辐射计、TSI 和 SSI 辐射计	宽带辐射通量；地球辐射收支；太阳总辐照度；光谱化的太阳辐照度
GNSS 无线电掩星(基本卫星星座)	大气温度和湿度；电离层电子密度、天顶电离层总电子含量和总可降水量
窄带或高光谱成像仪	海洋颜色；植被(包括地表烧毁区域)；气溶胶特性；云属性；反照率
高分辨率多光谱 VIS/IR 成像仪	土地利用、植被；洪水、滑坡监测；冰流分布；海冰范围/浓度、积雪范围和特性；永久冻土
合成孔径雷达成像仪和高度计	海况、海面高度、海冰运动、海冰分类、冰流几何构造、冰盖、土壤湿度、洪水、永久冻土
重力测量任务	地下水、海洋学、冰团与雪堆

来源：WIGOS。

新一代国际"GEO-Ring"卫星星座(图 7.5)每 10 分钟提供一次全圆盘地球面和大气成像及衍生产品，例如，云覆盖、云高、云相、可降水量、稳定性指数和风，此外，面向部分区域，卫星组提供时间精度高达 1～2.5 分钟的数据产品。通过 GEO 云/水汽反演得到的大气风矢量(图 7.6)被广泛运用于全球 NWP 中，以填补全球无线电探空网的数据空白。从中可以识别出不同高度层的风、风切变或急流核的区域信息。风矢量可通过可见光和红外波段进行计算(GOES，2021)。

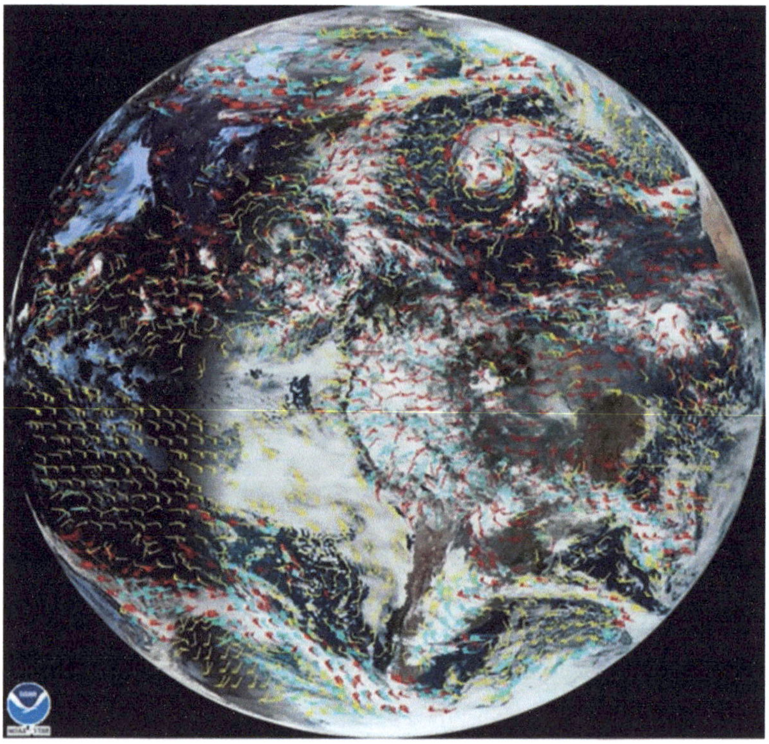

图 7.6　2020 年 10 月 21 日 13 UTC，使用 GOES East(GOES-16)高级基线成像仪观测推导所得风矢量(DMW)，叠加在 GeoColor 假彩色 RGB 图像上(Miller et al.，2020)。飓风"厄普西隆"(29.9°N，58.8°W)位于大西洋中部，此时为 1 级飓风，最大持续风速为 74 节(85 mile① • h^{-1})。基于连续图像得出的风速和风向是全球 NWP 模式数据同化最重要的输入之一，显著地填补了部分地区的数据空白(© NOAA，2020)

将这些新型成像仪在可见光和红外等不同波段的观测结合起来，可以为临近预报和短期预报(例如，雾、烟、气团分类和尘埃等) 提供决策辅助和产品。NOAA 的 GOES 以及 EUMETSAT 的 MTG(Meteosat Third Generation)还搭载了闪电成像仪，它们可对风暴尺度的闪电放电现象进行日/夜成像，提供包括其辐射能量、影响范围和传播的相关信息。

随着 MODIS 和联合极地卫星系统(JPSS，Goldberg et al.，2018)VIIRS(可见光红外传感器)等多光谱成像仪的出现，LEO 卫星数据也越来越多地被用作预报员决策辅助工具的输入。LEO 搭载的辐射计和光谱仪可以是主动式的，例如，雷达、散射仪、高度计和激光雷达；也可以是被动式的，例如，多光谱可见光(VIS)/近红外(NIR)/热红外(TIR)成像仪，IR 和微波

① 1 mile(英里)=1.609 km。

(MW)探测器。大气垂直温度和水汽结构的探测对 NWP 的数据同化极为重要。LEO 卫星星座搭载的红外和微波探测仪(Menzel et al.，2018)能分别提供晴空和多云大气的探测信息，这是由于云在红外波段是不透明的，而在微波波段基本是透明的。同时使用这两个波段可以在更多样的天气条件下进行观测。红外探测仪具有更好的水平和垂直分辨率，微波探测仪虽然观测分辨率较低(约 10 km)，但可以不分昼夜、阴晴地对地球大气和地表进行观测。

全球降水观测计划(Global Precipitation Measurement，GPM)使用多颗卫星。其核心是两个主要仪器，分别为双频降水雷达(DPR)和 GPM 被动微波成像仪。DPR 由一个 Ku 波段降水雷达(KuPR，13.6 GHz)和一个 Ka 波段降水雷达(KaPR，35.5 GHz)组成，两者在星下点的空间分辨率为 5 km，扫描宽度为 245 km。DPR 比其前身 TRMM 的敏感性更高，尤其体现在中纬度地区的小雨和降雪测量上。雨雪判定使用 Ku 波段和 Ka 波段之间的衰减差来实现。GPM 微波成像仪是一种多通道、锥形扫描的微波辐射计，可为 GPM 的其他国际合作伙伴卫星的降水和辐射测量的标准，它有 13 个微波通道，频率范围覆盖 10 GHz 到 183 GHz。通过将 GPM 卫星组与 GEO 成像仪的数据相结合，形成了一套广泛使用的降水产品，称为 IMERG(Huffman et al.，2019a，b)，该数据通过对瞬时降雨场进行时间变换，提供每 30 分钟一次的降水数据，并已广泛用于临近预报、NWP 和洪水/山体滑坡监测(Kirschbaum et al.，2017；Kirschbaum and Stanley，2018)。

一组卫星可以通过编队飞行的方式从几种不同的仪器获取同步数据(Stephens et al.，2018)。当前和计划中的卫星星座以及未来的 CubeSat 传感器群可能会极大地增强全球观测系统的能力，并将观测的时间精度从现在的每天两次提高到每小时乃至更高，这将提高观测数据对临近预报、区域乃至全球尺度的 NWP 的价值。当然，这些数据之间的交叉校准将成为一个挑战，这是由于不同仪器对地球的观测几何视角和大气路径各不相同。

全球定位系统(GPS)无线电掩星是 NWP 数据同化的另一项重要卫星数据来源，也是对红外和微波大气探测数据的补充。高度精确的无线电掩星信号由全球导航卫星系统测量，它受到大气密度、含水量以及折射率的影响。这些影响因素可以改变 GPS 卫星和 LEO 卫星接收器之间的信号传播路径及时间，据此，我们可以反演出大气的温度和湿度，得到对流层上层到平流层下层的温度剖面以及对流层下层的湿度剖面(Menzel et al.，2018)。

7.3.4　热带气旋的飞机侦察

热带气旋(TC)困扰着世界各地的沿海地区，威胁着数百万人的生活，能对基础设施造成数十亿美元的破坏，其影响正随着全球沿海地区的发展逐渐加剧。这些影响已在环大洋区域造成了严重的后果。

有许多平台可用于观测 TC，包括机载(载人和无人)、星载和地基的观测平台(Rogers et al.，2019)。每种方法都各有优劣。例如，星载平台的观测可以覆盖全球，但通常无法分辨热带气旋核心区域的结构。飞机则可以提供这些核心区域的信息，但观测范围却很有限，即使在大西洋上，也只有大约 35%的 TC 能够被飞机观测所覆盖。

美国利用飞机对 TC 进行观测的历史十分悠久，可以追溯到 20 世纪 40 年代。目前，负责飞机观测的两个主要机构是美国国家海洋和大气管理局(NOAA)和空军第 53 气象侦察中队。NOAA 拥有两架 WP-3D 飓风穿越飞机和一架用于环境监测的 G-IV 高空喷气式飞机；空军第 53 气象侦察中队所拥有的 C-130 J 飞机，也拥有类似于 WP-3D 的观测能力。近年来，世界上其他 TC 高发区的飞机观测能力发展迅猛。台湾于 2003 年开展了 DOTSTAR 计划(Dropwindsonde Observations for Typhoon Surveillance near the Taiwan Region,DOTSTAR),利用高空 ASTRA 喷气机对台风进行观测。香港天文台(HKO)从 2011 年开始,利用庞巴迪挑战者喷气式飞机,对南海北部的 TC 进行观测。上海台风研究所(STI)与香港天文台合作,自 2014 年开始,使用了多种机载设备开展了沿海地区台风强度变化实验(Experiment on Typhoon Intensity Change in Coastal Area,EXOTICCA)。在日本,自 2016 年开始,T-PARC Ⅱ项目(Tropical cyclone-Pacific Asian Research Campaign for Improvement of Intensity estimates/ forecasts,为改进台风强度估计/预报的热带气旋—太平洋亚洲研究运动)使用了高空 G-Ⅱ喷气式飞机对 TC 进行观测。

机载仪器包括实地和遥感设备,可以对 TC 内核及其环境的动力学和热力学特性进行采样。常规仪器还包括:测量温度、湿度、压力和风廓线的下落式探空仪;测量降水中的反射率、水平及垂直风场三维结构的机载多普勒雷达;测量飞行高度大气基本状态变量的测量仪器;测量星下点表面亮温的步进频率微波辐射计,该数据可用于推算地表风速。各种新技术也正在蓬勃发展,包括各种低空和高空的无人机系统(在 UAS,例如,Braun et al. ,2016; Cione et al. ,2020; Wick et al. ,2020)、Lei 等(2017)在中国南海区域向 TC 顶部发射火箭探空仪进行观测、Bucci 等(2018)利用激光雷达对薄云或无云区域的动力学和热力学信息进行反演、Zhang 等(2017)利用带有红外传感器的下投式探空仪观测海表面温度,并为估算地表通量提供同一地点的气温、地表温度和水汽数据,等等。

基于这些平台可以获取台风内部的测量数据,为业务中心准确评估 TC 的位置和强度提供至关重要的信息,或者在海洋上的数据稀疏区域进行测量,以获取可能影响 TC 未来轨迹的环境特征。通常情况下,当 TC 对陆地区域构成潜在威胁时,对台风内部的采样每 6～12 小时进行一次;当 TC 即将登陆时,采样可能更为频繁(如每 3 小时或更短)。对于环境采样,采样间隔可能为 12～24 小时。

对预报而言,TC 机载数据收集的主要目标(Rogers et al. ,2006, 2013)包含:1)在各种环境中收集 TC 整个生命周期内的观测数据,用于模式初始化和评估;2)制定和改进测量策略和技术,以改进对 TC 强度、结构和环境的实时监测;3)提高对影响 TC 生命周期内其轨迹、结构和强度变化的重要物理过程的理解。当实时观测与其他平台(例如,卫星和地面传感器)相结合时,这些数据不仅可以为预报员提供态势评估,也可以为 NWP 模式提供重要的数据输入。图 7.7 显示了 WP-3D 机载多普勒雷达观测到的近地面风场与在飓风“Lane”(2018 年)中探测到的地闪相结合的图像。该国家由高级天气交互处理系统(Advanced Weather Interactive Processing System,AWIPS)生成,并被美国国家飓风中心(National Hurricane Center,NHC)的预报员用于实时评估和预报 TC 位置、结构和强度。这种能力为实时评估 TC 内部结构、预测 TC 强度变化,特别是短时(如 6～12 h)强度变化提供了前所未有的契机。

7.4　桥梁:从观测到预报

7.4.1　概述

观测人员和预报工作者/预报员之间的差距来自几个实际的问题,包括预报系统各个组成

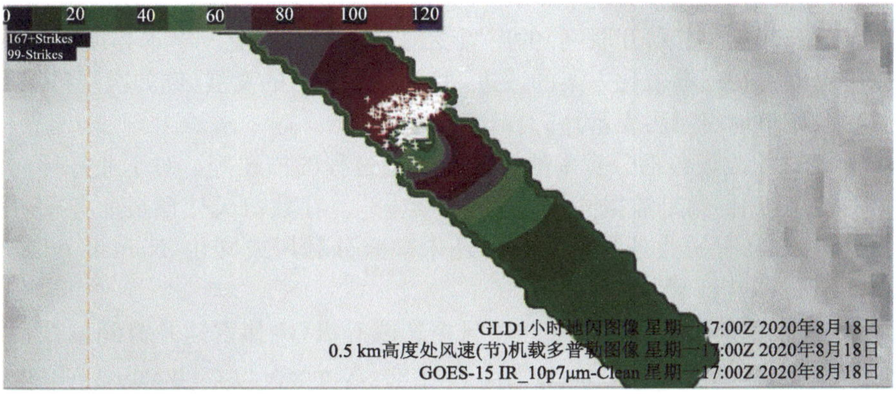

图 7.7　AWIPS-Ⅱ的图像显示了“Lane”飓风(2018 年)，在 17：00 UTC，由机载多普勒雷达测量的 0.5 km 高度风速(填色，节)和叠加了地闪分布(白色加号和减号)的 GOES-15 红外图像。(图片由 Stephanie Stevenson 提供，NHC；闪电数据由 Vaisala 提供)

部分的复杂性，以及二者进度的不同。随着科学认识和技术的进步，气象服务和预警的具体要求也随着时间而发展。为解决这些问题，需要结合长期战略的实施和投入，进行研发和技术转让。图 7.8 提供了一个简化的示意图，显示了从观测到天气预警的差距、路径和桥梁。在下文中，每段的编号与图 7.8 灰色方框中的内容编号相对应。

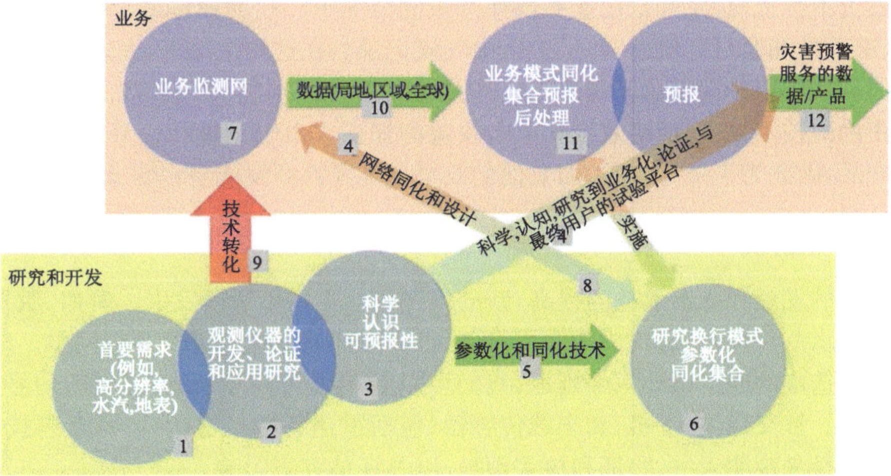

图 7.8　观测人员和预报工作者在研究、业务和灾害预警之间的差距和途径。详情见正文

[1]现有或未来预期的需求(如高分辨率城市观测、用于验证的灾害影响、降低成本)为新观测技术的开发提供了起点。应根据用户需求、模式敏感性研究、仪器设计专业知识，对当前观测与预警的能力差距进行全面研究。

[2]需求可以被转化为仪器设计的理念，这基于对现有传感器和平台技术的知识，而这些知识可能来自其他科学和工程领域的经验。在新的需求产生后，需要资金用于适用仪器的设计和开发，同时大气科学家和仪器专家之间保持持续的交流，这样才能达成一次紧密的合作。这种合作已经为卫星遥感的成功开发做出贡献，也将有利于地面观测的发展。

[3]新的科学见解源自新的观测和分析，并以临时的方式被早期采用者应用于实操[4]。包括期刊、会议和“灰色”文献(互联网)的出版物促进了信息交流。学术界或研究机构的理论或实验研究可以促进物理参数化方案的改进，并引导 NWP 的发展(例如次网格尺度和物理参数化、过程速率、城市地表冠层表示)[5]。

[6]NWP 模式的改进包括分辨率的提高和物理过程的描述等。对于业务导向的模式，现有观测数据的使用[7]仍然是数据同化方案的重点[8]。在数值天气预报业务中，尽管缺乏高分辨率数据，但许多已有的业务观测数据也还未被充分利用或同化(Raman lidars：Adam et al.，2016b；Thundathil et al.，2020)

[9]虽然一些技术的落地应用是通过项目更迭或升级(例如雷达升级到偏振雷达)来实现的，但要证明新技术(例如 Aeolous 大气动力计划(Atmospheric Dynamis Mission，ADM)、GOES-R)和观测网设计的价值，则可能需要进行观测系统模拟实验，来证实新技术对预报准确性的提升和成本—效益的改善。这一过程中，需要仔细选择用于评价成功的指标。

[10]全球范围内已有数据共享的协定、标准和协议。但在高分辨率天气数据领域，需在研究—业务预测/预报从业人员完全适应之前，建立新的长期合作关系、数据共享和质量控制协议[11]，从而确保灾害预警领域可以受益[12]。

图 7.8 还指出了天气预报系统的内部和外部需要弥补的其他差距。在研发期间的技术转让或开发阶段，观测人员和预报工作者之间的合作关系是最密切的。而当新监测技术从研究转移到业务时，缺口是最大的。在业务实施方面，为降低成本、支持和维护方面的风险而进行的开发和投资不容忽视，尤其是在业务预算有限的情况下。观测业务成功的标准是确保观测的可靠性、准确性和及时有效性，并保护历史气候记录。在这种情况下，人们习惯维持现状，技术或流程的创新需要非常谨慎。因此，成功的创新需要预报业务部门和观测研究人员的合作，共同制定正确的技术规范、证明效用和成本收益的知识。由于预报和预警的用户只能访问业务数据和产品，因此为了量化收益，需要他们及早参与项目开发或平台测试。

7.4.2 新技术的开发

随着技术的发展和成本效益的提高，新的观测仪器正在不断研发中。例如，激光雷达可以观测大气中的水汽，目前已有现成的商用设备，但尚未部署在业务天气观测网中。通过分析大气水汽或降水造成的通信微波信号延迟，我们可以利用雷达地面杂波、基站间信号或 GPS 来反演湿度信息。社交媒体、手机、和车载传感器(包括雷达和激光雷达)以及众包技术，为我们提供了新的途径来观测天气、验证和核实预报、以及评估灾害影响。

数据同化因模式而异。观测所得的数据通常是间接变量(例如，利用偏振雷达反射率变量来估计降水率、降水类型、风)，这些都需要被转换为模式变量。同时，观测尺度必须经过处理或过滤，以适应模式的分辨率。这些差异可能导致对新观测或监测网络的量化影响或验证产生误解。这很大程度上是“甲之蜜糖，乙之砒霜”的案例。因此，质量控制是一个重要的问题。

需求通常是众所周知的，但随着期望值的不断提高，大多需求仍未得到满足。创新往往源于认识和填补技术和应用或需求之间的空白。因此，需要学术界、工业界和政府之间建立合作关系，为技术创新、开发、示范、和实施提供资金，以抓住机遇。

7.4.3 示范、试验平台和技术转移

新技术的附加效益是通过与现有公认标准相互对比来实现评估、检验和验证。例如，风廓线仪、多普勒雷达或激光雷达测得的风，以及卫星、辐射计、差分吸收激光雷达或 AMDAR 测得的温湿廓线，都会与气球探空数据进行比较。新的卫星传感器通常先在地面进行测试，然后在飞机上测试，还可能部署在卫星示范任务中。鉴于数值天气模式在高影响天气预报中的关键作用，同化研究和示范在实际上已成为弥合观测和预报之间差距的必然要求。同化研究可能在有限的实地项目中进行，可能通过不同尺度和天气状况下的模拟实验进行。这些研究考虑了观测中的误差，并有助于确定最佳观测要求。成功案例包括 Aeolus ADM 多普勒测风激光雷达（Reitebuch，2012）和全球降水测量（Global Precipitation Measurement，GPM. Hou et al.，2014）卫星计划的论证。

近年来，WMO 的世界天气研究计划（WWRP）开展了研究开发项目（RDP）和预报示范项目（FDP），以聚焦和促进重点研究领域的进展，并作为研究向业务技术转移过程的一部分，同时示范多个预报系统（Keenan et al.，2003；图 7.8）。这些项目的前提是合作和协作，并借助专家在一个具有明确截止日期的重点项目上的工作经验。通过分析相同区域内的共享数据，可以体现出技术的适用性、优势和劣势、以及可转移性，并能通过验证对各个结果进行适当比较。成功实施项目并示范的能力揭示了技术的成熟度。示范项目对全球预报能力建设也很重要，因为高影响天气预警的进展在技术上极具挑战性，需要大量研究和业务资源来推动，但并非所有国家都能承担此类支出（WMO-HIGHWAY，2021）。项目必须体现出和当地的相关性及适用性，其中，能力建设的培训或研讨会是关键的一步，无论是在技术转化过程中，还是在适应不同的天气状况、以及适应当地或国家的组织及基础设施方面。

试验平台是持续的长期计划，也是弥合研究与业务差距的下一步。它们本质上是为了测试新技术（观测、数值天气预报、产品、范例）而设立的小型气象服务系统，这些技术可在天气预报系统内部或外部使用。其中，特别有价值的是主要观测站的试验平台，例如德国气象局的林登堡气象观测站、瑞士气象局的帕耶恩观测站和美国南部大平原站点的大气辐射测量研究设施。试验平台的关键作用是帮助产品的更新迭代，特别是随着技术发展和用户反馈的增加。另一个关键方面是灾害研究人员和预报用户的参与，他们可以访问准业务化的数据集和产品（DFW，2021；HMT-WPC，2021）。随着时间的推移，这有利于系统和产品的共同开发和设计，从而建立机构/社区之间的合作与信任。

在预报中引入新技术并不总能带来立竿见影的效果，特别是由于其复杂性和影响所带来的期望增长（Pliske et al. 1997；Pliske et al.，2004）。引入新的预警服务需要预报员广泛地了解天气、用户、观测局限、预报系统（数值天气预报、数据驱动的预报、系统理念）及其产品复杂性，同时能有效获取相关关键信息。对新技术的应用需要专业知识和决策技能（Klein，2000；Andra et al.，2002；Hoffman et al.，2018）。即使是经验丰富的预报员，也需要时间来重新发展专业技能、能力和技巧，从而适用、采用和利用新的创新。通过情景训练和模拟，可以快速发展判断与决策所需的专业能力（例如，识别线索、保持对情景的感知、考虑替代情景、应对事后质颖、和保持自我意识）（Klein，1998；WDTD，2021）。

专业预报层面的技术转移或应用是一个社会扩散过程（Rogers，2003；图 7.9）。创新或新技术首先由预报部门或社群中的“爱好者”发现，甚至在技术被真正应用之前，变化就已经开始

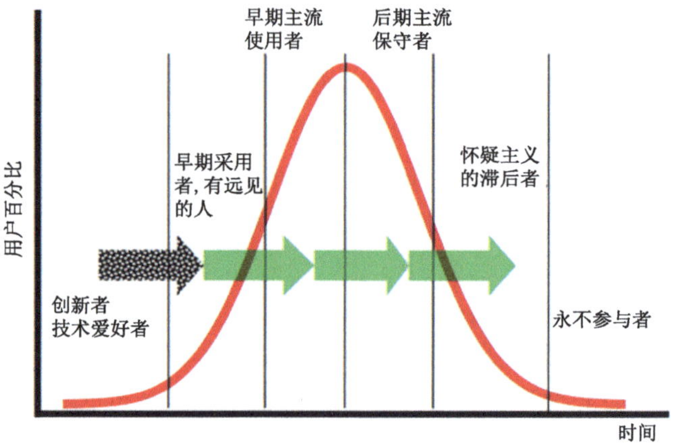

图 7.9　技术转移过程(借鉴 Rogers(2003))

了。然而,由于这些想法往往偏向技术且颇具风险,不一定能得到其他人的信任或遵循。随着时间的推移,他们的热情可能会感染或扩散到另一个被称为“早期采用者”的群体,这些人看到新技术的价值和可用性,并能展示其效用,类似于预报示范项目的角色(如上所述)。他们对新技术的想法逐渐得到认可、尊重和信任。这又将激发“早期使用者”将新技术应用在日常工作中,从而提高效率。然后,其余的预报员也将跟随趋势,或迫于同行压力而加入。少部分人可能仍会拒绝使用,这意味着他们需要转换到其他工作任务。一个启示是,针对“大多数人”的标准培训实践可能是错位的,培训应首先关注并针对“早期采用者”的需求和个性进行调整,再由他们为其他人开发培训材料。

7.4.4　战略规划:综合观测网络的设计

鉴于其复杂性和漫长的实施时间,长期的灵活技术转让、战略计划和框架至关重要。综合气象监测是指通过多种测量和技术手段,对大气状态和过程、以及相关地球物理和人为系统进行观测和测量。一体化设计是为满足不同应用领域需求的全面设计和规划,包括可相互操作的高空和地面实地观测、地面和空间遥感技术、以及数据融合能力。理想情况下,综合网络设计要实现成本效益,需要充分考虑观测设备能力和容量(例如高度、时空分辨率、观测精度的不确定性等)、当地天气和气候特征、地形(可否安置设备、代表性)、下垫面特征(地质灾害易发区、生态保护等)和人口分布等因素。

新技术必须与现有设备相结合,并且这种结合方式能证实可为全球观测网提供增值效益。独立(非集成的)观测网会导致人力和物力资源的使用低效、空间浪费,甚至可能带来环境和职业安全风险。为解决这些问题,同时确定新技术业务部署的优先次序,世界气象组织建立了滚动需求审查(Rolling Review of Requirements,RRR)流程,从而识别和优先填补观测能力和应用需求之间的空白;优化全球和地区层面需要进行的大量投资;找到观测设施的最佳布局和平衡,以不同的空间和时间分辨率涵盖所有时空尺度。

RRR 流程为数值模式、海洋、交通、农业、能源等 14 个领域的不同用户应用提供了监测网的科学依据。RRR 方法分析了观测能力与不同应用需求之间的差距,然后根据不同仪器的观测能力,对网络进行设计和布设。例如,为了满足数值模式预报的要求(初值和验证),地面站的最佳地理位置是基于 NWP 同化和验证的(Rishojgaard,2017)。在中国,经过 3 年的测试和评估,已完成满足数值预报要求的国家地面站网的设计。同样,气象雷达网的设计也考虑了卫星监测能力、雷达覆盖范围、人口和经济区分布、地形和地貌特征、以及安装和维护因素。网络设计还需要尊重现有观测网(例如,为了气候记录的连续性),这可能需要对现有观测网进行重新配置,以填补观测稀疏区域的空白。

针对不同的应用领域,网格数据的时空分辨率分为基础、期望标准、理想三个层次。例如,对于区域数值模式使用的温度剖面,最基本的要求是其时空分辨率在地表层达到 1 km/5 h,在对流层底部达到 5 km(水平)×0.45 km(垂直)/1 h,在对流层顶则应达到 25 km(水平)×1.5 km(垂直)/1 h。其他应用领域有自己的标准。

为了支持三维实时网格场的分析,有必要建立一个数据管理系统。在国家气象部门与第三方提供商共同构建观测网时,面对的核心问题是需求确定、数据共享、数据管理、质量控制、数据交换。WMO 作为公认的气象服务合作权威机构,对这些关键问题提供了实质性指导。随着新技术的出现,需要标准、程序和要求得到定期更新。

观测站和数据运营和维护的基本原则如下:

· 既要考虑仪器的科学基础,也要考虑其运行特性,包括时间和空间分辨率以及测量精度。

· 将观测站分类为地表(陆地和海面)、高空和/或太空;或根据其贡献分为用于满足全球、区域和/或局地需求的。

· 遵守所有的国内法律法规、国家标准、通用惯例。

· 根据业务发展需求、业务类别和管理级别,通过处理和动态调整,保持整体稳定性/一致性,实现"一站多用"。

· 管理所有数据,合并其他人收集的观测和元数据。需要包括其他机构、行业、志愿者和众包提供的观测数据。

7.5　案例

案例 7.1　卫星观测

Steve Goodman

卫星气象计划提供了一个成熟/正式流程的示例,该过程弥合了观测人员与预报工作人员之间的鸿沟。通常,所有计划都遵循相同的流程,即首先在竞争中提出一个新的想法,这种竞争在某些情况下涵盖了多个科学领域。WMO 气象卫星协调组(CGMS,2021a)是主要的国际合作机构,其主要目标是根据世界气象组织和其他国际机构提出的用户要求,支持端到端的天气气候监测和预报;这其中,研究影响和效益对于证明提案的合理性至关重要(ESA,2021;JAXA,2021;NASA,2021a;WMO,2021)。为考虑利益相关者的需求,会举办研讨会来确定新一代卫星星座和仪器的设计(NASA,2021b;CGMS,2021b)。例如,随着气候变暖,野火和飓风的频率上升和影响扩大,高分辨率多光谱可见光/红外成像仪、红外高光谱探测仪、闪电成像仪将成为未来地球静止卫星环(GEO-Ring)的支柱。

该过程包括以下步骤：

1. 科学技术专家小组对提案进行独立评估。

2. 根据规定的任务、战略愿景、科学重要性和影响、技术可行性、成本（包括生命周期成本和对组织的影响）、和成熟度（科学和技术）进行评估。这种评估难度较大，因为必须对相互冲突的目标以及不同的科学领域进行对比。

3. 可以选择多个计划进行深入研究或论证，解决潜在的问题。可能需要启动可行性和权衡研究。

4. 工作人员使用的数据或产品必须被证实。提出的用户产品需要通过预报员（或其代理人）的审查，同化的数据给预报系统带来的改变是合理的，同时可以明确其影响，从而确保观测人员与预报工作者之间的差距得到弥合。一个例子是 Aeolus 的大气动力学计划，其收益在发射前就已被量化（ESA，1999；Tan and Andersson，2004；Tan et al.，2007）。

5. 借助评估和影响研究的反馈，对提案进行完善，然后在最终轮竞争中重新评估，选择要实施的计划。

在美国，卫星数据同化联合中心（JCSDA，2021）促进了卫星数据在 NWP 中的应用。它体现了观测人员和预报工作者之间的合作，旨在提高并加快卫星数据在 NWP 业务模式中的应用，特别是那些生命周期有限的数据（如科学任务的卫星数据）。通过复现业务能力，集成的模式系统可以量化新数据源对预报准确性的预期影响。JCSDA 通过强大的数据基础设施和开源软件，将这项研究转移到业务和大学。居功将先进卫星数据转为业务的例子包括 QuikSCAT 风场数据、MODIS 风场数据、GOES-R 风场数据、大气红外探测仪（AIRS）数据和 Suomi 国家极地轨道合作（NPP）的跨轨红外探测仪（GIS）以及先进技术微波探测器（ATMS）数据。

方案 7.2　航空合作关系

George Isaac；Jim Wilson；Ping Wah Peter Li；Paul Joe

航空业在预报界、空中交通管理、飞行员、航空公司、服务提供商、和其他航空利益相关者之间建立了长期的合作关系。它是最佳示例之一，展示了从观测到预报的信息如何被整合，以支持最终用户的规划、战略和战术行动。空域的管理由世界气象组织和国际民用航空组织在全球范围内协调。他们也为国家气象部门、机场管理机构或第三方制作的观测和产品建立了规则和标准。

航空活动高度依赖天气。由于天气的迅速变化，效率和安全问题总是不可分割。在某些机场，每 30 s 就有一架飞机起降，但飞机的起降需要特定的气象条件。航空气象灾害包括跑道表面状况、风切变、能见度、横风、和闪电等。大范围的暴风雪可能会对许多机场及其备用机场产生数小时或数天的持续影响，因为飞机必须在起飞前除冰，同时必须保持跑道的畅通。同样，在大范围天气系统（数百至数千千米）内，夏季对流系统的小尺度特征（数十千米）可能导致拥堵和航班延误。当附近有雷暴时，机场的所有地面操作都会停止。在航线上，飞机对湍流、强风、火山灰、雷暴和云中结冰（由过冷液水和高冰水含量造成）很敏感。

航空业务中的不同结点是相互关联的，单个枢纽的中断可能会在其他地方产生多米诺骨牌效应。机场很少因天气原因关闭，飞行员(最终权威)必须在具有挑战性的情况下，对实时天气灾害进行专业判断。

微暴流(microbursts)检测

跑道终端多普勒天气雷达(TDWR，2015)和世界各地的类似系统(Hong Kong，2021；JMA，2021)投入运营后，飞机的风切变事故也随之消除，这是一个高影响天气"完美预警"的典型例子，并展示了快速弥合各种鸿沟所需的合作关系——从初步调查(一无所知)到研究(包括实地计划和分析)，再到技术开发、实施、系统协同设计，从而解决关键问题，即最终用户端面临的天气灾害。在许多机场，对微暴流的自动预警是所有临近预报中最成功的，挽救了数百人的生命。现在，基于 TDWR、低空风切变警报系统(LLWAS；安置在跑道周围的风速计网络)和现在的多普勒激光雷达(Chan and Lee，2012；Nechaj et al.，2019)的自动警报，管制员和飞行员可以得到微暴流的预警。

最初，坠机原因尚不明朗。微暴流是来自雷暴的的低层(距地面高度<200 m)辐散出流，其空间尺度小(<4 km)，生命史短暂(<20 min)(Fujita，1985)。由于微暴流的空间尺度小且天气变化剧烈，飞机往往无法做出反应和恢复，因此，最终用户对微暴流做出这样的定义，而非仅仅基于现象本身，这说明需要在早期阶段了解用户群体，并让他们参与进来，以确定对飞机的灾害预警的需求。研究团体迅速开展了实地调查以了解微暴流，然后开发检测和预报技术(Wilson and Wakimoto，2001)。研究表明，微暴流在湿(与降水有关)和干(降水在到达地面之前蒸发)条件下都可以发生。为了测试新的理论，开发了专门的数值天气预报模型。制定了基于共同设计产品的预警策略，以适用于航空业文化和技术环境(塔台和驾驶舱)。此外，开展了气象学家和空中交通管制员参与的示范项目，来开发、理解和展示产品的使用，以测试风险和通信方式。紧随其后的是在大学和工业界开发 TDWR，在机场快速安装雷达。对飞行员和空中管制员的强化培训已经完全消除了风切变造成的坠机事故，培训内容包括什么是微暴流，以及飞行员在遇到风切变时应该做什么(Serafin et al.，1999)。整个过程不到 20 年。这一成功案例展现了多机构的支持，以及美国国家科学基金会和联邦航空局的快速资助，也体现了政府、大学和私营公司，特别是林肯实验室、国家大气研究中心(NCAR)、国家海洋与大气局(NOAA)之间的密切合作关系。

结冰和除冰

雪和冰会积聚在飞机机身和机翼上，从而显著降低升力。为了融冰并防止积冰，会在飞机上喷洒除冰液。除冰液的类型和功效取决于降水条件。飞机在除冰液被稀释并失效之前，有一个有限的起飞时间窗口。这通常是 10～30 分钟，因此降水条件的临近预报对于冬季业务运行的安全和高效至关重要。与微暴流事件类似，多起事故加紧了现场调查的进行，以更好地了解气象条件、用户操作流程和程序，并共同设计出有效的产品。这促成了基于雷达或实地仪器的仪器原型和预报技术的实施(Rasmussen et al.，2001；Isaac et al.，2014a)。

卷云顶部的高冰水含量也会影响航路飞行安全。在某些情况下，冰晶会被吸入飞机发动机，导致停机。这造成了几起坠机事故，因此气象研究界、飞机设计者和航空监管机构建立了合作关系，以制定新的飞行规则，以及飞机认证的要求和程序(Strapp et al.，2016)。

未来航空

WMO 和 ICAO(国际民用航空组织)正在联合实现全球航空现代化(Global Aviation Navigation Plan,全球航空导航计划,GANP,2019)。一个关键要求是能为航站区域生成高精度预报,提前量达到 6～12 小时、精度达到分钟和数百米。航空研究和示范项目(AvRDP,2015—2019 年)被实施,旨在开发创新的航空专用临近预报服务,并向终端用户展示其优点(AvRDP,2019)。目前已有 11 个国际机场参与,涵盖各种气候和技术情景。观测和预报技术包括先进的云雷达、卫星、激光雷达、临近预报、高分辨率的快速更新模式,以及将气象信息转化为空中交通管理(Air Traffic Management, ATM)信息系统的技术。研究的高影响天气包括对流、低能见度、低云、沙尘暴和低空风切变(图 7.10)。

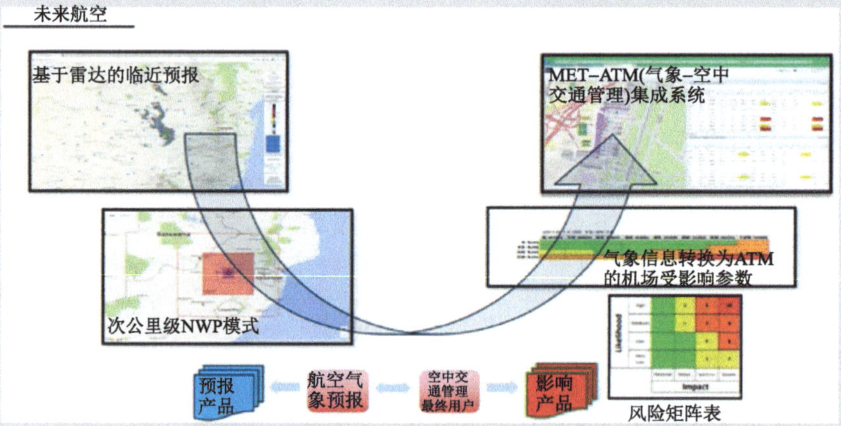

图 7.10　对流的临近影响预报数据与空中交通管理系统集成的示例
色标基于公认的可能性——影响风险指标

在第二阶段,计划采用先进的航空气象信息,通过合作,进一步展示整个价值链中“从研究到运营”和“科学服务于应用”的理念,为登机口到登机口安全高效的运营(起飞、上升、巡航、下降,直到着陆——见图 7.11)提供无缝支持。在这里,“无缝”不仅是指跨越多个空间和时间尺度的连续信息,还包括从观测到用户利益的整个价值链。长期的合作战略计划为气象和航空界都提供了发展方向并起到了引领作用(WMO LTP,2019)。

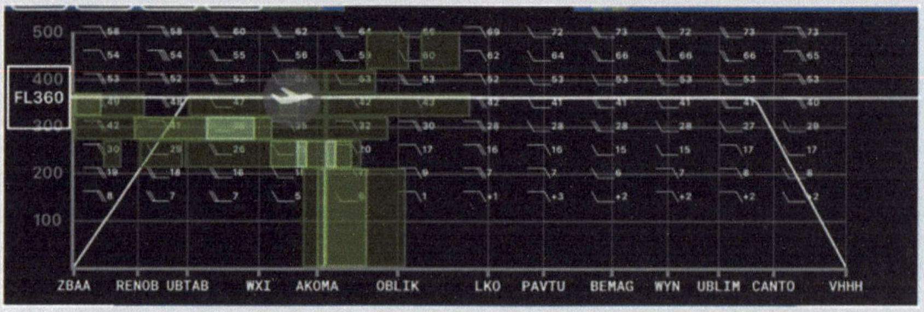

图 7.11　支持整个登机口整条到登机口飞行轨迹所需的无缝天气信息:起飞/着陆和上升/下降期间的即时和短时信息,同时结合航线中的区域/全球长期模式信息(© 香港天文台)

案例 7.3　试验平台、试验场和观测站

Nusrat Yussouf; Steve Goodman; Volker Wulfmeyer

试验平台和试验场是一座程序化的桥梁，连接业务预报人员、模式开发人员、社会科学家、应急管理人员、广播公司和私营部门；也可以加快将新颖的研究理念和预报产品转化为业务，同时确保开发过程中的共同设计，并得到关键的反馈（图 7.12）。试验平台促进了一系列新产品和新技术在未来的实施，比如最新前沿的高影响天气数据或产品、改进的分析技术、更好的统计或动力模式，还有预报技术。从而提高了对状况的感知，也提高了预报员的预警的准确性和时间提前量。反馈过程通常是迭代的——在用户和开发人员之间建立一个测试反馈的内循环。在准业务环境中，与业务预报员一起使用日常工作流程中使用的工具和系统，从而进行测试和评估。NOAA 运营着十几个这样的试验平台和试验场（NOAA，2021a），包括几个成功的高影响天气试验平台设施，例如联合飓风试验平台、灾害天气试验平台、航空天气试验平台、水文气象试验平台。卫星观测能力也在卫星数据同化联合中心（JCSDA）进行评估，而衍生产品在各种试验平台和试验场进行评估（Goodman et al.，2012）。

图 7.12　NOAA 在年度春季试验期间的灾害天气试验平台
透过玻璃可以看到风暴预报中心（图片来源：James Murnan/NOAA）

一旦产品获得较好的测试结果，项目计划就会提交给正式的审查委员会，由委员会评估业务价值，并确定成功业务化所需的基础设施、培训和资金缺口。这可能需要几年时间。在产品或算法过渡到业务之前，最好能有一篇经过同行评审的文章。

一个具体的例子是灾害天气试验平台，它在美国联合进行了卫星产品评估和实验性预警计划春季实验的论证。国家气象局的年度指导备忘录提供了要论证的产品清单。预报员通过每周的研讨会（HWT，2021）和卫星应用研讨会，在国内（COMET，2019）、国际（欧洲强风暴实验室，NWCSAF，2021）、博客（NOAA，2021b；ESSL，2021）上进行经验分享。美国和欧洲试验平台的组织结构、目标和宗旨是相似的，包括促进相互交流以及来自多个国家气

象水文部门、研究人员和行业从业者的国际参与。

另一个例子是 GEWEX 陆地—大气反馈观测站(GEWEX Land-Atmosphere Feedback Observatory, GLAFO),这是全球陆地/大气系统研究(GLASS)小组的一个新项目(参见 http://www.gewex.org/panels/global-landatmosphere-system-study-panel)。GLAFO 的科学目标是理解大尺度强迫的背景下,对于不同的温度、土壤、积雪条件、植被特性和大气边界层演变的情况,陆地—大气反馈链对低层大气背景状况的调节作用。他们将使用新仪器对风、温度和湿度剖面进行高分辨率观测。不同气候区域的 GLAFO 网络将有助于过程机制的理解、新参数化方案的开发、气候监测、模式验证和数据同化。

案例 7.4　无缝预报与示范项目

Paul Joe

ECPASS(加拿大环境部泛美科学展示项目)是一个旨在展示多伦多 2015 年泛美运动会(PA15)期间,无缝隙预报(针对天气、空气质量和健康)的多面性、益处和问题的项目(Joe et al.,2018;WMO,2016)。

项目的服务需求是在体育场馆提供天气、空气质量和健康预警。现有的业务天气预警由国家层面负责,通常提供 40 km×40 km 的区域预报。这些预警由负责非常大范围(1000 km×1000 km)的单一区域预报部门发布,一个预报员负责监测十多个雷达(包括来自邻近管辖区的雷达观测重叠区)。空气质量预警提供的区域和时间尺度较小,通常在国家和省级层面联合发布。健康预警由国家权威机构(ECCC)发布,但还有省内的 36 个公共卫生单位,根据所在位置和合作关系,负责应对措施的实施。此外,城市服务由当地市政与各级政府共同负责(Health Ontario,2021)。

场馆(如田径或帆船设施)通常只有几百米大小,基本被视为现有预报服务中的“点”。场馆预警是 PA15 向公众提供的一项专门服务。与其他奥运示范项目不同,PA15 没有提供为保障赛事公平或安全所需的更高水平的预报服务(Joe et al.,2010; Golding et al.,2014)。因为这些场馆预警超出了常规的监测、制作和预报服务的范围,需要建立额外的天气服务,包括独立的预报台、数据管理、预报员和专门的简报发布员。

由于单个官方公共预警区域可能包含多个场馆,因此,不同场馆的定制预警可能会令人困惑,甚至与“官方”预警相矛盾。因此,场馆预警的提供仅限于 PA15 官员和接受过特殊培训的中央应急服务部门。然而,由于预警的新颖性和重要性,现场也会提供简报,以准确解释和翻译高分辨率信息。对于现场简报发布员的布设而言,最重要的作用是他们与“早期采用者”这一终端用户的互动,这不仅增强了用户对最先进服务的信任,也促进了技术转化。

ECPASS 提供了机会,来开发和展示无缝天气预报服务的最新概念。这些示范项目也为不同服务机构/学科的研究人员提供了互动的机会。例如,早期研究与研究之间的互动促成了黑球温度传感器在中尺度观测网中的部署,并在专用显示系统上生成了高分辨率的热应力预测产品(100 m 分辨率),这对于健康预警的“技术创新者”来说,都是前所未有的。因为这些超过了业务气象监测服务的要求和任务,所以是通过研究合作完成的。尽管我们想培训健康预警的目标用户,例如长期护理机构的经营者和医院的接诊人员(用于制定计划、安排人员和其他目的)，但受技术扩散过程的时间限制，“早期采用者”对技术的大规模采纳受到阻碍。需要后续的“试验平台”计划，来延续技术转化和采用的过程。

一项重要成果是，通过讨论和共同设计高温产品，参与的健康和卫生单位更容易达成高温预警标准和政策的协调(Herdt,2017)。当前的高温预警政策要求连续几天的高温高湿，而高分辨率预报则可以提供非常临近的高温预警(6～12 小时)。

大多数 PA15 场地位于大的湖泊(安大略湖)附近，湖风可以引发雷暴，改变空气质量并影响温度，因此它是所有预警服务中都需要考虑的一个高分辨率因素(Mariani et al.，2018)。在以前的经验中，均匀分布的中尺度观测台站(通常间距为 10 km)的表现并不令人满意，因为它无法评估高分辨率模式的精细结构。在设计中尺度网格时，可以将城市—湖泊之间的风场作为协调焦点，围绕湖泊的几何形状，垂直或平行排列站点，并增加陆地与湖泊边界附近的站点密度，方便诊断和调查研究。

高分辨率模式的参数化配置考虑了城市结构，包括各种高度的建筑物和地表覆盖(例如绿地、白色混凝土、黑色道路)。位于绿地、屋顶和其他城市表面的 PA15 监测站对模式检验/验证的研究很有价值。通常，只有来自绿地的观测数据才可用于预报模式同化或验证。即使有逐分钟的模式数据，也没有足够的观测结果来验证所有的参数化设置。例如，户外烹饪(烧烤)对空气质量的影响、屋顶热通量、城市峡谷内的温度变化和阵风的参数化，都被认为缺乏相应的观测。对于 1 分钟的风数据，最大阵风的报告方式(通常报告为过去 1 小时的最大风)需要被重新定义。

7.6　总结

· NWP 和临近预报模式为灾害天气预报提供了基础。更高分辨率和更详细物理过程模式的研发、数据同化的改进、数据更新频率的提高和集合概率预报正在推动预报准确性的提高。

· 最新一代的公里尺度 NWP 模式可以预报小尺度天气灾害，如镶嵌在大尺度天气系统里面的雷暴。同时优化大尺度和小尺度的预报是 NWP 研究的一大挑战。

· 预报员借助模式指导来构建天气发展的可能情景，并特别关注这些天气信息在实际应用中的效应。

· 观测数据是监测和预报灾害天气以及验证预报的基本要素。

· 发展新的观测能力是一个长期过程，应该在数据要求之前的十年或更长时间内进行规划。

· 即使在观测能力较强的国家，目前的观测能力也不足以满足新一代高分辨率模式的需要，因此新的数据来源亟待开发，包括新仪器、新观测平台、以及从非气象目的的数据中提取天气信息。

· 在对流发生前，关于对流层低层的动力学和热力学观测能力存在显著不足。

· 预报模式需要能够与模式变量相关联的观测数据，这些观测应有明确的性能指标，并且可以快速交付。要满足这些需求，需要观测人员和预报员之间的密切合作。

· 未来的预报系统特别需要对城市地区和复杂地形区域的天气变化进行加密观测。

参考文献

Adam, M. , M. Turp, A. Horseman, C. Ordez, J. Buxmann and J. Sugier, 2016a. From operational ceilometer network to operational Lidar network, Proc. 27 ILRC, S14. 06-163. EPJ Web of Conferences 27007, https://doi. org/10. 1051/epjconf/201611927007

Adam, S. , A. Behrendt, T. Schwitalla, E. Hammann and V. Wulfmeyer, 2016b. First assimilation of temperature lidar data into an NWP model: impact on the simulation of the temperature field, inversion strength and PBL depth. Quart. J. Roy. Meteorol. S. , 142, 2882-2896. https://doi. org/10. 1002/qj. 2875

Andra, D. L. , E. M. Quoetone and W. F. Bunting, 2002. Warning Decision Making: The Relative Roles of Conceptual Models, Technology, Strategy, and Forecaster Expertise on 3 May 1999. Wea. Forecast, 17, 559-566, https://doi. org/10. 1175/1520-0434(2002)017<0559:WDMTR R>2. 0. CO;2

AvRDP, 2019. Aviation Research Demonstration Project, https://avrdp. hko. gov. hk/, (accessed 28 Feb 2021)

Bailey, M. E. , G. A. Isaac, I. Gultepe, I. Heckman and J. Reid, 2014. Adaptive Blending of Model and Observations for Automated Short Range Forecasting: Examples from the Vancouver 2010 Olympic and Paralympic Winter Games. Pure Appl. Geophys. 171, 257-276. https://doi. org/10. 1007/s00024-012-0553-x

Baklanov, A. , C. S. B. Grimmond, D. Carlson, D. Terblanche, X. Tang, V. Bouchet, B. Lee, G. Langendijk, R. K. Kolli and A. Hovsepyan, 2018. From urban meteorology, climate and environment research to integrated city services. Urban Clim. , 23, 330-341, https://doi. org/10. 1016/j. uclim. 2017. 05. 004

Baklanov, A. , M. Lawrence, S. Pandis, A. Mahura, S. Finardi, N. Moussiopoulos, M. Beekmann, P. Laj, L. Gomes, J. -L. Jaffrezo, A. Borbon, I. Coll, V. Gros, J. Sciare, J. Kukkonen, S. Galmarini, F. Giorgi, S. Grimmond, I. Esau, A. Stohl, B. Denby, T. Wagner, T. Butler, U. Baltensperger, P. Builtjes, D. van den Hout, H. D. van der Gon, B. Collins, H. Schluenzen, M. Kulmala, S. Zilitinkevich, R. Sokhi, R. Friedrich, J. Theloke, U. Kummer, L. Jalkinen, T. Halenka, A. Wiedensholer, J. Pyle and W. B. Rossow, 2010. MEGAPOLI: Concept of multi-scale mod-elling of megacity impact on air quality and climate. Adv. Sci. Res. , 4, 115-120. https://doi. org/10. 5194/asr-4-115-2010

Bellon, A. and G. L. Austin, 1978. The evaluation of two years of real time operation of a short-term precipitation forecasting procedure (SHARP). J. Appl. Meteorol. , 17, 1778-1787

Benjamin, S. G. , B. E. Schwartz, E. J. Szoke, and S. E. Koch, 2004. The value of wind profiler data in U. S. weather forecasting. Bull. Amer. Meteorol. S. , 85, 1871-1886

Boudala, F. S. , G. A. Isaac, P. Filmam, R. Crawford, D. Hudak, and M. Anderson, 2017. Performance of emerging technologies for measuring solid and liquid precipitation in cold climate as com-pared to the traditional manual gauges. J. Atmos. Ocean. Tech. , 34, 167-185

Braun, S. A. , P. A. Newman and G. M. Heymsfield, 2016. NASA's Hurricane and Severe Storm Sentinel (HS3) Investigation. Bull. Amer. Meteorol. S. , 97, 2085-2102. https://doi. org/10. 1175/ BAMS-D-15-00186. 1

Browning, K. A. and R. Wexler, 1968. The determination of kinematic properties of a wind field using Doppler-Radar. J. Appl. Met. , 7, 105-113

Bucci L. R. , C. O'Handley, G. D. Emmitt, J. A. Zhang, K. Ryan and R. Atlas, 2018. Validation of an Airborne Doppler Wind Lidar in Tropical Cyclones. Sensors, 18(12), 4288. doi: https://doi. org/10. 3390/s18124288

Burrows, W. R. and C. Mooney, 2018. Automated Products for Forecasting Blizzard Conditions in The Arctic, Polar Prediction Matters Blog. J. Appl. Meteorol. , 7, 105-113

CGMS, 2021a. WMO Coordination Group for Meteorological Satellites, https://www. cgms-info. org/index_. php/cgms/index. (Accessed 28/2/2021)

CGMS, 2021b. 2020 Community Meetings Presentations, https://www. nesdis. noaa. gov/ content/2020-community-meetings-presentations. (Accessed 28/2/2021)

Chan, P. W. and Lee, Y. F. , 2012. Application of short-range lidar in wind shear alerting. J. Atmos. Ocean. Tech. , 29, 207-220. https://doi. org/10. 1175/JTECH-D-11-00086. 1

Chandrasekar, V. , H. Chen and B. Philips, 2018. Principles of high-resolution radar network for hazard mitigation and disaster management in an urban environment. J. Meteorol. S. Japan, 96A, 119-131. https://doi. org/10. 2151/jmsj. 2018-015

Chronis, T. , L. D. Carey, C. J. Schultz, E. V. Schultz, K. M. Calhoun and S. J. Goodman, 2015. Exploring lightning jump characteristics. Wea. Forecasting, 30, 23-37, https://doi. org/10. 1175/ WAF-D-14-00064. 1

Cifelli, R. , V. Chandrasekar, H. Chen and L. E. Johnson, 2018. High resolution radar quantitative precipitation estimation in the San Francisco Bay Area: Rainfall monitoring for the urban envi-ronment. J. Meteorol. S. Japan, 96A, 141-155. https://doi. org/10. 2151/jmsj. 2018-016

Cintineo, J. L. , M. J. Pavolonis, J. M. Sieglaff, D. T. Lindsey, L. Cronce, J. Gerth, B. Rodenkirch, J. Brunner and C. Gravelle, 2018. The NOAA/CIMSS ProbSevere Model: Incorporation of total lightning and validation. Wea. Forecast. , 33, 331-345. https://doi. org/10. 1175/ WAF-D-17-0099. 1

Cione J. J. , G. H. Bryan, R. Dobosy, J. A. Zhang, G. de Boer, A. Aksoy, J. B. Wadler, E. A. Kalina, B. A. Dahl, K. Ryan, J. Neuhaus, E. Dumas, F. D. Marks, A. M. Farber, T. Hock and X. Chen, 2020. Eye of the Storm: Observing Hurricanes with a Small Unmanned Aircraft System. Bull. Amer. Meteorol. S. , 101, E186-E205. https://doi. org/10. 1175/BAMS-D-19-0169. 1

COMET, 2019. 2019 NWS Satellite User Applications Workshop, https://courses. comet. ucar. edu/ course/view. php? id=225&lang=fr). (Accessed 28/2/2021)

de Vos, L. W. , H. Leijnse, A. Overeem and R. Uijlenhoet, 2019. Quality Control for Crowdsourced Personal Weather Stations to Enable Operational Rainfall Monitoring. Geophys. Res. Letters, 46, 8820-8829. https://doi. org/10. 1029/2019GL083731

DFW, 2021: Dallas Fort Worth Urban Test Bed, http://www. casa. umass. edu/main/research/urban-testbed/. (Accessed 27/2/2021)

Dixon, K. , C. F. Mass, G. J. Hakim, and R. H. Holzworth, 2016. The Impact of Lightning Data Assimilation on Deterministic and Ensemble Forecasts of Convective Events. J. Atmos. Ocean. Tech. , 33, 1801-1833. https://doi. org/10. 1175/JTECH-D-15-0188. 1

Dixon, M. and G. Wiener, 1993. TITAN: Thunderstorm Identification Tracking, Analysis, and Nowcasting: A radar-based methodology. J. Atmos. Ocean. Tech. , 10, 785-797

Ebert, E. E. , 2001. Ability of a Poor Man's Ensemble to Predict the Probability and Distribution of Precipitation. Mon. Wea. Rev. , 129, 2461-2480. https://doi. org/10. 1175/1520-0493(2001)12 9<2461:AOAPMS>2. 0. CO;2

Ebert, E. E. , 2009. Neighborhood Verification: A Strategy for Rewarding Close Forecasts. Wea. Forecast. , 24, 1498-1510. https://doi. org/10. 1175/2009WAF2222251. 1

ECMWF, 2020. Coordinated response mitigates loss of aircraft-based weather data, https:// www. ecmwf. int/en/newsletter/164/news/coordinated-response-mitigates-loss-aircraft-based-weather-data. (Accessed

20/2/2021)

Elmore, K. L., Z. L. Flaming, V. Lakshmanan, B. T. Kanev, V. Farmer, H. D. Reeves and L. P. Rothfusz, 2014. MPING: Crowd-sourcing weather reports for research. Bull. Amer. Meteorol. S., 95(9), 1335-1342. https://doi.org/10.1175/BAMS-D-13-00014.1

ESA, 1999. Atmospheric Dynamics Mission, ESA publication SP-1233 (4). https://www.dlr.de/pa/en/Portaldata/33/Resources/dokumente/adm_sp1233_4.pdf (Accessed 28 Mar 2022)

ESA, 2021. The Living Planet Programme, https://www.esa.int/Applications/Observing_the_Earth/The_Living_Planet_Programme/ESA_s_Living_Planet_Programme. (Accessed 28/2/2021)

ESSL, 2021. ESSL Testbed Blog, https://www.essl.org/testbed/blog/?cat=9. (Accessed 28/2/2021)

EUMETSAT, 2021. Support to Nowcasting and Very Short Range Forecasting, http://www.nwc-saf.org/. (Accessed 20/2/2021)

Evans C., D. F. Van Dyke and T. Lericos, 2014. How Do Forecasters Utilize Output from a Convection-Permitting Ensemble Forecast System? Case Study of a High-Impact Precipitation Event. Wea. Forecast., 29, 466-486. https://doi.org/10.1175/WAF-D-13-00064.1

Fabry, F., 2004. Meteorological Value of Ground Target Measurements by Radar. J. Atmos. Oceanic Technol., 21, 560-573

Fabry, F., C. Frush, I. Zawadzki and A. Kilambi, 1997. On the extraction of near-surface index of refraction using radar phase measurements from ground targets. J. Atmos. Oceanic Technol., 14, 978-987. https://doi.org/10.1175/1520-0426(1997)014<0978

Fenner, D., A. Holtmann, F. Meier, I. Langer and D. Scherer, 2019. Contrasting changes of urban heat island intensity during hot weather episodes. Environ. Res. Lett., 14(12), 124013. https://doi.org/10.1088/1748-9326/ab506b

Fujita, T. T., 1985. The downburst: microburst and macroburst. SMRP Research Paper 210, University of Chicago, 122pp. NTIS PB85-148880

GANP, 2019. Global Aviation Navigation Plan, https://www4.icao.int/ganpportal/. (Accessed 20/2/2021)

Gilleland, E., D. Ahijevych, B. G. Brown, B. Casati and E. E. Ebert, 2009. Intercomparison of Spatial Forecast Verification Methods. Wea. Forecast., 24, 1416-1430. https://doi.org/10.117 5/2009WAF2222269.1

GOES, 2021. GOES Quick Guide Description, https://www.star.nesdis.noaa.gov/GOES/docu-ments/QuickGuide_BaselineDerivedMotionWinds.pdf. (Accessed 20/2/2021)

Goldberg, M. D., H. A. Cikanek, L. Zhou and J. Price, 2018. 1.04-The Joint Polar Satellite System, Comprehensive Remote Sensing, Academic Press, 1, 91-118. https://doi.org/10.1016/B978-0-12-409548-9.10314-8

Golding, B. W., S. P. Ballard, K. Mylne, N. Roberts, A. Saulter, C. Wilson, P. Agnew, L. S. Davis, J. Trice, C. Jones, D. Simonin, Z. Li, C. Pierce, A. Bennett, M. Weeks and S. Moseley, 2014. Forecasting capabilities for the London 2012 Olympics. Bull. Amer. Meteorol. S., 95, 883-896

Goodman, S. J., T. J. Schmit, J. Daniels and R. J. Redmon, eds., 2019. The GOES-R Series: A New Generation of Geostationary Environmental Satellites, Academic Press, Print and e-book, ISBN-13: 978-0128143278, ISBN-10: 0128143274, 306pp

Goodman, S. J., T. J. Schmit, J. Daniels, W. Denig and K. Metcalf, 2018. 1.05-GOES: Past, Present and Future, Comprehensive Remote Sensing, Academic Press, 1, 119-149, https://doi.org/10.1016/B978-0-12-409548-9.10315-X

Goodman, S. J., J. Gurka, M. DeMaria, T. Schmit, A. Mostek, G. Jedlovec, C. Siewert, W. Feltz, J.

Gerth, R. Brummer, S. Miller, B. Reed and R. Reynolds, 2012: The GOES-R Proving Ground: Accelerating User Readiness for the Next Generation Geostationary Environmental Satellite System. Bull. Am. Meteorol. S., 93, 1029-1040. https://doi.org/10.1175/BAMS-D-11-00175.1

Grimmond, S., V. Bouchet, L. Molina, A. Baklanov, J. Tan, K. H. Schluenzen, G. Mills, B. Golding, V. Masson, C. Ren, J. Voogt, S. Miao, H. Lean, B. Heusinkveld, A. Hovespyan, G. Terrugi, P. Parrish and P. Joe, 2020. Integrated Urban Hydrometeorological, Climate and Environmental Services: Concept, Methodology and Key Messages. J. Urban Climate, 33, 100623-100745, https://doi.org/10.1016/j.uclim.2020.100623

Hamill, T. M., M. J. Brennan, B. Brown, M. DeMaria, E. N. Rappaport and Z. Toth, 2012. NOAA's future ensemble-based hurricane forecast products. Bull. Amer. Meteorol. Soc., 93, 209-220. https://doi.org/10.1175/2011BAMS3106.1

Health Ontario, 2021. Heat Warning Information System, http://www.health.gov.on.ca/en/com-mon/ministry/publications/reports/heat_warning_information_system/heat_warning_informa-tion_system.aspx#ch1 (Accessed 10/3/2021)

Heizenreder, D., P. Joe, T. Hewson and E. D. Coning, 2015. Development of applications towards a high-impact weather forecast system, in Seamless Prediction of the Earth System: from min-utes to months, WMO-No. 1156, ISBN 978-92-63-11156-2, https://library.wmo.int/index.php? lvl=notice_display&id=17276#.YM5K-C-94l7

Herdt, A. J., 2017. A multi-index investigation of the spatio-temporal relationships between heat and EMS calls during the 2015 Pan American Games in Toronto, Canada. M. S. thesis, Dept. of Atmospheric Science, Texas Tech University, 87 pp., https://ttu-ir.tdl.org/bitstream/han-dle/2346/73150/HERDT-THESIS-2017.pdf? sequence=1 (Accessed 10/3/2021)

Hewson, T. D. and H. A. Titley, 2010. Objective identification, typing and tracking of the complete life-cycles of cyclonic features at high spatial resolution. Meteorol. Appl., 17, 355-381. https:// doi.org/10.1002/met.204

Hintz K. S., H. Vedel and E. Kaas, 2019. Collecting and processing of barometric data from smart-phones for potential use in numerical weather prediction data assimilation. Meteorol. Appl., 26, 733-746. https://doi.org/10.1002/met.1805

HMT-WPC, 2021. Hydrometeorological Test Bed, Weather Prediction Center, https://www.wpc.ncep.noaa.gov/hmt/. (Accessed 27/2/2021)

Holle, R. L., N. W. Demetriades and A. Nag, 2016. Objective airport warnings over small areas using NLDN cloud and cloud-to-ground lightning data. Wea. Forecast., 31, 1061-1069

Hoffman R. N., V. K. Kumar, S-A. Boukabara, K. Ide, F. Yang, and R. Atlas, 2018. Progress in Forecast Skill at Three Leading Global Operational NWP Centers during 2015-17 as Seen in Summary Assessment Metrics (SAMs). Wea. Forecast., 33, 1661-1679. https://doi.org/10.1175/WAF-D-18-0117.1

Hoffman, R. R., Shadbolt, N., Burton, A. M. and Klein, G. A., 1995. Eliciting knowledge from experts: A methodological analysis. Organizational Behavior Human Decision Processes, 62, 129-158

Hong Kong, 2021. Windshear and Turbulence Warning Services, https://www.hko.gov.hk/en/aviat/ amt/windshear_warning.htm (Accessed 28/2/2021)

Hou, A. Y., R. K. Kakar, S. Neeck, A. Azarbarzin, C. D. Kummerow, M. Kojima, R. Oki, K. Nakamura and T. Iguchi, 2014. The Global Precipitation Measurement Mission. Bull. Amer. Meteorol. S., 95, 701-722. doi:https://doi.org/10.1175/BAMS-D-13-00164.1

Huang, L. X., G. A. Isaac and G. Sheng, 2012. Integrating NWP Forecasts and Observation Data to Improve Nowcasting Accuracy. Wea. Forecast. , 27, 938-953

Huffman, G. J. , D. T. Bolvin, D. Braithwaite, K. Hsu, R. Joyce, C. Kidd, E. J. Nelkin, S. Sorooshian, J. Tan and P. Xie, 2019a. NASA Global Precipitation Measurement (GPM) Integrated Multi-Satellite Retrievals for GPM (IMERG). NASA Algorithm Theoretical Basis Doc. , version 06, 38pp. https://pmm.nasa.gov/sites/default/files/document_files/IMERG_ATBD_V06.pdf

Huffman, G. J. , D. T. Bolvin, E. J. Nelkin and J. Tan, 2019b. Integrated Multi-Satellite Retrievals for GPM (IMERG) technical documentation. NASA Tech. Doc. , 77pp. https://pmm.nasa.gov/ sites/default/files/document_files/IMERG_doc_190909.pdf

HWT, 2021. Tales from the Testbed, https://hwt.nssl.noaa.gov/tales/. (Accessed 28/2/2021)

Isaac, G. A. , M. Bailey, F. S. Boudala, W. R. Burrows, S. G. Cober, R. W. Crawford, N. Donaldson, I. Gultepe, B. Hansen, I. Heckman, L. X. Huang, A. Ling, J. Mailhot, J. A. Milbrandt, J. Reid and M. Fournier, 2014a. The Canadian airport nowcasting system (CAN-Now). Meteorol. Appl. 21, 3049, https://doi.org/10.1002/met.1342

Isaac, G. A. , P. Joe, J. Mailhot, M. Bailey, S. Blair, F. S. Boudala, M. Brugman, E. Campos, R. L. Carpenter Jr. , R. W. Crawford, S. G. Cober, B. Denis, C. Doyle, H. D. Reeves, I. Gultepe, T. Haiden, I. Heckman, L. X. Huang, J. A. Milbrandt, R. Mo, R. M. Rasmussen, T. Smith, R. E. Stewart, D. Wang and L. J. Wilson, 2014b. Science of Nowcasting Olympic Weather for Vancouver 2010 (SNOW-10): A World Weather Research Programme project. Pure Appl. Geophys. 171, 1-24. https://doi.org/10.1007/s00024-012-0579-0

JAXA, 2021. Earth Observation Research Center, https://www.eorc.jaxa.jp/en/. (Accessed 28/2/2021)

JCSDA, 2021. Joint Center for Satellite Data Assimilation, http://jcsda.org. (Accessed 28/2/2021) JMA, 2021. Marine/Aviation Weather Services, https://www.jma.go.jp/jma/en/Activities/aws.html. (Accessed 28/2/2021)

Joe, P. , M. Falla, P. Van Rijn, L. Stamadianos, T. Falla, D. Magosse, L. Ing and J. Dobson, 2002. Radar Data Processing for Severe Weather in the National Radar Project of Canada, SELS, San Antonio, 12-16 August 2002, 221-224

Joe, P. , C. Doyle, A. Wallace, S. G. Cober, B. Scott, G. A. Isaac, T. Smith, J. Mailhot, B. Snyder, S. Belair, Q. Jansen and B. Denis, 2010. Weather Services, Science Advances, and the Vancouver 2010 Olympic and Paralympic Winter Games. Bull. Amer. Meteorol. S. , 91, 31-36. https://doi.org/10.1175/2009BAMS2998.1

Joe, P. , S. Belair, N. B. Bernier, V. Bouchet, J. R. Brook, D. Brunet, W. Burrows, J. P. Charland, A. Dehghan, N. Driedger, C. Duhaime, G. Evans, A.-B. Filion, R. Frenette, J. de Grandpré, I. Gultepe, D. Henderson, A. Herdt, N. Hilker, L. Huang, E. Hung, G. Isaac, C.-H. Jeong, D. Johnston, J. Klaassen, S. Leroyer, H. Lin, M. MacDonald, J. MacPhee, Z. Mariani, T. Munoz, J. Reid, A. Robichaud, Y. Rochon, K. Shairsingh, D. Sills, L. Spacek, C. Stroud, Y. Su, N. Taylor, J. Vanos, J. Voogt, J. M. Wang, T. Wiechers, S. Wren, H. Yang, and T. Yip, 2018: The Environment Canada Pan and ParaPan American Science Showcase Project. Bull. Amer. Meteorol. S. , 99, 139-150. https://doi.org/10.1175/BAMS-D-16-0162.1

Kaplan J. , M. DeMaria and J. A. Knaff, 2010. A Revised Tropical Cyclone Rapid Intensification Index for the Atlantic and Eastern North Pacific Basins. Wea. Forecast. , 25, 220-241

Keenan, T. , P. Joe, J. Wilson, C. Collier, B. Golding, D. Burgess, P. May, C. Pierce, J. Bally, A. Crook, A. Seed, D. Sills, L. Berry, R. Potts, I. Bell, F. Fox, E. Ebert, M. Eilts, K. O'Loughlin, R. Webb, R. Carbone, K. Browning, R. Roberts and C. Mueller, 2003. The Sydney 2000 World Weather

Research Programme Forecast Demonstration Project: Overview and current status. Bull. Amer. Meteorol. S., 84, 1041-1054

Kiktev, D., P. Joe, G. A. Isaac, A. Montani, I.-L. Frogner, P. Nurmi, B. Bica, J. Milbrandt, M. Tsyrulnikov, E. Astakhova, A. Bundel, S. Blair, M. Pyle, A. Muravyev, G. Rivin, I. Rozinkina, T. Paccagnella, Y. Wang, J. Reid, T. Nipen and K-D. Ahn, 2017. FROST-2014: The Sochi Winter Olympics International Project. Bull. Amer. Meteorol. S., 98, 1908-1929

Kirschbaum, D. B., G. J. Huffman, R. F. Adler, S. Braun, K. Garrett, E. Jones, A. McNally, G. Skofronick-Jackson, E. Stocker, H. Wu and B. F. Zaitchik, 2017. NASA's Remotely Sensed Precipitation: A Reservoir for Applications Users. Bull. Amer. Meteorol. S., 98, 1169-1184. https://doi.org/10.1175/BAMS-D-15-00296.1

Kirschbaum, D. and T. Stanley, 2018. Satellite-Based Assessment of Rainfall-Triggered Landslide Hazard for Situational Awareness. Earth's Future, 6, 505-523. https://doi.org/10.1002/2017EF000715

Klein, G., 1998. Sources of Power, How People Make Decisions, MIT Press, ISBN 0-262-11227-2, 330pp

Klein, G. 2000. Can information technology reduce expertise? Proc. Human Performance, Situation Awareness and Automation Conf., Savannah, GA, Human Factors and Ergonomics Society, 226

Knight, C. A. and J. Miller, 1998. Early radar echoes from small, warm cumulus: Bragg and hydro-meteor scattering. J. Atmos. Sci., 55, 2974-2992

Kollias, P., E. Clothiaux, M. Miller, B. A. Albrecht, G. Stephens and T. Ackerman, 2007a. Millimeter-wavelength radars: New frontier in atmospheric cloud and precipitation research. Bull. Amer. Meteorol. S., 88, 1608-1624

Kollias, P., E. E. Clothiaux, M. A. Miller, E. P. Luke, K. L. Johnson, K. P. Moran, K. B. Widener and B. A. Albrecht, 2007b. The Atmospheric Radiation Measurement program cloud profiling radars: Second generation sampling strategies, processing, and cloud data products. J. Atmos. Ocean. Tech., 24, 1199-1214, https://doi.org/10.1175/JTECH2033.1

Kucera, P., 2017. Personal communication, https://www.icdp.ucar.edu/core-programs/3dpaws/. (Accessed 28/3/2022)

Landry, C., Oullet, M., Parent, R., Deschenes, J. F. and Verret, R., 2004. Observations and Nowcasting in SCRIBE, 20th Conference on Interactive, Information Processing Systems, 1216 January 2004, Seattle, Washington

Lange, D., A. Behrendt, and V. Wulfmeyer, 2018. Compact automatic rotational Raman lidar sys-tem for continuous day-and nighttime temperature and humidity mapping. Proc. 20th EGU General Assembly, EGU2018, 4-13 April, 2018, Vienna, Austria, 9114-9114

Lei, B. K. Zhao, J. Wang, J. Tang, H. W. Gao, Z. H. Zeng, G. L. Li, J. P. Luo, M. Wu, H. Yu, L. Ye, P. Z. Fang, D. A. Yang, S. Zhang, Y. B. Zou, E. J. Zhou, L. M. Lin, P. Chen, Y. C. Zhong, B. P. Shi, H. L. He, Y. S. Li, X. H. Yang, T. Zhao, X. W. Bao, Z. Liu, G. M. Chen, H. M. Wu, D. Wu, F. Huang, J. Wang, S. Luo and L. Yi, 2017. New technology and experiment of rocket dropsondes for typhoon observation [in Chinese]. Chinese Science Bulletin, 62, 3789-3796

Leith, C. E., 1974: Theoretical skill of Monte Carlo forecasts. Mon. Wea. Rev., 102, 409-418

Lewis P. and G. Toth, 2011. University Corporation for Atmospheric Research/Cooperative Program for Meteorological Education and Training: Ten Common NWP Misconceptions. http://meted.ucar.edu/norlat/tencom. (Accessed 29/3/2022)

Loehnert U., E. van Meijgaard, H. K. Baltink, S. Gro and R. Boers, 2007. Accuracy assessment of an integrated profiling technique for operationally deriving profiles of temperature, humidity, and cloud liquid water. J. Geophys. Res.，112，D04205. doi：https://doi.org/10.1029/2006JD007379

Lopez，P.，2011. Direct 4D-Var Assimilation of NCEP Stage IV Radar and Gauge Precipitation Data at ECMWF. Mon. Wea. Rev.，139，2098-2116

Mariani，Z.，A. Dehghan，P. Joe and D. M. Sills，2018. Observations of lake breeze events during the Toronto 2015 Pan-American Games. Bound. Layer Meteorol.，166，113-135. https://doi.org/10.1007/s10546-017-0289-3

Mass，C. F. and L. E. Madaus，2014. Surface Pressure Observations from Smartphones：A Potential Revolution for High-Resolution Weather Prediction? Bull. Amer. Meteorol. S.，95，1343-1349

Matson，M. and D. R. Wiesnet，1981. New data base for climate studies. Nature 289，451-456

McLaughlin，D.，D. Pepyne，V. Chandrasekar，B. Philips，J. Kurose，M. Zink，K. Droegemeier，S. Cruz-Pol，F. Junyent，J. Brotzge，D. Westbrook，N. Bharadwaj，Y. Wang，E. Lyons，K. Hondl，Y. Liu，E. Knapp，M. Xue，A. Hopf，K. Kloesel，A. DeFonzo，P. Kollias，K. Brewster，R. Contreras，B. Dolan，T. Djaferis，E. Insanic，S. Frasier and F. Carr，2009. Short wave-length technology and the potential for disturbed networks of small radar systems. Bull. Amer. Meteorol. S.，90，1797-1817

McNicholas，C. and C. F. Mass，2018. Smartphone Pressure Collection and Bias Correction Using Machine Learning. J. Atmos. Ocean. Tech.，35，523-540. https://doi.org/10.1175/ JTECH-D-17-0096.1

Meier，F.，D. Fenner，T. Grassmann，M. Otto and D. Shearer，2017. Crowdsourcing air temperature from citizen weather stations for urban climate research. Urban Clim.，19，170-191

Menzel，W. P.，T. J. Schmit，P. Zhang and J. Li，2018. Satellite-Based Atmospheric Infrared Sounder Development and Applications. Bull. Amer. Meteorol. S.，99，583-603. https://doi.org/10.1175/BAMS-D-16-0293.1

Miller，S. D.，D. T. Lindsey，C. J. Seaman and J. E. Solbrig，2020. GeoColor，A Blending Technique for Satellite Imagery. J. Atmos. Ocean. Tech.，37，429-448. https://doi.org/10.1175/ JTECH-D-19-0134.1

Misumi，R.，Y. Uji and T. Maesaka，2020. Feeder interactions between stratiform precipitation and shallow convection observed by X-band polarimetric radar and optical disdrometer. Atmos. Sci. Letters，e1034. https://doi.org/10.1002/asl.1034

NASA，2021a. Decadal Survey，https://science.nasa.gov/earth-science/decadal-surveys.（Accessed 28/2/2021）

NASA，2021b. Geostationary and extended orbit（GEO-XO）Program，https://geo-xo-satellites.wixsite.com/virtual-workshops.（Accessed 28/2/2021）

Nechaj，P.，L. Gaál，J. Bartok，O. Vorobyeva，M. Gera，M. Kelemen and V. Polishchuk，2019. Monitoring of low-level wind shear by ground-based 3D Lidar for increased flight safety，pro-tection of human lives and health. International. J. Env. Res. Pub. Health，16(22)，4584. https:// doi.org/10.3390/ijerph16224584

Nipen，T.，I. A. Seierstad，C. Lussana，J. Kirstianssen and O. Hov，2020. Adopting Citizen Observations in Operational Weather Prediction. Bull. Amer. Meteorol. S.，101. https://doi.org/10.1175/BAMS-D-18-0237.1

NOAA，2021a. Testbeds and Proving Grounds，https://www.testbeds.noaa.gov.（Accessed 1/4/2021）

NOAA，2021b. GOES-R & JPSS：The Future of Weather Satellites，https://satelliteliaisonblog.com/.（Accessed 28/2/2021）

Novak，D. R.，D. R. Bright and M. J. Brennan，2008. Operational forecaster uncertainty needs and future roles. Wea. Forecasting，23，1069-1084

Novak，D. R.，K. F. Brill and W. A. Hogsett，2014. Using Percentiles to Communicate Snowfall Uncertainty. Wea. Forecast., 29, 1259-1265. https://doi.org/10.1175/WAF-D-14-00019.1

NWCSAF, 2021. Nowcasting Satellite Applications Facility, http://www.nwcsaf.org/. (Accessed 28/2/2021)

NWS, 2021. Severe Weather Definitions, https://www.weather.gov/bgm/severedefinitions. (Accessed 20/2/2021)

Obermaier, H. and K. I. Joy, 2014. Future challenges for ensemble visualization, IEEE Comput. Graph. Aopl., 34(3), 8-11. DOI: https://doi.org/10.1109/PACIFICVIS.2016.7465251

Overeem, A., H. Leijnse and R. Uijlenhoet, 2011. Measuring urban rainfall using microwave links from commercial cellular communication networks, https://doi.org/10.1029/2010WR010350

Park, H. S., A. V. Ryzhkov, D. S. Zrnic and K. Kim, 2009. The hydrometeor classification algo-rithm for the polarimetric WSR-88D: Description and application to an MCS. Wea. Forecast., 24, 730-748. https://doi.org/10.1175/2008WAF2222205.1

Petersen, R. A., 2016. On the Impact and Benefits of AMDAR Observations in Operational Forecasting—Part I: A Review of the Impact of Automated Aircraft Wind and Temperature Reports. Bull. Amer. Meteorol. S., 97, 585-602. https://doi.org/10.1175/BAMS-D-14-00055.1

Pliske, R. M., B. Crandall and G. Klein, 2004. Competence in weather forecasting. Psychological Investigations of Competence in Decision Making, K. Smith, J. Shanteau, and P. Johnson, Eds., Cambridge University Press, 4068

Pliske, R., D. Klinger, R. Hutton, B. Crandall, B. Knight and G. Klein, 1997. Understanding skilled weather forecasting: Implications for training and the design of forecasting tools. Contractor Rep. AL/HR-CR-1997-003, Material

Purdom, J., 1976. Some uses of high-resolution GOES imagery in the mesoscale forecasting of convection and its behavior. Mon. Wea. Rev., 104, 14741483

Rasmussen, R., M. Dixon, F. Hage, J. Cole, C. Wade, J. Tuttle, S. McGettigan, T. Carty, L. Stevenson, W. Fellner, S. Knight, E. Karplus and N. Rehak, 2001. Weather Support to Deicing Decision Making (WSDDM): A Winter Weather Nowcasting System. Bull. Amer. Meteorol. S., 82, 579-596, https://doi.org/10.1175/1520-0477(2001)082<0579:WSTDDM>2.3.CO;2

Rautenhaus, M., M. Bottinger, S. Siemen, R. Hoffman, R. M. Kirby, M. Mirzargar, N. Röber and R. Westermann, 2018. Visualization in Meteorology-A Survey of Techniques and Tools for Data Analysis Tasks. IEEE Trans. on Vis. and Comp. Graph, 24 (12), 3268-3296. https://doi.org/10.1109/TVCG.2017.2779501

Reitebuch, O., 2012. The Spaceborne Wind Lidar Mission ADM-Aeolus. In: Schumann U. (eds) Atmospheric Physics. Research Topics in Aerospace. Springer, Berlin, Heidelberg. https://doi.org/10.1007/978-3-642-30183-4_49

Riishojgaard, L. P., 2017. Report from the Sixth WMO Workshop on the Impact of Various Observing Systems on NWP. https://www.cgms-info.org/Agendas/PPT/CGMS-45-WMO-WP-02 (Accessed 27/2/2021)

Rinehart, R. E., and E. T. Garvey, 1978. Three-dimensional storm motion detection by conven-tional weather radar. Nature, 273, 287289

Roberts, R. B., I. L. Jirak, A. J. Clark, S. J. Weiss and J. S. Kain, 2019. PostProcessing and Visualization Techniques for Convection-Allowing Ensembles. Bull. Amer. Meteorol. S., 100, 1245-1258. https://doi.org/10.1175/BAMS-D-18-0041.1

Rogers, E. M., 2003. Diffusion of Innovations, 5th edition, Simon and Schuster, Free Press, 576pp. Rogers, R. F., S. Aberson, M. Black, P. Black, J. Cione, P. Dodge, J. Dunnion, J. Gamache, J. Kaplan, M. Powell, N. Shay, N. Surgi and E. Uhlhorn, 2006. The Intensity Forecasting Experiment (IFEX): A NOAA multiyear field program for improving tropical cyclone intensity forecasts. Bull. Amer. Meteorol. S.., 87, 1523-1537

Rogers R., P. Reasor and S. Lorsolo, 2013. Airborne Doppler Observations of the Inner-Core Structural Differences between Intensifying and Steady-State Tropical Cyclones. Mon. Wea. Rev., 141, 2970-2991. https://doi.org/10.1175/MWR-D-12-00357.1

Rogers, D. P., V. V. Tsirkunov, H. Kootval, A. Soares, D. Kull, A. Bogdanova and M. Suwa, 2019. Weather the Change: How to Improve Hydromet Services in Developing Countries? Global Facility for Disaster Reduction and Recovery (GFDRR) and World Bank, Washington, D. C

Schmit, T. J., P. Griffith, M. M. Gunshor, J. M. Daniels, S. J. Goodman and W. J. Lebair, 2017. A closer look at the ABI on the GOES-R series. Bull. Amer. Meteorol. S., 98, 681-698. https://doi.org/10.1175/BAMS-D-15-00230.1

Schmit, T. J., S. S. Lindstrom, J. J. Gerth and M. M. Bunshor, 2018. Applications of the 16 spec-tral bands on the Advanced Baseline Imager (ABI).. J. Oper. Meteorol., 6, 33-46, https://doi.org/10.15191/nwajom.2018.0604

Schwartz, C. S., J. S. Kain, S. J. Weiss, M. Xue, D. R. Bright, F. Kong, K. W. Thomas, J. J. Levit, M. C. Coniglio and M. S. Wandishin, 2010. Toward improved convection-allowing ensembles: Model physics sensitivities and optimizing probabilistic guidance with small ensemble mem-bership. Wea. Forecast., 25, 263-280, https://doi.org/10.1175/2009WAF2222267.1

Schwartz, C. S., G. S. Romine, M. L. Weisman, R. A. Sobash, K. R. Fossell, K. W. Manning and S. B. Trier, 2015. A real-time convection-allowing ensemble prediction system initialized by mesoscale ensemble Kalman filter analyses. Wea. Forecasting, 30, 1158-1181. https://doi.org/10.1175/WAF-D-15-0013.1

Schwartz C. S., G. S. Romine, R. A. Sobash, K. R. Fossell and M. L. Weisman, 2019. NCAR's Real-Time Convection-Allowing Ensemble Project. Bull. Amer. Meteorol. S., 100, 321-343. https://doi.org/10.1175/BAMS-D-17-0297.1

Serafin R. J., J. W. Wilson, J. McCarthy and T. T. Fujita, 1999: Progress in understanding windshear and implications on aviation, Chapter 43, Storms Vol II, editor R. Pielke Sr and R. Pielke Jr. 237-251, New York, Routledge

Sivillo, J. K., J. E. Ahlquist and Z. Toth, 1997. An Ensemble Forecasting Primer. Wea. Forecast., 12, 809-818. https://doi.org/10.1175/1520-0434(1997)012<0809:AEFP>2.0.CO;2

Snellman, L. W., 1982. Impact of AFOS on operational forecasting. Preprints, Ninth Conf. on Weather Forecasting and Analysis, Seattle, WA, Amer. Meteorol. S., 1316

Späth, F., A. Behrendt, S. Kumar Muppa, S. Metzendorf, A. Riede and V. Wulfmeyer, 2016. 3-D water vapor field in the atmospheric boundary layer observed with scanning differential absorption lidar. Atmos. Meas. Tech., 9, 1701-1720

Stephens, G., D. Winker, J. Pelon, C. Trepte, D. Vane, C. Yuhas, T. LEcuyer and M. Lebsock, 2018. CloudSat and CALIPSO within the A-Train: Ten Years of Actively Observing the Earth System. Bull. Amer. Meteorol. S., 99, 569-581, https://doi.org/10.1175/BAMS-D-16-0324.1

Strapp, J. W., A. Korolev, T. Ratvasky, R. Potts, A. Protat, P. May, A. Ackerman, A. Fridlind, P. Minnis, J. Haggerty, J. T. Riley, L. E. Lilie and G. A. Isaac, 2016. The High Ice Water Content Study of Deep Convective Clouds: Report on Science and Technical Plan. DOT/FAA/ TC-14/31. See http://www.tc.faa.gov/its/worldpac/techrpt/tc14-31.pdf. (Accessed 21/6/2021)

Strapp, J. W., R. A. Stuart and G. A. Isaac, 1996. Canadian climatology of freezing precipitation, and a detailed study using data from St. John's, Newfoundland. FAA International Conference on Aircraft Inflight Icing, Springfield, Virginia, Volume II. DOT/FAA/AR-96/81, 45-55. See http://www. tc. faa. gov/its/worldpac/techrpt/ar96-81-2. pdf. (Accessed 21/6/2021)

Stuart, N. A., D. M. Schultz and G. Klein, 2007. Maintaining the role of humans in the forecast process. Bull. Amer. Meteorol. S., 88, 1893-1898

Sun, J. and N. A. Crook, 1997. Dynamical and microphysical retrieval from Doppler radar obser-vations using a cloud model and its adjoint. Part I: Model development and simulated data experiments. J. Atmos. Sci., 54, 1642-1661. https://doi. org/10. 1175/1520-0469(1997)054,164 2:DAMRFD. 2. 0. CO;2

Sun, J., M. Xue, J. W. Wilson, I. Zawadzki, S. P. Ballard, J. Onvlee-Hooimeyer, P. Joe, D. M. Barker, P.-W. Li, B. Golding, M. Xu and J. Pinto, 2014. Use of NWP for nowcasting convective pre-cipitation: Recent progress and challenges. Bull. Amer. Meteorol. S., 95, 409-426. https://doi. org/10. 1175/BAMS-D-11-00263. 1

Tan, D. G. H. and E. Andersson, 2004. Expected benefit of wind profiles from the ADM-Aeolus in a data assimilation system. Final Report for ESA contract 15342/01/NL/MM, Report, ECMWF. (Accessed 28/2/2021)

Tan, D. G. H., E. Andersson, M. Fisher and L. Isaksen, 2007. Observing system impact assessment using a data assimilation ensemble technique: application to the ADMAeolus wind profiling mission. Quart. J. Roy. Meteorol. S., 133, 381-390. https://doi. org/10. 1002/qj. 43

TDWR, 2015: Terminal Doppler Weather Radar, https://www. faa. gov/air_traffic/weather/tdwr/, (Accessed 28/2/2021)

Thundathil, R., T. Schwitalla, A. Behrendt, S. K. Muppa, S. Adam and V. Wulfmeyer, 2020. Assimilation of lidar water vapour mixing ratio and temperature profiles into a convection-permitting model. J. Meteor. Soc. Japan, 98, 959-986. https://doi. org/10. 2151/jmsj. 2020-049

Turner, D. D., R. A. Ferrare, L. A. H. Brasseur, W. F. Feltz and T. P. Tooman, 2002. Automated Retrievals of Water Vapor and Aerosol Profiles from an Operational Raman Lidar. J. Atmos. Ocean. Tech., 19, 37-50. https://doi. org/10. 1175/1520-0426(2002)019<0037:AROWV A>2. 0. CO;2

van de Giesen, N., R. Hut and J. Selker, 2014. The Trans-African Hydro-Meteorological Observatory (TAHMO). Wiley Interdiscip. Rev.: Water, 1, 341-348

WDTD, 2021. Warning Decision Training Division, https://training. weather. gov/wdtd/index. php (Accessed 27/2/2021)

Weaver, J. and J. F. W. Purdom, 1995. An interesting mesoscale storm environment interaction observed just prior to changes in severe storm behavior. Wea. Forecasting, 10, 449-453

Weckwerth, T. M., K. J. Weber, D. D. Turner and S. M. Spuler, 2016. Validation of a water vapor micropulse differential absorption lidar (DIAL). J. Atmos. Ocean. Tech., 33, 2353-2372. doi:https://doi. org/10. 1175/JTECH-D-16-0119. 1

Weisman, M. L., W. C. Skamarock and J. B. Klemp, 1997. The Resolution Dependence of Explicitly Modeled Convective Systems. Mon. Wea. Rev., 125, 527-548. https://doi. org/10. 117 5/1520-0493(1997) 125<0527:TRDOEM>2. 0. CO;2

Wick, G. A., J. P. Dunion, P. G. Black, J. R. Walker, R. D. Torn, A. C. Kren, A. Aksoy, H. Christophersen, L. Cucurull, B. Dahl, J. M. English, K. Friedman, T. R. Peevey, K. Sellwood, J. A. Sippel, V. Tallapragada, J. Taylor, H. Wang, R. E. Hood and P. Hall, 2020. NOAA's Sensing Hazards with Operational Unmanned Technology (SHOUT) Experiment Observations and Forecast Impacts. Bull.

Amer. Meteorol. S., 101, E968-E987. https://doi.org/10.1175/ BAMS-D-18-0257.1

Wilson, J. W., T. M. Weckwerth, J. Vivekanandan, R. M. Wakimoto and R. W. Russell, 1994. Boundary layer clear-air radar echoes: Origin of echoes and accuracy of derived winds. J. Atmos. Ocean. Tech., 11, 1184-1206

Wilson, J. W. and R. M. Wakimoto, 2001. The Discovery of the Downburst: T. T. Fujita's Contribution. Bull. Amer. Meteorol. S., 82, 49-62. https://doi.org/10.1175/1520-0477(2001)08 2<0049:TDOTDT>2.3.CO;2

Wilson, J. W. and W. E. Schreiber, 1986. Initiation of convective storms at radar observed boundary layer convergence lines. Mon. Wea. Rev., 114, 2516-2536

WMO, 2020. WMO Observing Systems Capability Analysis and Review (OSCAR) database for Space-based Capabilities (OSCAR/Space), https://www.wmo-sat.info/oscar/spacecapabilities (Accessed 22/2/2021)

WMO RSMC, 2021: Regional Specialized Meteorological Centre for Nowcasting, https://swirls.hko.gov.hk/rsmc/deepLearning.html

WMO-HIGHWAY, 2021. High Impact Weather Lake System (HIGHWAY) Project, https://public.wmo.int/en/projects/high-impact-weather-lake-system-highway-project (Accessed 27/2/2021)

WMO, 2016. Toronto 2015 Pan and Parapan American Games-An Environment and Climate Change Canada Perspective. WMO Bulletin 65 (1). https://public.wmo.int/en/resources/bul-letin/toronto-2015-pan-and-parapan-american-games-environment-and-climate-change (Accessed 10/3/2021)

WMO, 2017. Guidelines for Nowcasting Techniques. WMO-No. 1198. Geneva: WMO

WMO, 2018. WMO Solid Precipitation Intercomparison Experiment (SPICE) (2012-2015), https://library.wmo.int/doc_num.php? explnum_id=5686 (Accessed 20/2/2021)

WMO LTP, 2019. Long Term Plan for Aeronautical Meteorology. WMO AeM Series No. 5. https:// www.wmo.int/aemp/LTP-AeM

WMO, 2020a. https://community.wmo.int/activity-areas/aircraft-based-observations/amdar. WMO, 2021. Vision for the WMO Integrated Global Observing System in 2040, https://library.wmo.int/doc_num.php? explnum_id=10278 (Accessed 28/2/2021)

Wolff, D. B., D. A. Marks and W. A. Petersen, 2015. General Application of the Relative Calibration Adjustment (RCA) Technique for Monitoring and Correcting Radar Reflectivity Calibration. J. Atmos. Ocean. Tech., 32, 496-506. https://doi.org/10.1175/JTECH-D-13-00185.1

Weather Observations Website, 2021. https://wow.metoffice.gov.uk, (Accessed 20/2/2021)

Wulfmeyer, V., R. M. Hardesty, D. D. Turner, A. Behrendt, M. P. Cadeddu, P. Di Girolamo, P. Schlssel, J. Van Baelen and F. Zus, 2015. A review of the remote sensing of lower tropo-spheric thermodynamic profiles and its indispensable role for the understanding and the simu-lation of water and energy cycles. Rev. Geophysics, 53, 819-895

Zhang J., K. Howard, C. Langston, B. Kaney, Y. Qi, L. Tang, H. Grams, Y. Wang, S. Cocks, S. Martinaitis, A. Arthur, K. Cooper, J. Brogden and D. Kitzmiller, 2016. Multi-Radar Multi-Sensor (MRMS) Quantitative Precipitation Estimation: Initial Operating Capabilities. Bull. Amer. Meteorol. S., 97, 621-638. https://doi.org/10.1175/BAMS-D-14-00174.1

Zhang J. A., J. J. Cione, E. A. Kalina, E. W. Uhlhorn, T. Hock and J. A. Smith, 2017. Observations of Infrared Sea Surface Temperature and Air-Sea Interaction in Hurricane Edouard (2014) Using GPS Dropsondes. J. Ocean. Atmos. Tech., 34, 1333-1349. https://doi.org/10.1175/ JTECH-D-16-0211.1

第 8 章
从头到尾，统筹兼顾

Brian Golding

摘要 在最后一章，我们强调整个预警系统的作用。我们以火灾预警这一有效的系统为例，看看可以从中学到什么。我们可以看到，系统中的每一个环节以及连接它们的每座桥梁都很重要。合作是保证每座桥梁有效发挥作用的关键，也是决定整个链条价值的核心。理解价值怎样在预警链上前后传递，就能够对其中最薄弱的环节进行改进。在本书最后，我们给出“完美”预警链的几个特征。
关键词 预警链，火灾预警，伙伴关系，评估，归因，清单

8.1 引言

我们从审视包含预警系统的防灾减灾环境以及预警系统本身的管理过程开始了这本书的撰写。然后，我们详细研究了构成完整预警系统的各个环节，从决策者以及他们需要的可以产生保护性政策和行动的信息开始，到如何收到预警、制作预警、预报灾害的影响、预报灾害以及相关天气。在每一个步骤中，我们都特别关注了参与制作该信息的各种专业人员如何合作，以更有效地提供预警服务。

现在是时候将所有环节整合，从整体上审视这条预警链。

正如我们所看到的，一次成功的预警需要诸多领域的专业知识。特别是我们强调了预警接收者的专业性，因为他们在收到预警时最了解自己的信息需求。预警传播者的专业知识与卫星仪器设计者或气象学家或水文学家截然不同，他们将灾害信息转化为影响信息所需的专业知识范围也非常广泛。一个成功的预警需要不同领域的专业知识相互补充，而不是在竞争或冲突中各自独立地发挥作用。我们将实现这一目标的联系称为预警链的桥梁，并描述了如何通过合作来建立这些桥梁。在最好的情况下，这个合作链以透明的方式和一致的规范向所有参与的专家传达预警接收者的需求，并及时可靠地获取有关未来灾害事件、它们的影响、不

B. Golding (✉)
Met Offce, Exeter, UK
WMO/WWRP HIWeather project, Geneva, Switzerland
e-mail: brian.golding@metoffce.gov.uk

确定性以及适当的应对方式等信息，以满足预警接收者的需求，从而建立信任，并将信任传达至整个链条的第一个环节，巩固的同时加强整体的合作关系。因此，预警链的失败源于其最薄弱的桥梁，但其优势却来自于端到端的整合。

对整个预警系统性能的研究仍在起步阶段，所以本章的大部分内容都是基于轶事的证据。在本章中，我们将会：

- 审视一个建立已久且非常有效的预警链，并思考我们可以从中学到什么。
- 思考如何评估预警系统的结果，并关注这些结果对系统性能的敏感性。
- 确定可用于优化预警系统效果的杠杆。

8.2　一体化预警链

以公共建筑的火灾预警这一大家熟知且历史悠久的预警链为例。首先要考虑的是，它的存在是因为政府已经立法规定它必须存在，而且一般来说，已经规定了诸如必须以多快的速度使处于危险中的人脱离危险等内容。简而言之，火灾警报器检测到烟雾，表明火灾已经发生。尽管烟雾本身就是一种危险，但它在这里被用作火灾存在的间接传感器。响应者听到警报，知道这是一个火警警报，就会撤离建筑物并打电话给消防部门，消防部门前来灭火。如果火势足够小，响应者也可以使用当地的设施来灭火。访客也会识别警报，并按照可看到的指示或响应者指示进行疏散。如果运作良好，没有人受伤，损失也很小。火警警报可以通过警报器和/或紧急闪光灯和/或广播指令来传达，也可以直接与消防和救援服务机构联系，也许还可以通过手动机制来消除假警报和测试警报。

对于火灾响应者，要求保证从探测到灾情到人们可能被困的短时间内，每个人都应该安全撤离。这就要求定期进行演练，使他们能够识别警报，并知道听到警报时该怎么做。警报系统还可能要求对建筑物进行分区，以便不同的人群采取不同的路线撤离，以避免拥堵，并且火灾响应者应该知道火灾发生的具体位置，以便首先清除附近的区域，同时避免任何出口受火灾影响。对于访客来说，要求他们个人应该安全撤离，尽可能不影响预警系统的运转。对于消防部门来说，如果是复杂的建筑物，他们需要事先了解进入路线、取水通道、危险物品的存在等情况，并接受过相关培训。

不论是不是火灾，治理是至关重要的，它应该根据社区的利益定义预期的结果。尽管生命安全始终是基本的，但每个国家也都有其各自的标准。在火灾保险普及的地方，特别是当保险公司为消防服务提供资金时，火灾警报系统可能会成为强制性的要求，而且最大限度地减少损失将是重中之重。我们也看到火灾响应者做好准备工作的重要性，他们应该经常训练以熟悉他们的职责。其他受影响的人需要会识别警报，然后要么通过警报系统得到指示，要么快速获得预先准备好的指令，要么得到火灾响应者的指引。从表面上看，火灾警报系统具有固定的优势，然而实际上，紧急出口可能会因为维修而被堵住，而住户的逃生需求每天都会有所不同。最佳的警报系统将引导人们到可用的紧急出口，并确保火灾响应人员接受过培训，以便为那些行走不便的人提供帮助。我们还看到，为了向不同的火警接收者提供适当的信息，警报系统应该对信息进行个性化的定制。

在这一切中，一些关键的合作对安全至关重要。大楼负责人、消防部门和当地救援人员之间的三方关系对于充分预警至关重要。大楼负责人、警报系统设计者和警报传感器制造商之间的关系决定了警报系统的结构，以提供满足要求的警报。本地消防响应者和访客之间的关系会影响访客对警报的响应行为。值得注意的是，与传统的自然灾害预警相反，这里的重点是设计一个针对特定结果的警报系统（在立法中定义），而不是安装最新的传感器和建立一个警报系统来最大程度地保障安全并降低损失。

8.3 评估预警链

什么是好的预警，我们如何衡量它？第一个问题并不难回答。一个好的预警是能够减少灾害负面后果的预警，而一个完美的预警是能够防止所有可避免的负面影响。衡量预警的价值要困难得多，因为没有"对照组"试验，每个事件都是不同的，影响的人群也是不同的，并且样本很小。利用案例研究来比较引入预警系统前后情况，所取得的进展有限（例如 2003 年后法国的热浪预警 Fouillet et al.，2008）。研究假设每个案例分别代表了引入预警系统前后的全部事件，并且除了预警的发布外，没有发生任何其他事情来改变人们对事件的反应，尽管事实上，引发预警系统的事件所造成的创伤几乎肯定会改变受影响者的行为。如果事件发生的频率足够高，就有可能比较引入预警系统前后的总体统计数据，例如向维多利亚湖渔民提供的面向用户的预警 HIGHWAY 项目（Roberts et al.，2021）。

通过模拟在没有基于预警的决策时可能发生的情况，可以估计灾害造成的直接影响的减少程度。例如，使用闸门或安装临时防洪设施将保护特定区域免受洪水的侵袭。所避免的损害修复费用可以得到相当可靠的估算，尤其是在一些洪水保险市场繁荣的国家。同样地，对于取消极端高温下的体育赛事，可以在明确的统计不确定性范围内，利用流行病学分析方法给出预期死亡或住院的人数。但当只有一小部分人对预警做出反应时，做这样的估计就困难得多。例如，一个飓风疏散预警可以覆盖疏散区域内 80% 的人，但假设其中只有一半的人进行了疏散，而且疏散人数还因为那些不属于疏散区域但也选择疏散的人而暴增。在这种情况下，对预警影响的估计则更具挑战性——毫无疑问，其结果取决于受影响人群的社会经济特征。在这些情况下，可以使用历史数据和调查来构建模型，以估计抑制预警响应的因素；但这种方法可能具有很大的不确定性，并且结果在每次事件后都会发生变化。

为了得到与实际相符的结果，必须定期收集有关人们对预警实际反应的数据。在每次预警后对处于风险的人群进行适当的抽样调查，并辅以深入的访谈，所得信息可以为行为响应的纵向分析提供依据。然而，由于事件数量较少、人口异质性以及外部变化（尤其是人类行为的长期变化趋势以及突变）等因素，此类研究仍存在一些争议。人们对自身行为的报告也需要以他们实际的应急行动为依据，通过对社交媒体进行深入分析，这种可能性正在不断增强（Anderson et al.，2016；Eyre et al.，2020）。需要再次强调的是，这种分析应该定期进行，以增加可利用的样本，从而有利于进行纵向分析。

如果要阐明影响人们响应行为的因素，可以在测试条件下，让人们说出他们将会采取何种行动，并将得到的结果和真实情况相关联。越来越多的沉浸式游戏方法正在实现这一点，但仍需要在实际情况下对得到的结果进行检验。

一旦确定这些因素，其量化值就可以用于评估预警链有效性的模型之中。然而，决定应急响应有效性的因素不仅需要最终用户，也需要预警链中的中间人：评估灾害及其影响的人，以及决定如何将预报信息转化为可操作的预警信息的人。在某些情况下，个人偏见会占主导地位，包括对责任的恐惧、过度乐观和对模型的不信任，使得概括这些因素变得困难。

虽然了解预警发出后的结果很重要，但需要更多信息来确定如何改进预警。本书的每一章都提到了评估预警链中这一步骤的必要性，包括输入信息和输出信息的质量，并且这样的评估需要根据接收预警的决策相关方的需求进行。然而，在预警生产过程中的每个阶段，需要关注的指标非常不同。

如图 1.3 所示，预警链上的每个学科都开发了自己的评估方法，旨在优化其产品的性能以满足目标用户的需求。这些方法很有价值，但需要一种方法将它们之间相互关联并与整个预警链的结果相关联。目前，还没有一个公认的方法可以将预警链中每个步骤的质量衡量标准与预警接收者所做决策的价值联系起来。虽然有一些数学工具可以将模型的输出与其输入相关联，但这些工具目前仅用于单个模型，而不是用于整个预警系统。

8.4 结果的敏感性

投资早期预警系统的一个典型方法是寻找哪里有可供改进的技术方案，相关组织对每个选项进行独立的成本效益分析、开发和升级。在这样做时，不可避免地会重复计算效益，因为每个组织都声称提高了预警的有效性。

理想情况下，我们应该将有限的资源投入到最有效的地方。简而言之，如果一个洪水预警系统每年可减少一百万英镑的经济损失，我们想知道其中有多少来自监测网络，有多少来自天气预报，有多少来自水文预报，多少会转化为经济损失，多少会转化为预警沟通。我们无法在现实世界中进行这种试验，因此我们需要使用另一种方法。最终，我希望这将采用系统模型的形式，该模型能够可靠地再现预警链的行为，并可用于识别系统对扰动的响应。这样的模型目前还不存在。在这样的模型出现之前，我们应该考虑预警结果的一些敏感性以及它们如何依赖于预警系统的各个方面。

8.4.1 精度

精度是基础预报信息的一个特征。它在制作预警的过程中可能会被降低，但不可能被提高。而从天气到灾害再到影响的步骤，可能会降低或提高精度这取决于灾害的性质及其影响。

精度可以用于描述时间、空间或强度。在灾难发生前关闭疏散路线或在灾难发生后进行救援都需要准确的时间。空间精确度对于保护正确的人员和疏散最少的人来说是至关重要的。强度的精确度对于最具破坏性的事件可能并不重要，但对于决定是否撤离或避免较小事件的影响可能至关重要。

精度与准确性相关。如果不准确，精度通常没有什么价值。然而，高度精确但不准确的预报可能会捕捉到较低精度的预报系统所遗漏的危险或影响，这些可能通过在时间和空间上升尺度而为有用的应急响应提供信息。

8.4.2 时效性

一般来说，当事件的发生临近时，可用信息的准确性、精确度和可信度会提高。然而，接收方将采取的保护行动需要时间，因此存在一些关键的准备时间，过了这些时间，一些保护行动（例如排空水库或疏散城市人群）将无法再实施。接收者通常在采取行动之前呼求高精度、高准确性和高可信度的信息。有效的合作伙伴关系的一部分就是分享哪些是可能的,哪些是稍加投资就可能实现的,从而最大限度地利用改变现状的机会。这对于低概率、高影响的灾害尤其是一个问题,这些灾害通常需要在很短的时间内应对,例如龙卷。如果预报的处理、解释和交付需要一个小时,那么就会错过采取行动的窗口期,将(预警发布)速度加快 50%可能会挽救更多生命。

8.4.3 准确性

准确性是预警链中更高层级的一个关注点。它是空间和时间精度以及预警有效时间的函数。高度不准确的信息本身就会导致人员伤亡和财产损失,久而久之会破坏公众的信任。因此,对预报信息进行后处理非常重要,例如通过统计校正、粗化时间和空间分辨率或主观的解读,以显著提高信息的准确性。当然,这样的处理会不可避免地减少信息量。如果处理后的信息对所需的行动不再有用,就需要考虑替代方案,直到可以提高预报准确性。

8.4.4 可靠性和信任

预报信息的可靠性是建立用户信任的一个重要特征。如果可以向用户证明更高级别的预警与更高级别的损害相一致,更高的置信度与更大的发生可能性或更大的接近度相关联,那么预警接收者在未来就更有可能采取应急行动。

建立信任通常很困难,有趣的是,它极其重要,而且越来越多的证据表明这一点。定义和衡量信任是相当具有挑战性的。除了取决于信任的对象外,它在社区和文化之间也有很大差异。信任可能与产品或供应商内在相关,但也可以通过人事物间的关联而获得。例如,受人尊敬的社区领袖所传递的信息会得到社区的信任。在消费型社会中,与受信任的消费品牌相关联的事物也可能得到信任,包括预警信息,尤其是在这种关联可以被感知的情况下。

8.4.5 可理解

可理解性或许是预警信息最难把握的特点。在不使用仅在当地可以被识别的名称时,准确描述危险事件的位置是非常困难的。将道路预警与路口标识联系起来,或者将河流洪水预警与当地河段名称联系起来,再或者将城市洪水预警与街道名称联系起来,都会导致很大一部分受灾害影响但不掌握这些地域名词的人无法响应。另一方面,通过使用地图来克服这些问题无法帮助那些不会看地图的人。语言同样存在问题,尤其是在使用许多不同本地语言的国家。如果信息不是使用接收者母语编写的,就可能会造成信息丢失。

8.4.6 可触达

预警链可能会在很多环节出问题。当这种情况发生时,上游信息的价值就会丢失。当信息无法传达给决策者时,链条最容易断裂。当每个人都通过电视或广播观看晚间新闻简报时,预警信息相对容易接触到大量观众。现在情况已不再如此,Twitter、Facebook、TikTok 等拥有各自的受众。在多元文化社会中,需要考虑不同文化群体的媒体选择。还有一个挑战是触达那些不会使用这些媒体的人,如体弱者、盲人、聋人和无家可归者。

如果决策者是负责采取行动保护他人的专业人员,向他们提供关键信息就尤为重要。在早期预警之后,如果这些人处于待命状态,这将有所帮助。然而,他们可能仍然在家、在睡觉、在高尔夫球场或在聚会。向这些人传达所需信息可能不只需要一条推文或 Facebook 帖子，因此，确保他们可以从移动设备获取这些信息就至关重要。在许多国家、地区，移动设备连通性能不稳定且有限，因此需要依赖备用选项，例如传统的音频电话，来完成信息的传播。

8.4.7 针对特别用户的预警

我们强调由预警接收者驱动的预警链。然而，预警需要传达给所有处于危险中的人和那些负责保护他们的人。向不同的群体提供不同的预警需要做额外的工作，当不同群体的需求存在明确差异时，例如在专业响应者和公众之间，或在专业网站的用户（如体育用户）之间，这样的工作是值得的。然而，通过不同途径、以不同格式和语言传递的同一预警会存在不一致的风险。技术的发展开始让使用 CAP 等系统自动定制预警成为可能。目前还没有真正的个性化预警，但这无疑是一个在未来可以发展的领域。

8.5 优化应急结果

那么我们如何设计完美的预警系统呢？在这里，我们提炼出本书的关键信息。下面的清单主要借鉴了 2017 年 5 月 22—23 日在墨西哥坎昆举行的国际多灾种早期预警系统网络第一次会议制定的早期预警清单。更详细的关于如何实施每个步骤的建议应参考该文件。

1. 了解社区将面临的风险以及面临风险的人如何看待这些风险至关重要。海洋灾害不会影响内陆国家，但洪水可能是干旱国家需要面对的未来风险。风险的性质也可能发生变化——从对农村农业的直接风险到依赖脆弱基础设施的城市人口的间接风险。如果危害被认为对社区不构成风险，那么预警将不会产生任何反应，除非或直到这种看法发生变化。

2. 与社区一起，找出问题。例如，如果洪水是最大的灾害风险来源，那么具体是河流还是地表水泛滥，还是两者兼而有之？是频繁的小洪水还是罕见的大洪水？是庄稼受损还是运输中断？预警可以普遍应用，但预警链的设计应侧重于优先影响的部分。

3. 与相关社区或组织一起，确定用户可以接受并且能降低风险的备选缓解措施。确定需要哪些信息、由谁、何时、何地采取这些应急行动。

4. 研究如何收集这些信息——需要哪些专业领域的知识、哪些组织有能力提供服务、哪些组织值得信赖、现有的工作伙伴关系以及那些能够获取信息并将其传递给需求者的人或组织。

5. 确定信息传达的限制——准确性、时效性、精度、格式等——以及这些限制是否可以通过投资消除。在可能的情况下，使用定量的指标对其进行评估。

6. 回到用户，考虑现有的预警能否带来有用且具有成本效益的避灾措施。如果有显著的收益，但投资是负担不起的，或不具有成本效益，那么就需要考虑预警是否可以服务于其他用户，以及这些收益是否会使预警服务具有成本效益或变得负担得起。如果没有，那么就需要考虑是否存在其他更容易实现的风险缓解措施。

7. 详细规划所选系统，不仅包括信息制作和传递链条，还包括对每个环节的监测和评估，以及在任何环节发生故障时如何恢复的措施。

8. 建立合作关系来交付和管理预警系统。

9. 在实施之前和之后，定期培训预警发布者和用户。

10. 持续评估预警链条中的每一环节,以确保其良好的性能。寻找进一步改进的机会,尤其是在新的技术和方法可用时。

11. 定期(至少每 10 年)重复设计过程,以检查预警系统是否仍能以最具成本效益的方式满足高优先级用户的需求,并在必要时重新设计。

最后,当你拥有一个行之有效的系统时,要让你的所有利益相关者知道这个系统运行得有多好,在挽救生命和减少损害方面有多有效。这将有助于增强信心和信任,为未来的投资奠定基础,并鼓励其他人跟进。请记住,每一个能减少危险的预警都是一个成功的预警。

参考文献

Anderson, J. , M. Kogan, M. Bica, L. Palen, K. Anderson, K. Stowe, R. Morss, J. Demuth, H. Lazrus, O. Wilhelmi and J. Henderson, 2016. Far Far Away in Far Rockaway: Responses to Risks and Impacts during Hurricane Sandy through First-Person Social Media Narratives. In Proc. ISCRAM 2016 conference, Rio de Janeiro, Brazil

Eyre, R. , F. de Lucia and F. Simini, 2020. Social media usage reveals recovery of small busi-nesses after natural hazard events. Nature Communications, 11, 1629. https://doi. org/10. 1038/ s41467-020-15405-7

Fouillet, A. , G. Rey, V. Wagner, K. Laaidi, P. Empereur-Bissonnet, A. Le Tertre, P. Frayssinet, P. Bessemoulin, F. Laurent, P. De Crouy-Chanel, E. Jougla and D. He'mon. 2008. Has the impact of heat waves on mortality changed in France since the European heat wave of summer 2003? A study of the 2006 heat wave. Int. J. Epidemiol. 37, 309-317. https://doi. org/10. 1093/ ije/dym253

IN-MHEWS, 2018. Multi-hazard Early Warning Systems: A Checklist. WMO. Geneva, Switzerland. 20pp Available at https://www. preventionweb. net/publications/view/57604 (Accessed 25/5/2021)

Roberts, R. D. , S. J. Goodman, J. W. Wilson, P. Watkiss, R. Powell, R. A. Petersen, C. Bain, J. Faragher, L. B. Chang'a, J. K. Kapkwomu, P. N. Oloo, J. N. Sebaziga, A. Hartley, T. Donovan, M. Mittermaier, L. Cronce and K. S. Virts, 2021. Taking the HIGHWAY to Save Lives on Lake Victoria. Bull. Amer. Meteorol. S. https://doi. org/10. 1175/BAMS-D-20-0290. 1